北京市高等教育精品教材立项项目　　高等院校计算机教育规划教材

Visual FoxPro 程序设计

（第四版）

刘 丽 编著

U0316461

中国铁道出版社
CHINA RAILWAY PUBLISHING HOUSE

内 容 简 介

本书是在《Visual FoxPro 程序设计》（第三版）的基础上，为顺应 Visual FoxPro 版本升级的需要而修订的。本书全面而详细地介绍了关系型数据库的基本知识及设计方法，将"教师档案管理"案例贯穿于全书，是一本基于案例教学的教材。本书紧扣该案例，具体介绍了数据库的基本操作、事件程序设计、查询和视图设计、报表和标签设计、表单和菜单设计以及面向对象的程序设计等基本知识。每章后面还附有思考与练习，附录中给出授课及实验课时安排参考。读者通过学习基本知识，认真做每章后面的练习，可达到独立设计简单数据库管理系统的学习效果。

同时为了满足参加全国计算机等级考试二级 Visual FoxPro 考生的复习需求，在书的最后还附有 2013 年全国计算机等级考试二级考试大纲索引、考试样题、答案及解析。

全书概念清晰、结构合理、内容完整、简明实用，适合作为高等院校非计算机专业的教材，也可作为准备参加 Visual FoxPro 等级考试或自学关系数据库系统人员的参考用书。

图书在版编目（CIP）数据

Visual FoxPro 程序设计 / 刘丽编著. — 4 版. —北京：
中国铁道出版社，2016.1（2017.11重印）
高等院校计算机教育规划教材
ISBN 978-7-113-20474-7

Ⅰ. ①V… Ⅱ. ①刘… Ⅲ. ①关系数据库系统－程序设计－高等学校－教材 Ⅳ. ①TP311.138

中国版本图书馆 CIP 数据核字(2015) 第 115446 号

书　　名：Visual FoxPro 程序设计（第四版）
作　　者：刘 丽 编著

策　　划：孟 欣　周海燕　　　　　　读者热线：(010) 63550836
责任编辑：周海燕　鲍 闻
封面设计：付 巍
封面制作：白 雪
责任校对：汤淑梅
责任印制：李 佳

出版发行：中国铁道出版社（100054，北京市西城区右安门西街8号）
网　　址：http://www.tdpress.com/51eds/
印　　刷：三河市航远印刷有限公司
版　　次：2005 年 9 月第 1 版　　2009 年 6 月第 2 版　　2011 年 11 月第 3 版　　2016 年 1 月第 4 版
　　　　　2017 年 11 月第 2 次印刷
开　　本：787mm×1092mm　1/16　印张：16.5　字数：398 千
书　　号：ISBN 978-7-113-20474-7
定　　价：33.00 元

第四版前言

本书是在《Visual FoxPro 程序设计》（第三版）的基础上，为顺应 Visual FoxPro 版本升级的需要而修订的。

《Visual FoxPro 程序设计》（第三版）出版以来，得到了各高校专家、教师以及广大学生的一致好评，并得到了广泛的使用。《Visual FoxPro 程序设计》（第三版）已经对前两版做过优化，本次再版又对知识体系安排及部分章节内容做了适当的修订与调整，结构更显合理，并且增加了Visual FoxPro 9.0 的新特点和新功能。

本书共分 8 章。第 1 章对关系数据库系统和 Visual FoxPro 9.0 系统基础知识做了简要概述；第 2 章对 Visual FoxPro 9.0 的数据库和数据表的基本操作做了详细介绍；第 3 章对创建查询和视图操作做了详细介绍，并对 SQL 查询语言的使用方法做了重点介绍；第 4 章介绍了程序设计方法，并对程序的流程控制和面向对象的程序设计做了重点介绍；第 5 章介绍了表单的创建，并对表单控件的使用做了重点介绍；第 6 章对报表和标签设计方法做了介绍；第 7 章对菜单设计方法做了介绍；第 8 章对开发应用程序的步骤及方法做了介绍，并将前面各章内容有机结合形成一个完整的系统开发实例。

本书力求顺应版本发展的要求，并将理论介绍和实例教学相结合。在注重系统性和科学性的基础上，突出了实用性和可操作性，各章理论与实践操作紧密相扣，既便于教师教学，也便于学生学习。本书在内容上循序渐进、前后呼应、深入浅出、实例丰富、图文并茂、通俗易懂；在结构上力求满足初学者的需要，深入浅出地论述了有关 Visual FoxPro 程序编写的基本理念，对Visual FoxPro 9.0 的整体面貌做了较为清晰的说明。另外，本书每章后面都配有思考与练习，书后还附有授课及实验课时安排参考，2013 年全国计算机等级考试二级考试大纲索引、考试样题、答案与解析。初学者可以对照书中讲述的实例进行上机操作，即学即用。

为配合学生学习，本书还配有辅助教材《Visual FoxPro 程序设计习题集及实验指导》（第四版），书中安排了大量习题，并配有习题解析及上机实验指导。另外，编者还精心设计了电子教案，并提供系统开发实例源代码。

本书由"北京联合大学规划教材建设项目资助"。全书由刘丽编著。李勃参加了部分程序的调试和校正工作，陈京、郭秋月、李嘉悦、王晓达、范琛、陈雨烟等为本书的编写提供了帮助，提出了宝贵建议，在此对他们表示感谢。

由于编者水平有限，加上编写时间仓促，不足之处在所难免，敬请广大读者批评指正。

编 者

2015 年 3 月

第 一 版 前 言

随着信息时代的到来和计算机信息技术的飞速发展，快速掌握计算机应用的相关知识已经成为广大计算机初学者和爱好者的迫切要求。为此，笔者结合自己在长期教学和辅导过程中的经验，编写了这本《Visual FoxPro 程序设计》。

本书是在《全国计算机等级考试（二级 Visual FoxPro 数据库程序设计）考试大纲》的基础上编写的。在教学中笔者体会到，学生更喜欢层次清晰、逻辑性强的教材；在复习中，学生注重以大纲为基础，内容与练习相结合的教材。根据这一点，在编写本书时，力求按照《大纲》的要求，为学生提供既方便实用，又简单易学的提纲式学习思路，使学生能够以《大纲》为主线，在最短的时间内明白书中每个章节的基本点、重点和难点。

本书通过大量丰富多彩的实例，介绍在可视环境下进行面向对象程序设计的方法、步骤，力求通过实际操作让读者熟悉 Visual FoxPro 6.0 的使用方法。读者可以通过一些具有针对性的实例掌握有关 Visual FoxPro 6.0 的基本操作，并对 Visual FoxPro 6.0 面向对象的编程方法有一个较为深入的了解。

本书共 11 章，按照由浅入深、循序渐进的方式，全面而详细地介绍了 Visual FoxPro 6.0 中文版的各个功能，包括 Visual FoxPro 6.0 的启动和退出、项目管理器、Visual FoxPro 6.0 语言概述、Visual FoxPro 6.0 的程序设计、创建表和索引、数据库的操作与维护、关系数据库标准语言 SQL、查询和视图操作、设计报表和标签、表单设计、菜单设计及面向对象的程序设计等。

本书在编写过程中本着简明、易学及实用的原则，语言上简洁清晰、通俗易懂，内容上循序渐进、前后呼应、深入浅出、实例丰富、图文并茂，并从结构上力求能够满足初学者学习的需要，深入浅出地论述了有关 Visual FoxPro 6.0 程序设计的基本理念，对 Visual FoxPro 6.0 的整体面貌做了较为清晰的说明。另外，本书每个章节都配有思考与练习，书后还附有思考与练习答案。初学者只要对照书中讲述的实例内容上机操作，即可一看就懂，一学就会。所以，本书既可作为应用型本科或专科学生学习 Visual FoxPro 6.0 关系数据库系统的教科书，也可作为参加全国计算机等级考试二级 Visual FoxPro 考试的考生的复习参考书。对于具有数据库基础知识的读者、计算机程序设计人员及计算机爱好者，本书也是一本实用的自学参考书。

由于编者水平有限，加上编写时间仓促，错误和不足之处在所难免，敬请广大读者朋友批评指正。一本书的成功，离不开读者的参与，我们期待着您的意见与建议，E-mail 地址：liulideshu@yahoo.com.cn。

编 者
2005 年 8 月

目　录

第1章 关系数据库系统概述

21世纪是一个信息化的世纪，信息化包括三项技术：计算机技术、通信技术和控制技术，而计算机是信息化的主要处理工具。信息的载体是各式各样的数据，包括文字、数字、图形、图像、声音、视频等。基于计算机的数据库技术能够有效地存储和组织大量的数据，而基于数据库技术的计算机系统就被称为数据库系统。作为信息系统核心和基础的数据库技术得到越来越广泛的应用，它不仅已成为管理信息系统（MIS）、办公自动化系统（OAS）、医院信息系统（HIS）、计算机辅助设计（CAD）与计算机辅助制造（CAM）的核心，而且已经和通信技术紧密地结合起来，成为电子商务、电子政务及其他各种现代信息处理系统的核心。本章介绍数据管理技术的发展、数据库最基本的概念和术语、关系数据库的基本理论及数据库系统软件 Visual FoxPro 9.0 的一些基本知识。

主要内容
- 数据库的基本概念。
- 关系数据库。
- 关系术语和关系运算。
- Visual FoxPro 9.0 系统概述。

1.1 数据库系统基本概念

数据库技术是在20世纪60年代兴起的一种数据处理技术。数据库在英语中称为 database。拆开来看，data 的中文意思是数据，base 的中文意思是基地，所以通俗意义上来讲，数据库可理解为存储数据的基地。在了解数据库系统基本概念之前，先从数据管理技术的产生和发展过程来认识数据是如何进行处理的。从数据处理的演变过程，就不难看出数据库技术的历史地位和发展前景。

1.1.1 数据管理技术的产生和发展

自从计算机应用于数据处理领域以来，就面临着如何管理大量复杂数据的问题。时至今日，随着计算机软硬件技术与数据管理手段的不断发展，数据处理过程发生了划时代的变革，数据管理技术已经大致经历了四个发展阶段。

1. 人工管理阶段

人工管理阶段出现在20世纪50年代中期以前，当时计算机主要用于科学与工程计算。由于当时没有必要的软件、硬件环境的支持，用户只能直接在裸机上操作，数据处理采用批处理方式。

在这一管理方式下，用户的应用程序与数据相互结合、不可分割，当数据有所变动时，程序则随之改变，程序与数据之间不具有独立性；另外，各程序之间的数据不能相互传递，缺少共享性，各应用程序之间存在大量的重复数据，我们称为数据冗余。因而，这种管理方式既不灵活，也不安全，编程效率很低。

在人工管理阶段，应用程序与数据之间是一一对应的关系，如图1-1所示。

2．文件管理阶段

文件管理阶段出现在 20 世纪 50 年代后期至 60 年代后期,由于大容量存储设备逐渐投入使用,操作系统也已经诞生,而且操作系统中有了专门的数据管理软件,一般称为文件管理系统,即把有关的数据组织成一种文件,这种数据文件可以脱离应用程序而独立存在,由一个专门的文件系统实施统一管理。文件管理系统是一个独立的系统软件,它是应用程序与数据文件之间的一个接口,数据处理不仅采用批处理方式,而且能够联机实时处理。

在这一管理方式下,应用程序通过文件管理系统对数据文件中的数据进行加工处理,应用程序和数据之间具有了一定的独立性。但是,一旦数据的结构改变,就必须修改应用程序;反之,一旦应用程序的结构改变,也必然引起数据结构的改变,因此,应用程序和数据之间的独立性是相当差的。另外,数据文件仍高度依赖于其对应的应用程序,不能被多个程序所共用,数据文件之间不能建立任何联系,因而数据的共享性仍然较差,冗余量大。

在文件管理阶段,应用程序与数据之间的对应关系如图 1-2 所示。

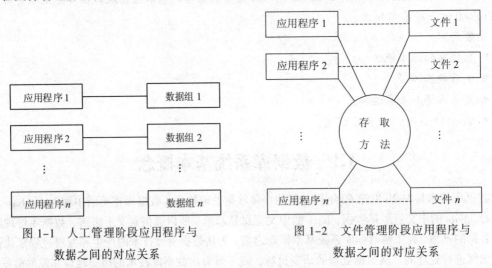

图 1-1 人工管理阶段应用程序与
数据之间的对应关系

图 1-2 文件管理阶段应用程序与
数据之间的对应关系

3．数据库管理阶段

数据库管理阶段开始于 20 世纪 60 年代后期,由于计算机需要处理的数据量急剧增长,同时为了克服文件管理方式的不足,数据库管理技术便应运而生。数据库管理技术的主要目的是有效地管理和存取大量的数据资源,它可以对所有的数据实行统一规划管理,形成一个数据中心,构成一个数据仓库,使数据库中的数据能够满足所有用户的不同要求,供不同用户共享。人们将为数据库的建立、使用和维护而配置的软件称为数据库管理系统。数据库管理系统利用了操作系统提供的输入/输出控制和文件访问功能,因此它需要在操作系统的支持下运行。Visual FoxPro 9.0 就是一种在微机上运行的数据库管理系统软件。

在这一管理方式下,应用程序不再只与一个孤立的数据文件相对应,而是通过数据库管理系统实现逻辑文件与物理数据之间的映射,这样应用程序对数据的管理和访问不但灵活方便,而且应用程序与数据之间完全独立,使程序的编制质量和效率都有所提高;另外,由于数据文件间可以建立关联关系,数据的冗余大大减少,数据共享性显著增强。

根据数据存放地点的不同,我们又将数据库管理阶段分为集中式数据库管理阶段和分布式数据库管理阶段。20 世纪 70 年代以前,数据库多数是集中式的,随着计算机网络技术的发展,使数据库从集中式发展到了分布式。分布式数据库把数据分散存储在网络的多个结点上，彼此用通信线路连接。

在数据库管理阶段，应用程序与数据之间的对应关系如图 1-3 所示。

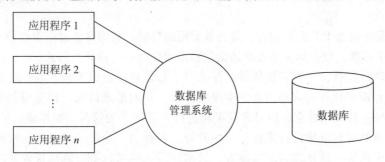

图 1-3　数据库管理阶段应用程序与数据之间的对应关系

4．分布式数据库管理阶段

在数据库管理阶段之后，随着网络技术的产生和发展，出现了分布式数据库系统(distributed database system，DDBS)。分布式数据库系统是地理上分布在计算机网络的不同结点，逻辑上属于同一系统的数据库系统，它不同于将数据存储在服务器上供用户共享存取的网络数据库系统，分布式数据库系统不仅能支持局部应用，存取本地结点或另一结点的数据，而且能支持全局应用，同时存取两个或两个以上结点的数据。分布式数据库系统的主要特点是：

①　数据是分布的。数据库中的数据分布在计算机网络的不同结点上，而不是集中在一个结点，区别于数据存放在服务器上由各用户共享的网络数据库系统。

②　数据是逻辑相关的。分布在不同结点的数据逻辑上属于同一数据库系统，数据间存在相互关联，区别于由计算机网络连接的多个独立数据库系统。

③　结点的自治性。每个结点都有自己的计算机软硬件资源、数据库、数据库管理系统（即局部数据库管理系统，local database management system，LDBMS），因而能够独立地管理局部数据库。局部数据库中的数据可以仅供本结点用户存取使用，也可供其他结点上的用户存取使用，提供全局应用。

1.1.2　数据库的基本概念

数据库是存储在一起的相关数据的集合。它反映了数据本身的内容和数据之间的联系，掌握数据库以及数据库系统的基本概念，有助于更好地使用面向对象的方法，从而为开发功能良好的数据库结构及应用程序打下基础。

数据库管理技术是信息科学的重要组成部分。随着商品经济的发展、科学技术的进步和激烈的市场竞争，社会信息量倍增，决策难度也随之加大，使得计算机处理的数据量不断增加。于是数据库管理系统便应运而生，从而促进了信息科学的发展。下面从数据、信息和数据处理等基本概念开始介绍。

1．数据与信息

①　数据（data）：对客观事物特征所进行的一种抽象化、符号化的表示。通俗地讲，凡是能被计算机接收，并能被计算机处理的数字、字符、图形、声音、图像等统称为数据。数据所反映的事物属性是它的内容，而符号是它的形式。

② 信息（information）：客观事物属性的反映。它所反映的是关于客观系统中一个事物的某一方面属性或某一时刻的表现形式。通俗地讲，信息是经过加工处理并对人类客观行为产生影响的数据表现形式。也可以说，信息是有一定含义的，经过加工处理的，能够提供决策性依据的数据。

数据与信息在概念上是有区别的。信息是有用的数据，数据是信息的表现形式。信息可以通过数据符号来传播，数据如果不具有知识性和可用性则不能称其为信息。

从信息处理角度看，任何事物的属性在原则上都是通过数据来表示的；数据经过加工处理后，使其具有知识性并对人类活动产生决策作用，从而形成信息。信息用数据符号表示的形式通常有三种：数值型数据，即对客观事物进行定量记录的符号，如体重、年龄、价格等；字符型数据，即对客观事物进行定性记录的符号，如姓名、单位、地址等；特殊型数据，如声音、视频、图像等。从计算机的角度看，数据泛指那些可以被计算机接收并能够被计算机处理的符号。

2．数据库

数据库是以一定的组织方式将相关的数据组织在一起并存储在外存储器上，所形成的能为多个用户共享的，与应用程序彼此独立的一组相互关联的数据集合。

3．数据库管理系统

数据库管理系统（database management system，DBMS）是操纵和管理数据库的软件，是数据库系统的管理控制中心，一般有四大功能：数据定义功能、数据库操作功能、控制和管理功能、建立和维护功能。

4．数据库系统

以数据库应用为基础的计算机系统称为数据库系统。它是一个实际可行的，按照数据库方式存储、维护和管理数据的系统，通常由计算机硬件、数据库、数据库管理系统、相关软件、人员（数据库管理分析员、应用程序员、用户）等组成，如图 1-4 所示。

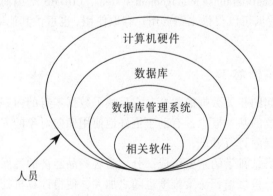

图 1-4　数据库系统组成结构图

5．数据库应用系统

数据库应用系统是一个复杂的系统，它由硬件、软件、数据库和人员组成，组成结构如图 1-5 所示。

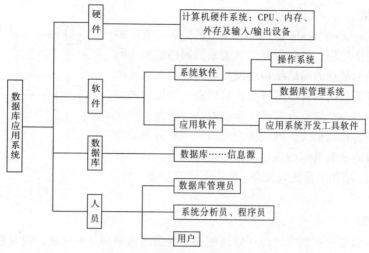

图 1-5　数据库应用系统组成结构

1.1.3　数据库管理系统中的数据模型

数据模型是定义数据库模型的依据，其好坏直接影响数据库的性能。

现实世界中的客观事物是彼此相互联系的。一方面，某一事物内部的诸因素和属性根据一定的组织原则相互联系，构成一个相对独立的系统；另一方面，某一事物同时也作为一个更复杂系统的一个因素或一种属性而存在，并与系统的其他因素或属性发生联系。客观事物的这种普遍联系性决定了作为事物属性记录符号的数据与数据之间也存在着一定的联系性。具有联系性的相关数据总是按照一定的组织关系排列，从而构成一定的结构，对这种结构的描述就是数据模型。

从理论上讲，数据模型是指反映客观事物及客观事物间联系的数据组织的结构和形式。客观事物是千变万化的，各种客观事物的数据模型也是千差万别的，但也有其共性。常用的数据模型有层次模型、网状模型和关系模型三种。

1．层次模型

层次模型（hierarchical model）表示数据间的从属关系结构，是一种以记录某一事物的类型为根结点的有向树结构。层次模型像一棵倒置的树，根结点在上，层次最高；子结点在下，逐层排列。这种用树形结构表示数据之间联系的模型也称为树结构。层次模型的特点是：仅有一个无双亲的根结点；根结点以外的子结点，向上仅有一个父结点，向下有若干子结点。

层次模型表示的是从根结点到子结点的一个结点对多个结点，或从子结点到父结点的多个结点对一个结点的数据间的联系，如图 1-6 所示。

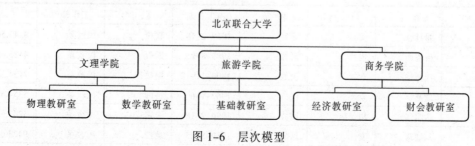

图 1-6　层次模型

2．网状模型

网状模型（network model）是层次模型的扩展，表示多个从属关系的层次结构，呈现一种交叉关系的网络结构。网状模型是以记录为结点的网络结构用网状数据结构表示实体与实体之间的联系。网状模型的特点：可以有一个以上的结点无双亲，至少有一个结点有多于一个的双亲。因此，层次模型是网状模型的特殊形式，网状模型可以表示较复杂的数据结构，即可以表示数据间的纵向关系与横向关系。这种数据模型在概念上、结构上都比较复杂，操作上也有很多不便，如图 1-7 所示。

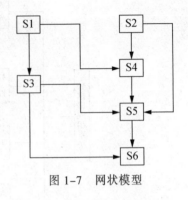

图 1-7　网状模型

3．关系模型

网状数据库和层次数据库已经很好地解决了数据的集中和共享问题，但是在数据独立性和抽象级别上仍有很大欠缺。用户在对这两种数据库进行存取时，仍然需要明确数据的存储结构，指出存取路径。而后来出现的关系数据库较好地解决了这些问题。关系数据库理论出现于 20 世纪 60 年代末到 70 年代初。1970 年，IBM 的研究员 E.F.Codd 博士发表《大型共享数据银行的关系模型》一文提出了关系模型的概念。后来 Codd 又陆续发表多篇文章，奠定了关系数据库的基础。关系模型有严格的数学基础，抽象级别比较高，而且简单清晰，便于理解和使用。Codd 提出的范式理论和衡量关系系统标准，用数学理论奠定了关系数据库的基础，由于 Codd 博士对关系数据库的卓越贡献获得了 1981 年 ACM 图灵奖。

关系数据模型是以集合论中的关系概念为基础发展起来的。关系模型中无论是实体还是实体间的联系均由单一的结构类型——关系来表示。关系模型研究的对象的数据结构就是二维表。那么什么是二维表呢？由于使用二维的坐标（行，列）就能唯一确定一个单元格的位置，所以称为二维表。二维表的另一个特点是每一列内容必须是同质的，所谓同质即出生日期列必须全部是出生日期而不能出现年龄，学号列必须全部是学号而不能出现姓名等。

在实际的关系数据库中的关系也称表。一个关系数据库就是由若干个表组成。关系中每一个数据项也称字段，不可再分，是最基本的单位；每一列数据项是同属性的。列数根据需要而设，且各列的顺序是任意的；每一行记录由一个事物的诸多属性构成，记录的顺序可以是任意的；一个关系是一张二维表，不允许有相同的字段名，也不允许有相同的记录行。

关系数据库采用人们经常使用的表格作为基本的数据结构，通过公共的关键字段来实现不同二维表之间（或"关系"之间）的数据联系。可见关系模型呈二维形式，如表 1-1 所示。（表中的编号、姓名等为字段名。）

表 1-1　教师档案表

编　号	姓　名	性　别	民　族	出生日期	职　称	工作部门	工　资
25	祁月红	女	满族	1959-2-18	教授	民政系	9243.56
26	杨晓明	男	汉族	1989-8-25	助教	民政系	4423.65
27	江林华	女	汉族	1980-11-12	副教授	民政系	7134.32
28	成燕燕	女	汉族	1962-1-6	讲师	民政系	5354.56
29	达明华	男	回族	1990-2-18	未定	民政系	3243.56
30	刘敏珍	女	汉族	1959-8-25	教授	民政系	9423.65

续表

编 号	姓 名	性 别	民 族	出生日期	职 称	工作部门	工 资
31	凤晓玲	女	汉族	1980-11-12	助教	民政系	4134.32
39	艾买提	男	汉族	1962-1-6	副教授	民政系	7354.45
44	康众喜	男	汉族	1980-2-18	讲师	民政系	5243.56

1.2　关系数据库系统

关系数据库系统的应用始于 20 世纪 80 年代,到目前为止它已成为最为流行的数据库系统。在关系数据库系统中,其数据库中的数据是基于关系进行逻辑组织的。一个关系数据库是由若干个关系(即二维表格)所组成的。在关系数据库系统中,可以通过数据描述语言对其数据库中的各关系表进行描述。这种描述通常包括两个部分,即对关系表本身以及关系表中所包含的各属性集合进行描述。

1.2.1　关系数据库概念

所谓数据库,就是以一定的组织方式将相关的数据组织在一起存放在计算机存储器上形成的能为多个用户共享且与应用程序彼此独立的一组相关数据的集合。

数据库的性质是由数据模型决定的。数据库中的数据如果依照层次模型进行数据存储,则该数据库为层次数据库;如果依照网络模型进行数据存储,则该数据库为网络数据库;如果依照关系模型进行数据存储,则该数据库为关系数据库。

Visual FoxPro 数据库管理系统所管理的数据,都是依照关系模型进行存储的,因此称为关系数据库。

1. 关系数据库

关系数据库(relation database)是若干个依照关系模型设计的数据表文件的集合。也就是说,关系数据库是由若干张完成关系模型设计的二维表组成的。一张二维表为一个数据表,数据表包含数据及数据间的关系。

一个关系数据库由若干个数据表组成,数据表又由若干个记录组成,而每一个记录是由若干个以字段属性加以分类的数据项组成的。

在关系数据库中,每一个数据表都具有相对的独立性,这一独立性的唯一标志是数据表的名称,称为表文件名。

在关系数据库中,有些数据表之间是具有相关性的。数据表之间的这种相关性是依靠每一个独立的数据表内部具有相同属性的字段建立的。

一般来讲,一个关系数据库中会有许多独立的数据表是相关的,这为数据资源实现共享及充分利用,提供了极大的方便。

关系数据库以关系模型设计的数据表为基本文件,不但每个数据表之间具有独立性,而且若干个数据表间又具有相关性,这一特点使其在同类数据库中具有极大的优越性,并能得以迅速普及。

2. 关系数据库的特点

① 以面向系统的观点组织数据,使数据具有最小的冗余度,支持复杂的数据结构。

② 数据和程序具有高度的独立性,用户的应用程序与数据的逻辑结构和数据的物理存储

方式无关。

③ 由于数据具有共享性，使数据库中的数据能为多个用户服务。

④ 关系数据库允许多个用户同时访问，同时提供了各种控制功能，保证数据得到安全性、完整性和并发性控制。安全性控制可防止未经允许的用户存取数据；完整性控制可保证数据的正确性、有效性和相容性；并发性控制可防止多用户并发访问数据时由于相互干扰而产生的数据不一致的问题。

1.2.2 关系术语

1. 关系

（1）关系的基本概念

通常将一个没有重复行、重复列的二维表看成一个关系，每一个关系都有一个关系名。表 1-2 所示的教师任课表和表 1-3 所示的教师薪金表就代表两个关系，"教师任课表"及"教师薪金表"为各自的关系名。可见，一个关系就是一张二维表，每个关系有一个关系名。在 Visual FoxPro 中，一个关系即为一个表文件，其扩展名为.dbf。

表 1-2 教师任课表

编号	姓名	授课班级	授课班数	课程名称	授课人数	课时
25	祁月红	08 管理-2	3	英语	88	34
26	杨晓明	09 财经-3	3	哲学	88	25
27	江林华	07 英语-4	3	线性代数	57	30
28	成燕燕	08 行管-1	4	微积分	57	21
29	达明华	08 公路-2	4	德育	50	26

表 1-3 教师薪金表

编号	姓名	基本工资	课酬	养老保险	医疗保险	住房公积金	奖金	实发工资
25	祁月红	9243.56	60.00	52.00	96.00	24.00	300.00	9431.56
26	杨晓明	4423.65	51.00	62.00	50.00	30.00	200.00	4532.65
27	江林华	7134.32	30.00	43.00	62.00	35.00	600.00	7624.32
28	成燕燕	5354.56	26.00	50.00	27.00	68.00	300.00	5535.56

在 Visual FoxPro 中，一个关系对应于一个表文件，简称为表；关系名则对应于表文件名或表名。

（2）关系的基本特点

在关系模型中，关系具有以下基本特点：

- 关系必须规范化，属性不可再分割。
- 在同一关系中不允许出现相同的属性名。
- 在同一关系中元组及属性的顺序可以任意。
- 任意交换两个元组（或属性）的位置，不会改变关系模式。

一个关系数据库由若干个数据表组成，数据表又由若干个记录组成，而每一个记录是由若干个以字段属性加以分类的数据项组成的。表 1-4 中的教师表就是一个关系模型，它包括以下概念。

2. 元组

二维表的每一行在关系中称为元组。在 Visual FoxPro 中，一个元组对应表中的一个记录。

表 1-4　教师档案表

编号	姓名	性别	民族	出生日期	职　称	工作部门	工　资
25	祁月红	女	满族	1959-2-18	教授	民政系	9243.56
26	杨晓明	男	汉族	1989-8-25	助教	民政系	4423.65
27	江林华	女	汉族	1980-11-12	副教授	民政系	7134.32
28	成燕燕	女	汉族	1962-1-6	讲师	民政系	5354.56

　　关键字　　　　　　域：男、女　　　　　　关系名　属性（列）　　　属性（列）

3. 属性

二维表的每一列在关系中称为属性，每个属性都有一个属性名，属性值则是各个元组属性的取值。在 Visual FoxPro 中，一个属性对应表中的一个字段，属性名对应字段名，属性值对应于各个记录的字段值。

4. 域

属性的取值范围称为域。域作为属性值的集合，其类型与范围由属性的性质及其所表示的意义确定。如表 1-4 所示，"性别"属性的域是(男,女)。同一属性只能在相同域中取值。

5. 关键字

关系中能唯一区分、确定不同元组的属性或属性组合称为该关系的一个关键字。单个属性组成的关键字称为单关键字，多个属性组合的关键字称为组合关键字。需要强调的是，关键字的属性值不能取"空值"，因为无法唯一区分、确定元组。

6. 关系模式与表结构

对关系的描述称为关系模式，其格式如下：

关系名 (属性名 1,属性名 2,…,属性名 n)

例如：教师档案表（编号，姓名，性别，民族，出生日期，职称，工作部门，工资）。

在 Visual FoxPro 9.0 中，对二维表的描述称为表结构。关系既可以用二维表格描述，也可以用数学形式的关系模式来描述。一个关系模式对应一个关系的数据结构，也就是表的数据结构。其一般格式为：

二维表名 (字段名 1,字段名 2,…,字段名 n)

例如：教师档案表（编号，姓名，性别，民族，出生日期，职称，工作部门，工资）。

1.2.3　关系运算

关系的基本运算有两类：一类是传统的集合运算，包括并、差、交；另一类是专门的关系运算，包括选择、投影和连接。

1. 传统的集合运算

进行并、差、交集合运算的两个关系必须是具有相同的关系模式，即结构相同。

① 并：有两个相同结构关系 R 和 S，它们的并是属于这两个关系的元组（记录）组成的集合，用 R∪S 表示。

② 差：有关系 R 和关系 S，R 与 S 的差是属于 R 而不属于 S 的元组组成的集合，即从 R 中去掉 S 中也有的元组，R-S 表示。

③ 交：有关系 R 和关系 S，R 与 S 的交是既属于 R 又属于 S 的元组组成的集合，用 $R \cap S$ 表示。

已知关系 R 和关系 S 如表 1-5 和表 1-6 所示。对 R 和 S 进行关系运算，结果如表 1-7～表 1-9 所示。

表 1-5　R 关系

编　号	姓　名	性　别
25	祁月红	女
26	杨晓明	男
27	江林华	女

表 1-6　S 关系

编　号	姓　名	性　别
27	江林华	女
28	成燕燕	女
29	达明华	男

表 1-7　$R \cup S$

编　号	姓　名	性　别
25	祁月红	女
26	杨晓明	男
27	江林华	女
28	成燕燕	女
29	达明华	男

表 1-8　$R-S$

编　号	姓　名	性　别
25	祁月红	女
26	杨晓明	男

表 1-9　$R \cap S$

编　号	姓　名	性　别
27	江林华	女

2．专门的关系运算

在关系数据库中查询用户所需的数据时，需要对关系进行一定的关系运算。关系运算主要有选择、投影和连接三种。

（1）选择

从关系中找出满足条件的记录，是一种横向的操作。它可以根据用户的要求从关系中筛选出满足一定条件的记录，这种运算可以得到一个新的关系，但其中的元组是原关系的一个子集，但不影响关系的结构。如 Visual FoxPro 中的 FOR<条件>、WHILE<条件>等。

（2）投影

从关系中选取若干属性组成新的关系，是一种列的操作。它可以根据用户的要求从关系中选出若干个字段组成新的关系，字段的个数或顺序往往不同。如 Visual FoxPro 中的 FIELDS<字段 1,字段 2,字段 3,…>等。

（3）连接

将两个关系通过公共属性名连接成一个新的关系。连接运算可以实现两个关系的横向合并，在新的关系中可以反映出原来关系之间的联系。

另外，在连接运算中，按照字段值对应相等为条件进行的连接操作称为等值连接。去掉重复属性的等值连接称为自然连接。

3．关系数据库

关系数据库是由若干个依照关系模型设计的二维数据表文件的集合。一个关系数据库即为一个数据库文件。

4．关系的完整性约束

关系完整性约束是为保证数据库中数据的正确性和兼容性对关系模型提出的某种约束条件或规则。完整性通常包括实体完整性、参照完整性和域完整性，其中实体完整性和参照完整性，是关系模型必须满足的完整性约束条件。

（1）实体完整性

在数据正确输入的前提下，不出现重复行实际上是反映了表的每一行的所有列值所构成的信息是完整的。假设出现一种可能出现的极端情况，学校中出现了两个同名同姓、同性别、同出生日期的学生，那时，在"姓名""性别"和"出生日期"构成的表中就会出现两个完全相同的行，表示的却是不同的对象（实体），这反过来说明了由"姓名""性别"和"出生日期"来反映一个学生（实体）的信息是不完整的。要做到完整性，就是要在任何情况下，不出现重复行，这就是实体完整性的真正含义。为了确保实体完整性，其基本方法就是为对应的表设置主关键字，并且该关系中的主关键字不能取"空值"。

（2）参照完整性

假设在登记学生信息时，另外还要学生填写一张家庭情况表，那么学生在填写家庭情况表中学号和姓名时，必须参照学生基本信息表，即要保证两者的一致性，填完后，收表的人员也必须对此进行核对，这实际上就是在确保家庭情况表对学生基本信息表的参照完整性。

在手工操作中，为了表格自身的可读性，家庭情况表必须包含学生基本信息表中包括学号在内的其他部分的学生信息，如姓名、性别等，如表 1-10 所示，而事实上，这些信息相对学生基本信息表是重复的，由家庭信息表要获知学生基本信息表中的信息，只需要包含学号就已足够，如表 1-11 所示，可通过该表中的学号，获得该学生在学生基本信息表中的其他信息，尽管这在手工操作中比较麻烦，但在计算机中，使用 SQL 语言，很容易根据表 1-11 中的学生家庭情况表和学生基本信息表所包含的信息，输出表 1-10 所示的包含部分学生基本信息的学生家庭情况表。

表 1-10 学生家庭情况表 1

学 号	姓 名	性 别	家庭成员姓名	关 系	工 作 单 位	联 系 电 话
01	李岳霖	男	李和平	父	单位 A	电话 A
01	李岳霖	男	王喜梅	母	单位 B	电话 B
01	李岳霖	男	李岳萍	姐	单位 C	电话 C

表 1-11 学生家庭情况表 2

学 号	家庭成员姓名	关 系	工 作 单 位	联 系 电 话
01	李和平	父	单位 A	电话 A
01	王喜梅	母	单位 B	电话 B
01	李岳萍	姐	单位 C	电话 C

参照完整性就是要保证家庭情况表中的学号和学生基本信息表中的学号的一致性，也就是要求家庭情况表的学号或者为空或者在学生基本信息表中存在，这种一致性必须在任何情况下均得以保持，具体讲就是要在删除学生基本信息表中某个学生的信息或修改某个学生学号时，必须考察学生家庭情况表中是否有该学号学生的信息，若有的话，从逻辑上讲处理方法可以有以下几种选择：

① 不允许删除该学生信息或修改该学生学号。

② 如删除学生信息则同时删除该学生在家庭情况表中的信息；如修改学号则同时修改该

学生在家庭情况表中的学号。

③ 删除学生信息或修改学号的同时设置该学生在家庭情况表中的学号为空。

④ 删除学生信息或修改学号的同时设置该学生在家庭情况表中的学号为某个缺省学号，该缺省学号必须在学生表中存在。

对本例，我们可能会选择第①种或第②种处理方法，第③种和第④种处理方法对本例没有意义，但在其他场合就可能有意义。其次，并不是所有数据库管理系统均支持这四种处理方法。

一般讲，我们把学生家庭情况表中的学号称为该表的外关键字，其基本特征首先不是本表的主关键字，而是另一个称为参照表（学生基本信息表）的主关键字。参照完整性就是要求外关键字值或者为空，或者在参照表中存在。

（3）域完整性

实体完整性和参照完整性适用于任何关系型数据库系统，主要是对关系的主关键字和外部关键字取值做出有效的约束。域完整性则是根据应用环境的要求和实际的需要，对某一具体应用所涉及的数据提出约束性条件。这一约束机制一般不应由应用程序提供，而应由关系模型提供定义并检验。如属性的类型、宽度等，进一步保证输入数据合理有效。域完整性主要包括字段有效性约束和记录有效性约束两个方面。

1.2.4 现实世界的数据描述

现实世界是数据库系统操作处理的对象。如何用数据来描述、解释现实世界，运用数据库技术表示、处理客观事物及相互关系，则需要采取相应的方法和手段进行描述，进而实现最终的操作处理。

1. 信息处理的三个层次

计算机信息处理的对象是现实生活中的客观事物，在对其实施处理的过程中，首先应经历了解、熟悉的过程，抽象出大量描述客观事物的信息，再对这些信息进行整理、分类和规范，进而将规范化的信息数据化，最终实现由数据库系统存储、处理。在此过程中，涉及三个层次，经历了两次抽象和转换过程。信息处理的过程如图 1-8 所示。

图 1-8 信息处理的过程

（1）现实世界

现实世界就是存在于人脑之外的客观世界，客观事物及其相互关系就处在现实世界中。客观事物可以用对象和性质来描述。

（2）信息世界

信息世界是现实世界在人们头脑中的反映，又称观念世界。客观事物在信息世界中称为实体，反映事物间关系的是实体模型或概念模型。

（3）数据世界

数据世界是信息世界中的信息数据化后对应的产物。现实世界中的客观事物及其联系，在数据世界中以数据模型描述。

客观事物是信息之源，是设计、建立数据库的出发点，也是使用数据库的最后归宿。概念模型和数据模型是对客观事物及其相互关系的两种抽象描述，实现了信息处理三个层次间的对应转换，而数据模型是数据库系统的核心和基础。

2. 实体模型

将人们头脑中反映出来的信息世界用文字和符号记载下来，有以下术语：

（1）实体

客观存在并且可以相互区别的"事物"称为实体。实体可以是具体的，如一名学生、一本书、一名教师等；也可以是抽象的，如一堂课、一次足球比赛等。

（2）属性

描述实体的"特征"称为该实体的属性，如教师有编号、姓名、性别、职称、工作部门等方面的属性。属性有"型"和"值"之分，"型"即为属性名，"值"即为属性的具体内容（如 28、成燕燕、女、汉族、1962–1–6、讲师、民政系、3354.45）。

（3）实体型

具有相同属性的实体必然具有共同的特征，所以由若干个属性组成的集合可以表示一个实体的类型，简称实体型。一般用实体名和属性名集合来表示。如教师档案表(编号,姓名,性别,民族,出生日期,职称,工作部门,工资)就是一个实体型。

（4）实体集

性质相同的同类实体的集合称为实体集。如所有学生、所有课程等。

3. 实体间的联系

实体之间的对应关系称为联系，它反映现实世界事物之间的相互关联。例如，学生和课程是两个不同的实体，当学生选课时，两者之间则发生了关联，建立了联系（学生选择课程，课程被学生选学）。两个实体之间的联系可分为如下三类：

（1）一对一联系（1:1）

实体集 A 中的一个实体至多与实体集 B 中的一个实体相对应，反之，实体集 B 中的一个实体至多对应于实体集 A 中的一个实体，则称实体集 A 与实体集 B 为一对一联系。例如，电影院中观众与座位之间、乘车旅客与车票之间、病人与病床之间等。

（2）一对多联系（1:n）

实体集 A 中的一个实体与实体集 B 中的 n（$n \geq 0$）个实体相对应，反之，实体集 B 中的一个实体至多与实体集 A 中的一个实体相对应。例如，学校与系、班级与学生、省与市等。

（3）多对多联系（m:n）

实体集 A 中的一个实体与实体集 B 中的 n（$n \geq 0$）个实体相对应，反之，实体集 B 中的一个实体与实体集 A 中的 m（$m \geq 0$）个实体相对应。例如，教师与学生、学生与课程、工厂与产品、商店与顾客等。

4. E–R 图

前面讲过现实世界是指客观存在的世界中的事实及其联系，对信息进行收集、分类，并抽象成信息世界的描述形式，然后再将其描述转换成计算机世界中的数据描述。信息世界是现实世界在人们头脑中的反映，是对客观事物及其联系的一种抽象描述，一般采用实体–联系方法表示。这种实体–联系方法就称为 E–R 方法，使用图形方式描述实体之间的联系的图形称为 E–R 图，其基本图形元素如图 1–9 所示。

现在有如下关系：

学生(学号,姓名,专业,性别,出生日期)

课程(课程号,名称,学时数)

学生、课程是实体；学生、课程的集合就是实体集；对于每个学生实体用属性组合（学号，姓名,性别,出生日期）来描述，则属性组合（201003011，赵萍，女，91/10/03）表示在学生实体集中的一个具体学生；每个学生有唯一的学号，因此学生实体中的学号可以作为实体标识符；用 E-R 方法描述学校教学管理中学生选课系统的 E-R 图如图 1-10 所示。其中由于一个学生可以选修多门课程，一门课程可以有多个学生选修，因此联系"选课"是一个多对多的关系。

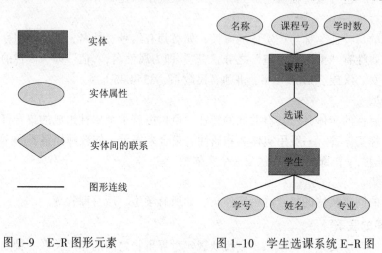

图 1-9　E-R 图形元素　　　图 1-10　学生选课系统 E-R 图

1.3　关系型数据库范式理论

关系数据库范式理论是数据库设计的一种理论指南和基础。它不仅能够作为数据库设计优劣的判断依据，而且还可以预测数据库可能出现的问题。

E-R 图方法是一种用来在数据库数据过程中表示数据库系统结构的方法。它的主导思想是使用实体、实体的属性以及实体之间的关系来表示数据库系统的结构。

1.3.1　关系数据库范式

关系数据库范式理论是在数据库设计过程中将要依据的准则，数据库结构必须要满足这些准则，才能确保数据的准确性和可靠性。这些准则则被称为规范化形式，即范式。

在数据库设计过程中，对数据库进行检查和修改并使它返回范式的过程称为规范化。

范式按照规范化的级别分为五种：第一范式（1NF）、第二范式（2NF）、第三范式（3NF）、第四范式（4NF）和第五范式（5NF）。在实际的数据库设计过程中，通常需要用到的是前三类范式，下面对它们分别介绍。

1. 第一范式（1NF）

第一范式要求每一个数据项都不能拆分成两个或两个以上的数据项。

例如，在员工数据表中，地址是由门牌号、街道、地区、城市和邮编组成的，因此，这个员工数据表不满足第一范式。

可以将地址字段拆分为多个字段，从而使该数据表满足第一范式。

2．第二范式（2NF）

如果一个表已经满足第一范式，而且该数据表中的任何一个非主键字段的数值都依赖于该数据表的主键字段，那么该数据表满足第二范式。

例如，在项目数据表中，数据表的主键是"项目编号"。其中"负责人部门"字段完全依赖于"负责人"字段，而不是取决于"项目编号"，因此，该数据表不满足第二范式。

3．第三范式（3NF）

如果一个表已经满足第二范式，而且该数据表中的任何两个非主键字段的数值之间不存在函数依赖关系，那么该数据表满足第三范式。

例如，在工资数据表中，"奖金" 字段的数值是"工资"字段数值的 25%，因此，这两个字段之间存在着函数依赖关系，所以该数据表不满足第三范式。

实际上，第三范式就是要求不要在数据库中存储可以通过简单计算得出的数据。不但可以节省存储空间，而且在拥有函数依赖的一方发生变动时，避免了修改成倍数据的麻烦，同时也避免了在这种修改过程中可能造成的人为的错误。

从以上的叙述中可以看出，数据表规范化的程度越高，数据冗余就越少，而且造成人为错误的可能性就越小；同时，规范化的程度越高，在查询检索时需要做出的关联等工作就越多，数据库在操作过程中需要访问的数据库以及之间的关联也就越多。因此，在数据库设计的规范化过程中，要根据数据库需求的实际情况，选择一个折中的规范化程度。

1.3.2　数据库设计方法

1．E-R 图

E-R 图方法是一种用来在数据库设计过程中表示数据库系统结构的方法。它的主导思想是使用实体（entity）的属性（attribution）以及实体之间的关系（relationship）来表示数据库系统的结构。在 E-R 图方法中，使用矩形表示实体，使用椭圆形表示属性，菱形和箭头表示联系。例如，教职工实体可表示为图 1-11。

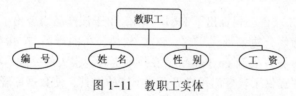

图 1-11　教职工实体

另外，还可以使用 E-R 图方法来表示实体之间的联系。例如，可以使用下面的 E-R 图来表示教职工实体之间的联系，如图 1-12 所示。

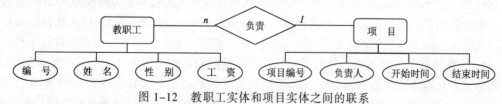

图 1-12　教职工实体和项目实体之间的联系

在完成了 E-R 图以后，就可以将 E-R 图转换为真正的数据表结构。在 E-R 图向数据表转换过程中，首先需要将实体转换为一个独立的数据表，然后将实体的属性转换为数据表中的字段，最后根据实体之间的关系建立数据表。

2. 从 E-R 图到数据库

从 E-R 图转换为数据库的六条规则：

① 一个实体转换为一个数据表，实体的属性转换为数据表的字段。

② 一对一、一对多的联系不转换为一个数据表。两个实体对应的数据表依靠外部关键字建立联系。

③ 多对多的联系转换为一个数据表，该数据表的复合关键字为两个实体关键字。

④ 三个或三个以上实体多对多的联系转换为一个数据表，该数据表的复合关键字为各个实体关键字，或引入单一字段（例如 ID 号）作为关键字，把各个实体的关键字作为外部关键字。

⑤ 处理三个以上实体的联系时，先画出一对一联系对应的实体。

⑥ 具有相同关键字的数据表可以合并为一个表。

1.4　Visual FoxPro 系统概述

只有将 Visual FoxPro 9.0 安装到本地计算机上，才能使用 Visual FoxPro 9.0 开发应用系统。本章主要对 Visual FoxPro 9.0 的发展及特点，Visual FoxPro 9.0 的使用环境，系统的安装、启动与退出，以及 Visual FoxPro 9.0 窗口的基本组成等知识做概要介绍，重点介绍 Visual FoxPro 9.0 项目管理器及其操作。使读者对系统的整体环境有一个概要的了解。

1.4.1　Visual FoxPro 的发展

20 世纪 70 年代后期，数据库理论的研究已基本上进入成熟阶段。随着 20 世纪 80 年代初期微型计算机的普及及其性能的大幅提高，美国 Ashton-Tate 公司开发的关系数据库产品 dBASE 迅速占领了微机市场。由于此数据库产品具有操作方便，对微机的配置要求低，在事务处理应用上性能优越等优点，因而很快得以推广。由于 Ashton-Tate 公司推出 dBASE-Ⅲ 之后相继推出的产品在技术上、在实际应用上，得到了广泛使用，为 PC 平台关系数据库产品市场的繁荣做出了贡献。

1986 年 6 月，FOX 软件公司推出了 FoxBASE+，由于该产品表现出了更优越的性能，很快就抢占了 dBASE 的市场，进而取代了它。FOX 软件公司的产品与 dBASE-Ⅲ 完全兼容，从 FoxBASE+ 到 FoxPro 1.0 再发展到 FoxPro 2.0，在技术上有了很大的突破，与以前的 dBASE 产品相比，运行速度快，并提供了较好的用户界面和丰富的工具，使数据库管理系统提高到新的层次。FOX 软件公司继承和发展 dBASE 技术，使 FoxPro 程序设计语言逐渐成为数据库管理系统新的语言标准。

1992 年，微软收购了 FOX 软件公司，微软利用自身强大的技术实力继续对 FoxPro 进行更加深入的开发和更广泛的宣传，不久就推出了 FoxPro 2.5 和 FoxPro 2.6 等大约 20 个 FoxPro 产品及其相关产品。由于该数据库产品提供了诸如报表、屏幕、菜单、标签及项目管理等工具，使得 FoxPro 的性能有了质的飞跃，很快就以其优越的性能和更快的速度领先于其他数据库产品。

随着可视化编程技术的引入，Windows 95 操作系统的推出，微软公司于 1995 年 9 月又率先推出了 Visual FoxPro 3.0 For Windows。它是第一个正式具有 Windows 95 兼容标志的应用软件，其功能较旧版软件有全面的改进，它不仅继承了 Visual 软件直观好用、功能强大、面向对象的优点，并兼容了以前各个版本软件的特点，在功能和特性上有了很大的改进，使之具有严谨的主从数据结构，即具有面向对象的特点。1996 年 8 月 28 日，微软公司又推出了 Visual FoxPro 5.0

For Windows 专业版。1998 年 9 月，Visual FoxPro 6.0 随着 Windows 98 的问世而诞生。它的推出为网络数据库系统的用户和设计开发者带来了极大的方便。2000 年，推出了 Visual Studio.NET，包含了 Visual FoxPro 7.0，后来为了调整 Visual Studio.NET 的市场战略，将 Visual FoxPro 7.0 独立出来，形成了一个仍基于 Visual Studio.NET 架构的独立软件产品。随后，微软公司短时间内接连又推出了 Visual FoxPro 8.0 和 Visual FoxPro 9.0，其中 Visual FoxPro 9.0 是微软公司推出的 Visual FoxPro 系列产品中的最新版本，它是可以运行于 Windows 95/98、Windows NT、Windows 2000/XP 平台的 32 位数据库开发系统。Visual FoxPro 9.0 提出的对象风格和事件程序，使得创建和修改应用程序比以往任何时候都迅速快捷。Visual FoxPro 9.0 是世界目前流行的小型数据库管理系统中性能最好、功能最强的优秀软件之一。

从 Visual FoxPro 9.0 的发展，可以看到数据库软件的发展过程，正在走向新的更高阶段，其发展必将推动数据库软件技术的蓬勃发展。

1.4.2 Visual FoxPro 9.0 的特点与新增功能

Visual FoxPro 9.0 不仅延续了以前版本的强大功能，还增加和改进了许多特性。使用这些新特性，可以使数据库、数据表的管理和程序设计更为方便，本节简要介绍 Visual FoxPro 9.0 中新增的功能。

1．强大的集成开发系统

（1）字体和颜色做了很大调整。项目管理器中的字体以及属性列表框中的字体都可以进行设置。属性列表框的另一项增强就是可以根据不同类别的属性，对不同的属性元素选择不同的颜色。用户可以为 ActiveX 控件属性、非默认值、自定义属性和实例属性指定不同的显示颜色。

（2）类操作的增强。Visual FoxPro 9.0 为类设计器加入了开发者渴望已久的特色。用户现在可以为用户的类的自定义属性设置默认值。

（3）数据浏览器（Data Explorer）。Visual FoxPro 有很强的数据操控功能。Visual FoxPro 9.0 新增了一个名为数据浏览器的工具，使得用户在基于客户机/服务器（Client/Server，C/S）模式的开发变得更方便。

（4）方便的代码查错。Visual FoxPro 9.0 对它的程序编辑窗口也做了很大的增强。当 FoxPro 在代码中发现一处语法错误时，它会为相应代码加上下画线。这节约了开发者纠正 Bug 的时间，并且不必非要等到编译完成才发现错误。

2．新的数据处理方式

（1）增强的 SQL 语言。取消了很多硬编码的限制，增强了子查询和关联查询的支持，支持更复杂的表达式，以及增强了对 Union 的支持。

（2）性能方面。Visual FoxPro 9.0 引进了一个新的索引类型——二进制索引，它可在任何逻辑表达式中被使用。同时增强了过滤型索引的性能，提高了 Top N、Min()/Max()以及 Like 这些查询子句的性能。

（3）命令和函数。对数据的操作更具灵活性，增强对 SQL 中 showplan 的支持，增加 Icase()函数来代替 IIF()函数。

（4）新的数据类型。支持 AutoInc、VarChar、VarBinary 和 Blob 等新的数据类型，并提供相应的类型转换函数：Cast()。增强了现有函数对数据类型的控制和转换能力。

（5）远程数据。Visual FoxPro 9.0 增强了事务控制的能力，游标（cursor）机制使得代码逻辑更加清晰，Visual FoxPro 从 8.0 增加了 CursorAdapter 基类，9.0 中对该基类作了加强，使开发者只需几行代码就可以方便地访问远程视图。

3．强大的报表设计器

（1）报表系统的架构。新的报表引擎把报表的功能分成了两部分，其中报表引擎只处理数据和对象定位；增加了报表监听器处理显示和输出的事务。由于报表监听器是一个类（Class），因此可以非常方便地与报表进程交互操作。

（2）新的报表语法。Visual FoxPro 9.0 兼容旧的报表引擎运行报表，用户可以像从前一样使用 Report 命令。但是如果要使用新式的报表行为，必须使用 Report 命令的 Object 子句。Object 子句可以指定报表监听器和指定报表样式，微软称之为对象辅助（Object-Assisted）报表。

（3）报表监听器。报表监听器是提供新式报表行为的对象。报表监听器是基于 Visual FoxPro 9.0 的新的基础类 ReportListener 的。

为了让 Visual FoxPro 9.0 使用报表指定的监听器，需要建立自己的监听器类对象，并在 Report 命令的 Object 子句中引用该对象。

（4）HTML 和 XML 输出。Visual FoxPro 9.0 提供了更多的报表输出类型，它包含了 ReportListener 的两个子类，分别叫作 HTMLListener 和 XMLListener，用来提供 HTML 和 XML 格式的报表输出。

（5）自定义显示。Visual FoxPro 9.0 不仅可以改变字段的外形，还可以在报表监听器中执行自己需要的任何事务。ReportListener 的 Render 方法负责在报表页面上绘制每个对象。用户可以重载这个方法来实现各式各样的输出，真正实现报表自定义显示。

4．其他功能

Visual FoxPro 9.0 为了适应软件发展的需要，还在其他方面做了改进，如增强向导功能、支持 Windows XP 主题、智能感知脚本、新的 NorthWind 样例数据库等，使用这些新功能可以使开发出来的应用程序具有更加强大的功能、更加方便的操作。

Visual FoxPro 从 5.0 版升级到 9.0 版，结构上更为清晰，操作上更为方便。并增加了许多新功能，如与大型数据库互连功能、网上发布和网上查询功能等。

1.4.3 Visual FoxPro 9.0 简介

Visual FoxPro 9.0 的功能强大，但它对系统软/硬件的要求并不高，现在一般的计算机都能够满足其最低要求。

1．Visual FoxPro 9.0 的最低系统配置要求

① 计算机：具有奔腾级处理器的计算机。

② 外设：鼠标或其他指点设备。

③ 内存：64 MB RAM（建议 128 MB 或以上）。

④ 硬盘空间：

- Visual FoxPro 预装要求部件：20 MB。
- Visual FoxPro 典型安装：165 MB。
- Visual FoxPro 最大化安装：165 MB。

⑤ 显示系统：分辨率 800×600 像素，256 色（建议 16 位色）。

⑥ 操作系统：Windows 98/Me/2000 Service Pack 3 及以上，如 Windows XP 和 Windows 7 等。

⑦ 网络操作系统：Windows NT 3.51, Windows NT 4.0 和 Windows Server 2003。

2．Visual FoxPro 9.0 的安装

Visual FoxPro 9.0 可以从光盘上安装或从网络安装。这里只介绍从光盘上安装的方法，具体步骤如下：

① 将 Visual FoxPro 9.0 的安装光盘放入光驱，执行光盘中的 setup.exe 文件。

② 根据安装向导的提示，接受"最终用户许可协议"并正确输入产品的 ID。

③ 安装向导会提示用户选择"典型安装"还是选择"自定义安装"，一般选择"典型安装"。如果选择"自定义安装"，向导还会提示用户选择所需的安装组件。

④ 安装程序会进行文件的复制。

⑤ 安装向导会提示安装 MSDN 库。MSDN 库中包含了 Visual FoxPro 9.0 的联机帮助文档和示例，用户可根据需要进行安装。

至此，Visual FoxPro 9.0 安装完毕。

3．Visual FoxPro 9.0 启动与退出

（1）Visual FoxPro 9.0 的启动

只要在 Windows 环境下安装了 Visual FoxPro 9.0，安装程序会自动将 Visual FoxPro 9.0 装入程序项中。启动 Visual FoxPro 9.0 方式可归纳为如下几种：

① 双击桌面上的 Visual FoxPro 9.0 图标，可直接启动 Visual FoxPro 9.0。

② 选择 Windows XP 的"开始"/"程序"/"Microsoft Visual FoxPro 9.0"/"Microsoft Visual FoxPro 9.0"命令，即可启动 Visual FoxPro 9.0。

③ 选择 Windows 的"开始"/"运行"命令，输入打开路径 C:\Programs Files\Microsoft Visual Studio\VFP98\Visual FoxPro 9.0.exe，然后单击"确定"按钮，启动 Visual FoxPro 9.0。

④ 在"资源管理器"中查找 Visual FoxPro 9.0.exe 文件，然后双击该文件名启动 Visual FoxPro 9.0。

当安装好 Visual FoxPro 9.0 后第一次启动时，出现图 1-13 所示的 Visual FoxPro 9.0 引导界面。

图 1-13　Visual FoxPro 9.0 引导界面

（2）Visual FoxPro 9.0 的退出

当用户完成了 Visual FoxPro 9.0 中的各项操作并决定退出时，可选择以下任意一种方法退出 Visual FoxPro 9.0。

① 在菜单中选择"文件"/"退出"命令。

② 单击 Visual FoxPro 9.0 窗口右上角的"关闭"按钮。

③ 在命令窗口输入命令 quit，然后按【Enter】键。

④ 双击 Visual FoxPro 9.0 主窗口左上角的"控制"菜单按钮。

⑤ 直接按【Alt+F4】组合键。

正常退出 Visual FoxPro 9.0 可以防止数据丢失。若直接关闭主机电源、热启动或按复位键，都有可能造成用户数据丢失。

4．Visual FoxPro 9.0 的窗口组成

（1）窗口界面

进入 Visual FoxPro 9.0 之后，就是 Visual FoxPro 9.0 系统的主窗口，如图 1–14 所示。在 Visual FoxPro 9.0 系统的主窗口中可以看到标题栏、菜单栏、工具栏、状态栏以及"命令"窗口和项目管理器窗口。

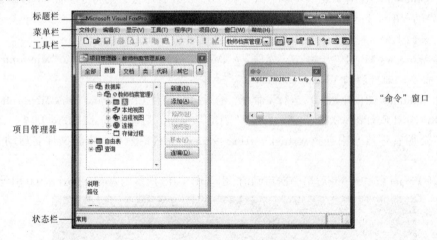

图 1–14　Visual FoxPro 9.0 主窗口

（2）标题栏

标题栏位于主窗口的顶部，包含主窗口的控制菜单图标、应用程序名，以及右边的最小化按钮、最大化按钮或还原按钮及关闭按钮。

（3）菜单栏

Visual FoxPro 9.0 的菜单栏位于标题栏的下方，默认情况下有八个菜单。随着用户操作的不同，系统菜单中会动态地显示一些其他的菜单。使用系统菜单能实现数据库管理和应用程序开发的大部分操作。主菜单是当前可用的命令的集合，如图 1–15 所示。系统的主菜单可以完成约 70 条命令。

文件(F)　编辑(E)　显示(V)　工具(T)　程序(P)　项目(O)　窗口(W)　帮助(H)

图 1–15　Visual FoxPro 9.0 的菜单栏

需要指出的是，菜单的内容并非一成不变的。当在 Visual FoxPro 9.0 中操作不同的对象时，菜单的内容也会随之发生改变。图 1-16 所示为打开项目管理器时的菜单，可以与图 1-15 比较两者之间的区别。

文件(F) 编辑(E) 显示(V) 工具(T) 程序(P) 查询(Q) 窗口(W) 帮助(H)

图 1-16 打开项目管理器后的菜单栏

（4）工具栏

工具栏位于菜单栏的下方。Visual FoxPro 9.0 有多个工具栏，可根据操作需要添加和设置。默认情况下，Visual FoxPro 9.0 工具栏显示在屏幕顶部的菜单栏下面。实际上，工具栏中的每一个按钮在菜单中都有选项与之对应。在工具栏窗口中，用户可根据自己的需要进行工具栏的定制、工具栏的删除等操作。Visual FoxPro 9.0 中提供了 11 个预设的工具栏，第一次启动 Visual FoxPro 9.0 时只有"常用"工具栏显示出来。如果要显示其他工具栏，可选择菜单中的"显示"/"工具栏"命令，出现图 1-17 所示的"工具栏"对话框，在该对话框中可根据需要选择工具栏中的工具。

提示： 右击工具栏区，出现图 1-18 所示的快捷菜单。也可在该菜单中选择调用新的工具栏。

图 1-17 "工具栏"对话框

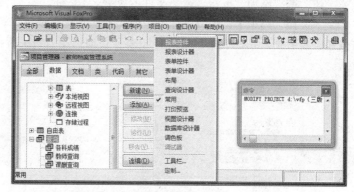

图 1-18 在工具栏区出现的快捷菜单

（5）"命令"窗口

"命令"窗口是一个非常有用的窗口。初学者在"命令"窗口中可以学习 Visual FoxPro 9.0 常用命令和函数的用法。另外，当使用菜单或工具栏进行操作时相应的命令也会自动显示在"命令"窗口中。"命令"窗口具有 Windows 风格，可以对它进行移动、放大、缩小、最大化等操作，其操作与普通的窗口一样。

（6）状态栏

状态栏用于显示当前操作状态，各种菜单、控件的功能说明，命令提示以及时钟等信息。

1.4.4 项目管理器

1．项目管理器窗口的组成

通过项目管理器可以很快地熟悉 Visual FoxPro。项目管理器可以将数据库系统中的各类文件集中管理，并编译成应用软件。编译后的程序可执行成应用程序文件，可形成快捷方式键，直接启动数据库应用软件，操作十分方便。项目管理器为用户提供了处理数据和对象的工具，以及简单的、可视化的数据组织和编程环境。通过项目管理器可以非常方便地实现对数据库、数据表、表单、查询、视图、报表、程序以及相关文件的管理。项目管理器由六个选项卡、六个命令按钮和一个列表框组成，下面介绍项目管理器的界面。

（1）选项卡

① "数据"选项卡。项目管理器中的"数据"选项卡负责管理项目的数据库、自由表、查询及视图等内容，如图 1-19 所示。

- 数据库：由数据表组成，通过公共字段建立相互关联，用户可以使用数据库设计器来创建数据库，数据库文件的扩展名是.dbc。数据库中包含有视图(本地视图和远程视图)、连接、存储过程、有效性规则和触发器等。

- 自由表：自由表是一种数据表，但不是数据库的一部分，扩展名是.dbf。

- 查询：用于实现对存于表中的特定数据的查找。通过查询设计器，用户可以基于输入的条件在表中抽取需要的记录。查询文件的扩展名是.qpr。

- 视图：一种特殊的查询，可从本地和远程数据源中获取数据，并允许将返回的数据进行修改。视图依附数据库而存在，不能是独立的文件。用视图可以新建或添加表、数据库及查询等。例如，要创建或添加表，可选择"数据"选项卡，再选择表，然后单击"新建"或"添加"按钮。视图文件的扩展名是.vue。

② "文档"选项卡。项目管理器中的"文档"选项卡负责管理处理数据时的全部文档，如输入和查看数据所用的表单，以及打印表和查询选项卡结果所用的报表及标签等，如图 1-20 所示。

图 1-19 "数据"选项卡　　　　　　图 1-20 "文档"选项卡

- 表单：用于显示和编辑表的内容，用户可以使用表单设计器来创建表单。表单文件的扩展名是.scx。

- 报表：对 Visual FoxPro 9.0 数据表查询结果的格式化打印输出，用户可以使用报表设计器来实现对报表和标签的设计。报表文件的扩展名是.frx。

③ "类"选项卡。"类"选项卡包含用户所有定义的类，可以新建一个类，也可以添加已存在的类。

④ "代码"选项卡。"代码"选项卡包含用户创建的所有源程序（.api 文件）和 API 库。

⑤ "其他"选项卡。"其他"选项卡包含用户创建的菜单、文本文件及其他文件。用户可以利用 Visual FoxPro 9.0 提供的菜单设计功能来设计菜单栏及快捷菜单。文本文件是存储纯文字的文件，可以用来存储文件的说明信息。其他文件用来存储图形文件，如*.bmp 、*.jpg 格式的文件。

（2）命令按钮

在项目管理器的右边有几个命令按钮，选择要操作的某一文件，再单击相应的命令按钮即可进行相关的操作。常见的命令按钮有新建、添加、修改、运行/浏览、关闭/打开、移去及连编等。

（3）列表框

列表框位于项目管理器的左边，用于显示选定选项卡中的所有文件列表。

2．建立项目文件

现在新建一个项目，来管理自己的应用程序。选择"文件"/"新建"命令，弹出"新建"对话框，如图 1-21 所示，在对话框中选择"项目"单选按钮。

在"新建"对话框的右侧有两个图标按钮：单击"新建文件"按钮，可用系统的设计器来创建项目；单击"向导"按钮，可用系统提供的向导来创建项目。这里单击"新建文件"按钮，打开"创建"对话框，输入文件名，设置新建文件的保存路径。本例输入项目文件名"教师档案管理系统"，设置保存路径为"D:\教师档案管理"后，单击"保存"按钮。这样就生成一个名为"教师档案管理系统"的项目。

3．使用项目管理器管理项目文件

新建的项目文件是一个空文件，用户只有将自己的东西添加到该项目文件中，才能有效地被项目管理器管理。

（1）向项目中加入一个新文件

如果已经存在多个对象文件，可以将这些文件添加到项目管理器中。例如，要向项目中添加查询等。

在项目管理器中选择想要加入的文件类型，如"查询"，单击项目管理器中的"添加"按钮，在打开的对话框中选择查询的名字（如查询 1.qpr）和查询所在的路径，单击"确定"按钮完成添加，如图 1-22 所示。

图 1-21　"新建"对话框

图 1-22　向项目管理器中添加查询

（2）从项目中移去文件

对于一些不需要的文件，可以将这些文件从项目管理器中移去。例如，要从项目中移去数据表等。在项目管理器中选择想要移去的文件，单击项目管理器中的"移去"按钮，在所显示的对话框中单击"移去"按钮。如果想从计算机中删除文件，可单击"删除"按钮，如图 1-23 所示。

（3）在项目管理器中新建、修改文件

在项目管理器中新建和修改文件是非常容易的，只要选择所要创建的文件类型，然后单击项目管理器右侧的"新建"或"修改"按钮即可。此时，Visual FoxPro 9.0 会打开相应的设计器，从而可以方便地完成设计任务。

4．定制项目管理器

（1）改变、展开和折叠窗口

项目管理器是一个独立的窗口，可根据需要移动项目管理器窗口位置，拖动窗口边线或对角线可调整窗口大小，也可单击项目管理器右上角的向上箭头，将项目管理器折叠起来；再单击向下箭头又可以展开，如图 1-24 所示。

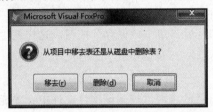

图 1-23　从项目管理器中移去或删除表　　　　图 1-24　折叠项目管理器

当项目管理器折叠后，可选择某一选项卡，并将其从项目管理器中拖动出去，使其成为一个独立的浮动的选项卡。如图 1-25 所示，当移动"数据""文档"选项卡后，该选项卡便可独立移动，此时项目管理器原来的"数据""文档"选项卡变为灰色无效状态。浮动选项卡中的 ![按钮] 按钮的作用是当单击 ![按钮] 按钮就能使该选项卡始终显示在屏幕的最上层。

（2）项目信息

当创建新的项目后，系统会自动打开以该项目名命名的项目管理器，系统同时也会自动在 Visual FoxPro 9.0 系统菜单中添加一个"项目"菜单。在项目菜单中选择"项目信息"命令，可弹出项目信息对话框，如图 1-26 所示。在项目信息对话框中选择相应的选项卡，可对项目相关信息进行浏览和编辑。

图 1-25　分离项目管理器的选项卡　　　　图 1-26　"项目信息"对话框

（3）给项目中的文件添加说明

在项目管理器中选择想要加入说明的文件，在主菜单中选择"项目"中的"编辑说明"选项，在弹出的对话框中输入说明文字（见图 1-27），然后单击"确定"按钮。

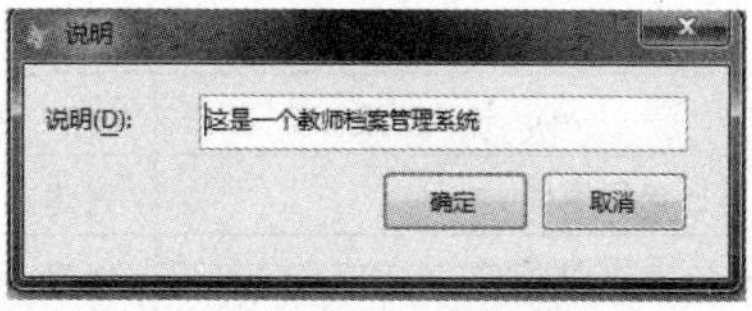

图 1-27 "说明"对话框

1.4.5 Visual FoxPro 的辅助设计工具

为了加快 Visual FoxPro 应用程序的开发，减轻用户的程序设计工作量，Visual FoxPro 提供了三类支持可视化设计的辅助工具。

1. 设计器

Visual FoxPro 9.0 提供的一系列设计器（designers），为用户提供了一个友好的图形界面操作环境，用以创建、定制、编辑数据库结构、表结构、报表格式、应用程序组件等。

利用项目管理器，可以快速访问 Visual FoxPro 的各种设计器。这些工具使得创建表、表单、数据库、查询和报表以管理数据变得轻而易举。

本节介绍了使用设计器的方法。除了在项目管理器中选择待创建文件的类型及"新建"的方法外，还可以使用设计器的另一种方法，即使用"文件"/"新建"命令。表 1-12 所示列出了为完成不同的任务所使用的设计器的功能。

表 1-12 设计器功能

设计器名称	功　　能
表设计器	创建表并设置索引
查询设计器	在表中进行查询
视图设计器	在数据表中进行查询并可更新数据
表单设计器	创建表单
报表设计器	建立用于显示和打印数据的报表
数据库设计器	建立数据库在表之间的关联
菜单设计器	为应用程序或表单创建菜单
数据环境设计器	为表单的运行提供数据库及其表的打开和关闭

2. 向导

向导是一种快捷设计工具。它通过一组对话框依次与用户对话，引导用户分步完成 Visual FoxPro 的某项任务，如创建一个新表，建立一项查询，或设置一个报表的格式等。

Visual FoxPro 有 20 余种向导工具。从创建表、视图、查询等数据文件，到建立报表、标签、图表、表单等 Visual FoxPro 文档，直至创建 Visual FoxPro 的应用程序、SQL 服务器上的数据库等操作，均可使用相应的向导工具来完成。表 1-13 列出了 Visual FoxPro 提供的 21 种向导的名称及其用途。

表 1-13 Visual FoxPro 向导一览表

向　导　名　称	用　　途
表向导	创建一个表
查询向导	创建查询
本地视图向导	创建一个视图

续表

向 导 名 称	用　　　途
远程视图向导	创建远程视图
交叉表向导	创建一个交叉表查询
文档向导	格式化项目和程序文件中的代码，并从中生成文本文件
图表向导	创建一个图表
报表向导	创建报表
分组、总计报表向导	创建具有分组、总计功能的报表
一对多报表向导	创建一个一对多报表
标签向导	创建邮件标签
表单向导	创建一个表单
一对多表单向导	创建一个一对多表单
数据透视向导	创建数据透视表
邮件合并向导	创建一个邮件合并文件
安装向导	从发布树中的文件创建发布磁盘
升迁向导	创建一个 Oracle 数据库，尽可能地重复 Visual FoxPro 数据库的功能
SQL 升迁向导	创建一个 SQL Server 数据库，尽可能地重复 Visual FoxPro 数据库的功能
导入向导	导入或追加数据
应用程序向导	创建一个 Visual FoxPro 应用程序
WWW 搜索页向导	创建 Web 页面，使该页的访问者可以从 Visual FoxPro 中搜索记录

向导工具的最大特点是"快"。不仅操作简捷，得出结果也很迅速。但正因它强调要快，其完成的任务也相对比较简单。所以，通常的做法是先用向导创建一个较简单的框架，然后再用相应的设计器对其进一步进行修改。例如，若要创建一个新表，可先用表向导来创建，然后再用表设计器进行修改。

3．生成器

生成器也可以译为构造器，来源于英文 builder 一词。它的主要功能是在 Visual FoxPro 应用程序的构件中生成并加入某类控件。例如，生成一个组合框或生成一个列表框等。表 1-14 所示的是 Visual FoxPro 提供的 10 种生成器。

表 1-14　Visual FoxPro 的生成器一览表

生 成 器	功 能	生 成 器	功 能
组合框生成器	生成组合框	列表框生成器	生成列表框
命令组生成器	生成命令组	选项组生成器	生成选项组
编辑框生成器	生成编辑框	文本框生成器	生成文本框
表单生成器	生成表单	自动格式生成器	格式化控件组
表格生成器	生成表格	参照完整性生成器	数据库表间创建参照完整性

以上三类辅助工具全部使用图形交互界面。通过直观的人机交互操作，就可使用户轻松地完成应用程序的界面设计任务。不仅如此，所有上述工具的设计结果都能够自动生成 Visual FoxPro 代码，使用户可以摆脱面向对象程序设计的烦琐编码任务，轻松地建立起自己的 Visual FoxPro 应用程序。

上述工具的详细操作方法与示例，将在以后各章节中进行介绍。

4．主要文件类型

常用的文件扩展名及其关联的文件类型如表 1–15 所示。

表 1-15　常用的文件扩展名及其关联的文件类型

扩 展 名	文 件 类 型	扩 展 名	文 件 类 型
.app	生成的应用程序	.frx	报表
.exe	可执行程序	.frt	报表备注
.pjx	项目	.lbx	标签
.pjt	项目备注	.lbt	标签备注
.dbc	数据库	.prg	程序
.dct	数据库备注	.fxp	编译后的程序
.dcx	数据库索引	.err	编译错误
.dbf	表	.mnx	菜单
.fpt	表备注	.mnt	菜单备注
.cdx	复合索引	.mpr	生成的菜单程序
.idx	单索引	.mpx	编译后的菜单程序
.qpr	生成的查询程序	.vcx	可视类库
.qpx	编译后的查询程序	.vct	可视类库备注
.scx	表单	.txt	文本
.sct	表单备注	.bak	备份文件

小　结

本章简要介绍了关系数据库系统的基础知识，重点介绍了关系模型的特点和关系运算，最后概要地介绍了 Visual FoxPro 9.0 数据库系统的基本概念及 Visual FoxPro 9.0 窗口的基本组成。通过学习本章，可以了解数据库系统的有关概念、数据库系统的功能和 Visual FoxPro 9.0 窗口的基本组成。这一章的内容是学习后面章节和进一步开发数据库应用系统的必备的基础知识，要求全面掌握。

思考与练习

一、思考题

1. 数据与信息的异同是什么？
2. 传统的集合运算与专门的关系运算的特点是什么？
3. 实体间联系的种类有哪些？
4. 层次模型、网络模型和关系模型的区别是什么？
5. 以"学生"为文件名建立一个项目文件的步骤是什么？

二、选择题

1. Visual FoxPro 关系数据库管理系统能够实现的三种基本关系运算是（　　　　）。

A. 选择、投影、连接　　　　　　　　　　B. 索引、排序、查找

C. 选择、索引、联系　　　　　　　　　　D. 差、交、并

2. Visual FoxPro 是一种关系数据库管理系统，所谓关系是指（　　　）。

A. 数据模型符合满足一定条件的二维表格式

B. 表中的各个记录之间有联系

C. 表中的各个字段之间有联系

D. 数据库中的一个表与另一个表有联系

3. 在 Visual FoxPro 中，（　　　）的定义属于域完整性的范畴。

A. 数据类型　　　　　B. 数据模型　　　　　C. 关系模型　　　　　D. 关系模式

4. 在 Visual FoxPro 中，数据库完整性一般包括（　　　）。

A. 实体完整性、域完整性

B. 实体完整性、域完整性、参照完整性

C. 实体完整性、域完整性、数据库完整性

D. 实体完整性、域完整性、数据表完整性

5. 选择是从（　　　）的角度进行的运算；投影是从（　　　）的角度进行的运算。

A. 行，列　　　　　B. 行，行　　　　　C. 列，列　　　　　D. 列，行

6. 数据库（DB）、数据库系统（DBS）、数据库管理系统（DBMS）之间的关系是（　　　）。

A. DB 包括 DBS 和 DBMS　　　　　　　　B. DBS 包括 DB 和 DBMS

C. DBMS 包括 DBS 和 DB　　　　　　　　D. 三者等级，没有包含关系

7. 下列关于对象的说法不正确的是（　　　）。

A. 对象可以是具体的实物，也可以是一些概念

B. 一条命令、一个人、一个桌子等都有可以看作一个对象

C. 一个命令按钮可以看作一个对象

D. 一个程序不可以看作一个对象

8. 关系数据模型（　　　）。

A. 只能表示实体间的 1:1 联系　　　　　　B. 只能表示实体间的 1:n 联系

C. 只能表示实体间的 m:n 联系　　　　　D. 可以表示实体间的上述三中联系

9. 项目管理器的"数据"选项卡用于显示和管理（　　　）。

A. 数据库、自由表和查询　　　　　　　　B. 数据库、视图和查询

C. 数据库、自由表、查询和报表　　　　　D. 数据库、表单和查询

10. Visual FoxPro 退出的操作方法是（　　　）。

A. 选择"文件"/"退出"命令

B. 用鼠标左按钮单击关闭窗口

C. 在命令窗口中输入 quit 命令，然后按【Enter】键

D. 以上方法均可

三、填空题

1. 数据处理是指_____。

2. 数据库是存储在计算机存储设备上的、结构化的相关数据的集合。它不仅包括_____，而且还包括_____。

3. 关系数据库中每个关系的形式是_____。

4. 数据库系统的核心是_____。

5. 对关系进行选择、投影、连接运算之后，运算结果仍然是一个_____。

6. 如果表中的一个字段不是本表的_____或_____，而是另外一个表的_____或_____，这个字段（属性）就称为外部关键字。

7. 任何一个数据库管理系统都是基于_____建立的。数据库管理系统支持的数据模型分三种：_____、_____、_____。

8. 项目管理器中的"移去"按钮有两个功能：一、_____；二、_____。

9. 设有部门和职员两个实体，每个职员只能属于一个部门，一个部门可以有多名职员，则部门与职员实体之间的联系类型是_____。

10. 表由若干记录组成，每一行称为一个"_____"，对应着一个真实对象的每一列称为一个"字段"。

第 2 章　数据库和数据表的基本操作

数据库管理系统是一种极为重要的程序设计语言，它与其他语言的主要差异在于它先天具备组织管理和高效率访问大批量数据的功能。设计一个功能齐全、结构优化的数据库，是设计数据库管理系统必不可少的一个重要环节。本章主要介绍了数据库和数据表的基本概念，如何通过数据库来管理和维护数据，怎样创建并修改数据表的表结构，将数据表添加到项目中；介绍 Visual FoxPro 9.0 数据表的基本操作，如何在 Visual FoxPro 9.0 中追加记录，如何修改字段中的记录，记录的删除与恢复，如何定制浏览窗口，在浏览窗口中过滤显示记录，记录的定位与查找，以及如何建立表的索引和数据完整性等。

主要内容
- 数据库的基本概念。
- 数据库的建立和操作。
- 数据表的建立和操作。
- 数据表的相互关联。
- 建立表的索引以及数据完整性。

2.1　Visual FoxPro 9.0 的基本操作

为了更好地理解数据库、数据表的基本概念，以及学会建立数据库和数据表，编辑表中的数据，修改与删除记录，建立表的索引等有关操作，需要对 Visual FoxPro 9.0 的基本操作方式和命令操作要求有一定了解。

2.1.1　Visual FoxPro 9.0 的基本操作方式

Visual FoxPro 9.0 与前期的数据库产品一样，都可以支持两类不同的基本操作方式，即交互式操作方式和程序执行方式。

1．交互式操作方式

Visual FoxPro 9.0 的交互式操作方式有命令执行与界面操作两种类型。

命令执行方式与界面操作方式是一致的。许多的命令功能都可以通过相应的菜单选择来实现。事实上，当用户选择某一菜单命令并执行它时，在"命令"窗口中便会自动显示与其对应的键盘快捷键，就如同用户通过键盘输入该命令一样，所以在 Visual FoxPro 9.0 中，用户可以任意选用或交替使用这两种方法。

2．程序执行方式

程序执行方式就是将一系列的语句或命令存储在一个文件中而成为一个程序文件（.prg），通过运行该程序文件，完成某些特殊的功能。程序执行方式不仅运行效率高，而且可重复执行。

可见，交互式操作方法虽然方便、灵活，但是当用户需要反复执行某些相同的命令序列，或处理较复杂的问题时就不能发挥计算机高速度、自动化运行的优势。为此，Visual FoxPro 9.0 提供了程序执行方式来解决该问题。这部分内容会在第 6 章详细讲解。

2.1.2　命令操作的基本要求

1. 命令的一般格式

为了熟练掌握各种命令的使用方法，首先要了解命令的语法规则，以便正确地使用命令。命令的一般格式如下：

`<命令关键字>[<范围>][<表达式表>][FOR<条件>][WHILE<条件>]`

（1）文件命名方法

文件名由主文件名和扩展名两部分组成。主文件名由字符组成，字符可以包括字母、数字、下画线、连字符等。扩展名由 "." 加上英文字母组成，表示文件类型。

（2）本书命令、函数符号的约定

Visual FoxPro 9.0 的命令和函数都是由一个或多个不同 "成分" 所组成，正是这些不同的 "成分" 决定了每一条 Visual FoxPro 9.0 命令或每一个 Visual FoxPro 9.0 函数的特定功能。在书写时，为了便于叙述，常引入下列几个符号，其约定如下：

- [ ]：其中的内容是可选项，不选时系统自动取默认值。但在程序输入时或在命令窗口中输入时均不书写此符号，而只写其中参数的内容。
- <>：其中的内容是用户的选择项，通常有多种可能供用户选择一种。若<>不在[ ]内，则为必选项，即用户必须选择多种可能中的一种；若<>在[ ]内时，当不选[ ]中的内容时，其<>中的内容也不能选择，而当选择[ ]中的内容时，其[ ]中的 "<>" 内的内容就为必选项。但在程序输入时或在命令窗口中输入时均不书写对 "[<>]"，而只写其中参数的内容。
- /：为二选一表示符。要求用户从本符号的左右两项中选择一项。同样，在命令或函数的输入中，"/" 线也不要写。
- …：省略符。表示在一个命令或函数表达式中，某一部分可以按同一方式重复。

注意：在实际操作中上述符号都不输入。

2. 命令格式的说明

从上述命令格式可以看到，Visual FoxPro 9.0 命令主要由五个部分组成，各部分功能如下：

① 命令关键字：是一个英文动词，也是 Visual FoxPro 9.0 的命令名，用来指定计算机要完成的操作。例如 STORE、LIST、COPY、TO 等都是命令关键字，分别表示定义内存变量、显示表的记录、复制表的内容。

② 表达式表方向：由数据和运算符一起构成的有意义的式子，各表达式表是一个或多个由逗号分隔开的表达式。该表达式在一般情况下由表中字段名构成。表达式除了可以是字段、字段名表外，还可以加上运算符，如 "单价*1.05" 也是一个表达式。

③ 范围子句：用来指定命令可以操作的有效记录范围。范围可有下列四种选择：

- ALL：指当前表中的全部记录。
- NEXT<n>：指从当前记录开始的连续 n 条记录。
- RECORD<n>：指当前表中的第 n 号记录。
- REST：指从当前记录开始到最后一条记录为止的所有记录。

④ FOR<条件>子句：对满足条件的记录进行操作，如果使用 FOR 子句，Visual FoxPro 9.0 将记录指针重新指向表文件顶部，系统会用 FOR 条件与每条记录进行比较。

⑤ WHILE <条件>子句：在表文件中，从当前记录开始，按记录顺序从上向下处理，如果

遇到不满足条件的记录，就停止搜索并结束该命令的执行。

FOR 和 WHILE 都是条件子句，但在默认范围条件下选择项主要有两点不同：

- FOR 子句是从首记录开始判断逻辑表达式是真还是假，而 WHILE 子句则从当前记录起判断条件是否成立。
- FOR 子句对逻辑表达式取真值的所有记录进行规则操作，不管这些记录是呈连续排列或是间断排列。而 WHILE 子句是从当前记录开始，只要遇到逻辑表达式取假值就停止操作，不管其后是否有满足条件的记录。

2.1.3 命令的输入与编辑

1. 命令的输入

在 Visual FoxPro 9.0 命令窗口中按命令的语法规则输入需要操作的命令，最后按【Enter】键，就可以执行该命令了。

2. 命令的编辑

命令窗口是一个可以编辑的窗口，可以在命令窗口中进行各种编辑操作，如插入、删除、复制、剪切等，或者用光标和滚动条在整个命令窗口中上下移动。这些特性对命令的输入有很大帮助作用。如果要输入一个和上一次命令相似的命令，那么只须将光标移动到上一条命令上，然后输入或删除命令中的不同部分，最后按【Enter】键，就可以执行这条新命令了。

3. 输入命令时的注意事项

① 命令关键字不能省略，必须是命令行的第一个英文动词，其他子句可以按任意顺序跟在其后，命令动词与各子句之间用一个或多个空格隔开。如：

```
EDIT  FIELDS 编号,姓名,职称 ALL FOR 工资>=2000
EDIT  ALL  FIELDS 编号,姓名,职称 FOR 工资>=2000
EDIT  FOR 工资>=2000  ALL  FIELDS 编号,姓名,职称
```

② 命令动词和 Visual FoxPro 9.0 保留字一般可用前四个或四个以上字母简写。如：

```
DISPLAY  MEMORY
DISPL  MEMO
DISP  MEMO
```

③ 当表达式中，由 FIELDS 引导字段名表时，字段名表中的各字段间必须用逗号分隔，但逗号"，"必须是在英文状态下输入的西文逗号","。

④ 命令、关键字、变量名和文件名中的字母既可以大写也可以小写，还可以大写、小写混合，三者等效。

⑤ 虽然命令窗口可以上下左右滚动，也可以在一行把命令输入完，但屏幕的左右滚动操作起来会很不方便，这时不妨尝试一下续行操作。输入命令时可以在命令的关键字或子句之间加分号（;），然后按【Enter】键，再在下一行输入命令的剩余部分，这样就可以把一条长命令分成多行来执行。进行续行操作，应注意以下几点：

- 命令的最后一行不能以分号结尾。例如：

```
REPLACE ALL 实发工资 WITH(基本工资+职务津贴+奖金-养老保险)*1.05 FOR 工龄>25
```

- 当一条命令被分成多行输入时，如果想同时使用&&命令加入一些注释，此时注释不能出现在分号之后，而只能将注释放在命令的最后一行的后面。

- 当准备执行一个被分成多行的命令时，可将光标放在该命令的任意一行上，然后按【Enter】键即可。

4．设置命令格式

（1）设置字体

在进行命令输入的过程中，可以通过改变命令窗口中的字体大小、行间距等清晰地显示每一条命令。用户可以使用"格式"/"字体"命令改变字体的大小。

（2）设置行缩进

行缩进可以极大地改善被分成多行的命令的可读性。在命令窗口中为产生缩进效果，在输入命令前先按【Tab】键，当然也有可能需要多按几次【Tab】键，以产生更多的行缩进，那么接下来的行就自动产生相同的缩进。一旦在命令窗口中加入一个行缩进，那么接下来的行就可自动产生相同的缩进，不过此时按【Ctrl+Enter】组合键将光标移到下一行，而不能用【Enter】键。

（3）出错处理

在命令窗口输入命令时，会出现一些输入错误，在没发现之前按【Enter】键后，系统会给出一个简单的提示。读者可根据相应的提示检查错误所在，是命令输错了还是函数名输错了？是语法规则不对，还是标点符号的问题？在中文环境下输入时，特别要注意半个汉字的问题。如果一条命令怎么检查都发现不了错误，但就是不能执行，这就应考虑是否在命令中输入了不可见字符，比如半个汉字，此时可将原命令重新输入一遍。在 Visual FoxPro 9.0 中，错误信息提示窗口是以对话框的形式出现的，有"确定"和"帮助"两个按钮。单击"确定"按钮关闭错误信息对话框，单击"帮助"按钮可寻求在线帮助，以找到问题产生的所在。

2.2 Visual FoxPro 9.0 中的数据库

数据库是一种存储数据的结构，在 Visual FoxPro 9.0 中，数据库文件是各项与数据库相关信息的组合。数据库是开发应用程序的基础，数据库设计的好坏是决定应用程序能否开发成功的关键。从 Visual FoxPro 3.0 开始引入了真正意义上的数据库概念。把一个二维表定义为表，把若干个关系比较固定的表集中起来放在一个数据库中管理，在表间建立关系，设置属性和数据有效性规则使相关联的表协同工作。数据库文件具有扩展名.dbc，其中可以包含一个或多个表、关系、视图和存储过程等。

2.2.1 创建数据库

数据库设计是数据库应用系统中的重要组成部分，一个设计良好的数据库可以使数据库应用系统的建立变得更为简单，起到事半功倍的效果。可以通过以下几种方式创建数据库。

1．在项目管理器中创建数据库

打开项目管理器，选择"数据"选项卡中的"数据库"选项，然后单击"新建"按钮，如图 2-1 所示。在弹出的"创建"对话框中输入数据库名"教师档案管理系统"，单击"保存"按钮，如图 2-2 所示。此时一个名为"教师档案管理系统"的不包含任何数据对象的空数据库已经建立，系统会同时打开数据库设计器的工具栏，如图 2-3 所示。

图 2-1　在项目管理器中创建数据库

图 2-2　在"创建"对话框中输入数据库名

图 2-3　数据库设计器

2．由文件菜单创建数据库

在系统菜单中，选择"文件"/"新建"命令，在"新建"对话框中选择数据库文件类型，然后单击"新建文件"按钮，此时系统会弹出"创建"对话框，在弹出的"创建"对话框中输入数据库名"教师档案管理系统"，并单击"保存"按钮，同样一个没有加入任何数据对象的空数据库已经建立。

3．通过命令建立数据库

【格式】CREATE DATABASE [数据库文件名/?]

【功能】在不启动状况下，直接建立一个新的数据库。

【说明】

① 数据库文件名：指定要创建的数据库的名称，一般需要用户为数据库指定一个路径。

② "?"或不带任何参数：显示"创建"对话框，用于指定要创建的数据库的名称。

【例 2.1】以命令方式建立一个新数据库"教师档案管理系统"，在命令窗口输入：

CREATE DATABASE D:\LIULI\教师档案管理系统

该命令在不启动数据库设计器的状态下，直接在 D:\LIULI 目录下建立一个新的数据库"教师档案管理系统.dbc"。

使用命令建立的数据库,系统不显示数据库设计器,但它确实存在,也是一个空数据库。用户可以通过进一步地操作或使用命令和函数向数据库中添加表和其他对象。

后两种方式创建的数据库,可根据需要将其添加到项目管理器中以便于管理。

2.2.2 数据库的维护

1. 数据库的打开和关闭

(1)由文件菜单打开和关闭数据库

对数据库进行维护之前,应先打开数据库。打开数据库的方法是在系统菜单中选择"文件"/"打开"命令(或单击常用工具栏上的"打开"按钮),在弹出的对话框中,指定欲打开的数据库文件所在文件夹、类型及文件名,然后单击"确定"按钮。

数据库使用完之后可单击数据库设计器右上角的"关闭"按钮将其关闭。

(2)通过命令对数据库进行操作

① 打开一个数据库。

【格式】OPEN DATABASE <数据库文件名>/?

【功能】打开一个数据库。

【例2.2】在当前目录下打开"教师档案管理系统"数据库。

OPEN DATABASE D:\LIULI\教师档案管理系统

② 修改一个数据库。

【格式】MODIFY DATABASE <数据库文件名>/?

【功能】修改编辑一个数据库。

【例2.3】修改并编辑"教师档案管理系统"数据库。

MODI DATABASE D:\LIULI\教师档案管理系统

③ 删除一个数据库。

【格式】DELETE DATABASE <数据库文件名>/?

【功能】删除一个数据库。

【例2.4】删除指定路径 D:\LIULI 下的"教师档案管理系统"数据库。

DELETE DATABASE D:\LIULI\教师档案管理系统

2. 在数据库中添加表

向数据库中添加表,主要有以下两种方式:

① 在项目管理器中的"数据"选项卡中,选择"数据库"下方的"表",然后单击"添加"按钮,在弹出的"打开"对话框中,选择欲添加表文件所在的文件夹、类型及表文件名,如选择"教师基本情况表",然后单击"确定"按钮。这个"教师基本情况表"便被添加到数据库中。

② 在"数据库设计器"中右击,在弹出的快捷菜单中选择"添加"命令,或单击"数据库设计器"工具栏上的"添加表"按钮,如图 2-3 所示,也可将预添加的表文件添加到数据库中。如添加教师基本情况表、教师任课表、教师薪金表等,如图 2-4 所示。

3. 在数据库中移去/删除表

从数据库中移去或删除表,主要有以下两种方式:

① 在项目管理器的"数据"选项卡中,选择"数据库"下方"表"中的"教师基本情况表",然后单击"移去"按钮,在弹出的对话框中,选择"移去"或"删除"选项。

② 在数据库设计器中的欲删除的表上右击,在弹出的快捷菜单中选择"删除"命令,或

单击"数据库设计器"工具栏上的"移去表"按钮。可将欲添加的表文件从数据库中"移去"或"删除"。

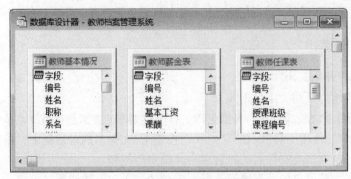

图 2-4　将表文件添加到数据库中

2.3　Visual FoxPro 9.0 中的数据表

在 Visual FoxPro 9.0 中，对数据表的操作是最基本的操作，当创建新的数据表后，就可以对数据表进行浏览、修改、更新等操作了。

2.3.1　数据表的概念

1．数据库与数据表的关系

数据库系统是存储在一起的规范化相关数据的集合。一个数据库可以包含一个或多个数据表、视图、到远程数据源的连接和存储过程等，它是开发应用程序的基础，数据库文件的扩展名为.dbc，在 Visual FoxPro 9.0 中数据以表的形式存放。数据库中的一个表就是一个关系，它是用来存储数据的文件，数据表文件的扩展名是.dbf。从图 2-4 中可以看出数据库与表的关系。

在 Visual FoxPro 9.0 中，数据表分为数据库表和自由表两种。独立于数据库的表称为自由表，将一个自由表添加到某个数据库中或在数据库设计器中创建的表为数据库表。虽然数据库表和自由表都能存储数据，但数据库表的功能更强大。例如，数据库表可以使用长文件名和长字段名（≤128 个字符），表中的字段可以有标题和注释，可设置字段级规则和记录级规则，设置触发器和永久关系等。

在 Visual FoxPro 9.0 中表以类似于二维表格的形式存储数据，由若干个（行）记录组成，每个记录包含若干字段（列），每个记录的每个字段中存储一个 Visual FoxPro 9.0 所允许的类型数据。通常把表的框架，就是表由哪些字段构成称为表的结构，将表中的记录称为表的内容。

可见数据库是由若干个相关的数据表组成，数据表又是由若干个记录组成，而记录又由若干个字段组成，字段是数据库中的最小单位。

2．字段的命名

字段名可由字母、汉字、数字和下画线组成，中间不允许含有空格，数据库表字段名长度不大于 128 个字符，自由表字段名长度不大于 10 个字符，在同一个表文件中，不得有相同的字段名。在 Visual FoxPro 9.0 操作期间，所有操作都是通过字段名来访问字段的。

3．字段数据类型

Visual FoxPro 定义了 17 种字段类型，包括：字符型（二进制）、数值型、浮动型、双精度型、整型（自动增量）、货币型、日期型、日期时间型、逻辑型、备注型（二进制）、通用型、可变长字符型（二进制）等。表 2-1 介绍了这些字段类型。

表 2-1　字段数据类型

数据类型		含　义	表示方法	取值范围	示　例
字符型（二进制）		是不具计算能力的文字数据类型	C（Character）	1～254 个字符	书名、人名、地名等
数值型	数值型	通常用于表示实数	N（Numeric）	−0.999 999 999 9E+19 ～0.999 999 999 9E+20	数值量如成绩、课时等
	浮点型	与数值型数据完全等价，只在存储形式上采用浮点格式	F（Float）	同上	与数值型相同
	双精度型	具有更高精度的一种数值型数据	B（Double）	± 4.940 656 458 412 47E−324 ～ ± 8.988 465 674 311 5E307	实验数据
	整型（自动增量）	不包含小数部分的数值型数据	I（Integer）	−21 474 836～21 474 836	年龄、学生人数等
日期型		用于表示日期的数据	D（Date）	默认格式{mm/dd/yyyy}	出生日期
日期时间型		表示日期和时间的数据	T（Time）	默认格式 {mm/dd/yyyy hh:mm:ss}	工作时间
逻辑型		表示逻辑判断的结果	L（Logic）	{.T.，.F.}或{.Y.，.N.}	是否为团员、婚否等
备注型（二进制）		表示存放较多字符的数据	M（Memo）	实际数据存放在与表文件同名备注文件（.FPT）中	个人爱好、简历等，在表中显示 memo
通用型		存储 OLE（对象链接嵌入）对象的数据	G（General）	在表中占 4 个字节	扩展名为.doc 的文档或位图文件等，在表中只显示 gen
货币型		为存储美元金额而使用的数据	Y（Currency）	−922 337 203 685 477.580 8 ～922 337 203 685 477.580 7	产品价格、货物价格等
可变长字符型（二进制）		以二进制格式存储的数据	Varchar	1～254 个字符	文字数字文本
可变长二进制型		存储不确定长度的二进制数据	Varbinary	1～254 个字符	存固定长度的二进制值或原文

注：以上数据类型均可应用于表中字段数据类型的定义，但其中双精度型、浮点型、通用型、整型、备注型、二进制字符型和二进制备注型只能应用于字段，其余可以用于变量、数组和字段。

2.3.2　创建表结构

创建表就是建立一个新的表文件。一个数据表是由表结构和数据记录两大部分组成，所以数据表的创建可分两步进行。首先，创建数据表的结构，即确定数据表的字段个数、字段名、字段类型、字段宽度及小数位数等特征；其次，根据字段特征输入相应的记录。

例如，现在要创建一个"教师档案表"，如表 2-2 所示，首先要分析表中的相关数据。

表 2-2　教师档案表

编号	姓名	性别	民族	出生日期	职称	工作部门	工资	照片	备注
25	祁月红	女	满族	1980-2-18	教授	民政系	2243.56	Gen	Memo
26	杨晓明	男	汉族	1959-8-25	助教	民政系	4423.65	Gen	Memo
27	江林华	女	汉族	1980-11-12	副教授	民政系	2134.32	Gen	Memo
28	成燕燕	女	汉族	1962-1-6	讲师	民政系	3354.45	Gen	Memo
…	…	…	…	…	…	…	…	…	…

从表 2-2 可以发现，该表共有 10 个字段和相对应的记录。要建立该数据表，首先要确定每个字段的属性，即字段名、数据类型、宽度、小数位数，就可以建立表结构了。表结构的要求如表 2-3 所示。

表 2-3　教师档案表的结构

字　段　名	字　段　类　型	字　段　长　度	小　数　位　数
编号	字符型	6	
姓名	字符型	6	
性别	字符型	2	
民族	字符型	2	
职称	字符型	6	
出生日期	日期型	8	
工作部门	字符型	6	
工资	数值型	7	2
照片	通用型	4	
备注	备注型	4	

表的记录可以按照表 2-2 所示的记录输入。下面先来创建表的结构。

1. 创建表的结构

在 Visual FoxPro 9.0 中，系统提供了多种创建表结构的方法。主要有以下两种：

（1）利用表向导建立表结构

由于表向导中有每一步的操作提示，对初学者来说操作直观、方便。利用表向导来创建表的结构，既可以创建自由表，也可以创建数据库表。利用表向导创建数据表非常简单，读者可以按向导提示的步骤完成；利用表向导建立表结构虽然简单但比较烦琐，所以常使用表设计器建立表结构。

（2）利用表设计器建立表结构

利用表设计器创建数据表的方法很简单。在项目管理器的"数据"选项卡下选择"自由表"（或数据库中的"表"）选项，单击"新建"按钮。在打开的"新建表"对话框中单击"新建表"按钮，或者单击系统菜单"文件"下的"新建"按钮，在"新建"对话框中选择"表"，然后单击"新建文件"按钮，都可打开表设计器。图 2-5 所示的是数据表设计器。

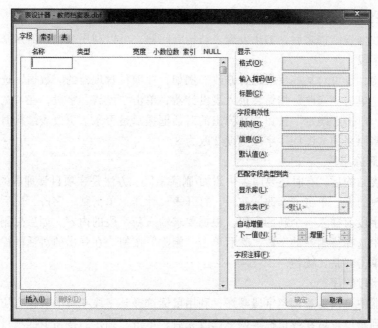

图 2-5　数据表设计器

打开表设计器后，便可按要求输入字段名、字段类型、宽度及小数位等内容。

（3）命令方式建立表结构

建立表结构也可通过在"命令"窗口输入命令或在 Visual FoxPro 9.0 的主菜单中通过菜单方式来完成。命令格式如下：

【格式】CREATE [<表文件名> / ?]

【功能】建立新的表文件。

【说明】

① <表文件名>可带盘符和路径，即指明该表文件所建的位置。其扩展名默认为.dbf，在命令中若省略，则 Visual FoxPro 9.0 会自动加上扩展名.dbf，如果缺省表文件名或使用? 选项，将弹出"创建"对话框，以便输入要建立的表文件名。

② 当输入的库文件已存在时，系统提示是否覆盖。其中 Y（y）覆盖，N（n）保留原有库文件，重新输入新的库文件名才能继续工作。

③ 若在表中定义了备注型字段，则 Visual FoxPro 9.0 会自动产生一个和数据表名相同，但扩展名为.dbt 的备注文件。

2．添加数据表到项目中

如果已经存在多个扩展名为.dbf 的表，可以将这些表加入到项目中。

（1）添加表到项目中的数据库表中

在项目管理器的"数据"选项卡中，选择数据库中指定数据库下的"表"，单击"添加"按钮，在弹出的对话框中选择待添加到项目中的表，单击"确定"按钮即可。

（2）添加表到项目中的自由表中

在项目管理器的"数据"选项卡中，选择"自由表"，单击"添加"按钮，在弹出的对话框中选择待添加到项目中的自由表，单击"确定"按钮即可。

3．修改表结构

当建立了数据表结构之后，如果发现表结构有问题，可以利用表设计器来修改。

（1）修改字段

建立表结构，也可对某些字段进行修改。例如，在项目管理器的"数据"选项卡中，选择"教师档案表"；单击"修改"按钮，进入表设计器；单击"民族"字段，在"宽度"栏中将字段宽度设为 8。单击"确定"按钮。在弹出的对话框提示是否永久更改表结构时，单击"是"按钮，系统即将原来的"民族"字段宽度 2 改为 8。

（2）添加/删除字段

当建立了表结构后，有时还要向表中添加/删除字段。方法是在项目管理器的"数据"选项卡中选择要修改的表，单击"修改"按钮，打开表设计器；单击某一字段，然后单击"插入"按钮，可在该字段前插入一个新的字段，根据要求输入新字段的内容。如果想删除某一字段，可在表设计器中选择待删除的字段，然后单击"删除"按钮。在弹出的对话框提示是否永久更改表结构时，单击"是"按钮。

（3）调整字段顺序

在表设计器中可以随意调整字段顺序，利用鼠标选择某字段左边的灰色方块，拖动鼠标向上或向下移动到新位置后释放鼠标。调整修改完后，单击"确定"按钮退回项目管理器窗口。

4．设置字段属性

虽然数据库表和自由表都能存储数据，但数据库表更优越、功能更强大。只有数据库表中的字段可以有标题和注释，可设置字段级规则和记录级规则，设置触发器和永久关系等。

（1）为字段加注释

为数据库表中的字段添加注释的目的在于更详细地描述一个字段所代表的含义。下面以"教师档案"表为例，为字段添加注释的操作步骤如下：

① 在项目管理器中，选择"教师档案表"表，单击"修改"按钮，打开表设计器。

② 在表设计器对话框，单击要添加注释的字段，如"工资"字段。

③ 在"字段注释"列表框中，输入"职工工资以 2014 年 10 月工资为准，以后会有所调整"，如图 2-6 所示。然后单击"确定"按钮，这时系统会显示提示对话框。

④ 在提示对话框中再单击"是"按钮，关闭表设计器窗口，此时系统已将添加的注释永久地保存到表结构中了，如图 2-7 所示。

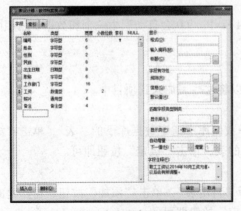

图 2-6　为字段加注释

图 2-7　在项目管理器中显示的字段注释

（2）设置字段有效性规则

为数据库表中的字段设置有效性规则的目的在于判断输入数据时遇到误输入数据时系统会给予提示。例如，在数据库表"教师档案表.dbf"中，输入"工资"字段值时，其值应在 1 000～6 000 之间，如果所输入的数据超出了这个范围，说明此数据是无效的。操作步骤如下：

① 在项目管理器中，选择"教师档案表.dbf"表，单击"修改"按钮，打开表设计器。

② 在表设计器窗口，单击要建立规则的字段，如"工资"字段。

③ 单击"字段有效性"选项区域中"规则"文本框右侧的"浏览"按钮，打开表达式生成器对话框。在"规则"文本框中输入 BETWEEN(工资,1000,6000)，如图 2-8 所示。然后单击"确定"按钮，关闭表达式生成器，返回到表设计器窗口。

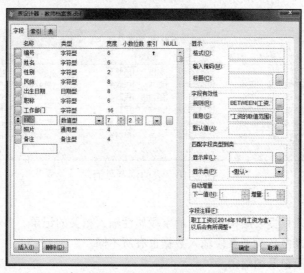

图 2-8　设置字段有效性规则

④ 在"信息"文本框中输入"工资的取值范围在 1000～6000 之间，重新输入正确的数值！"，然后单击"确定"按钮，这时系统会显示提示对话框。

⑤ 在提示对话框中再单击"是"按钮，关闭表设计器窗口，此时系统已将设置的字段规则永久地保存到表结构中。当"工资"字段输入的数据不符合要求时，屏幕会显示出错信息，如图 2-9 所示。

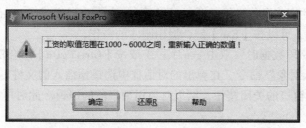

图 2-9　Visual FoxPro 9.0 显示的错误信息

2.3.3　输入数据记录

1．记录的输入界面

表结构建立好之后，就可以向表中输入记录了。对于表设计器中刚建好表结构后，单击"确定”按钮，系统弹出对话框，询问“现在输入数据记录吗？”，单击“是”按钮，就会进入表的浏览界面，如图 2-10 所示，可以输入记录。对于已经保存了表的结构，再想输入表的记录，可在项目管理器中选择“数据表”（数据库表或自由表）名，单击项目管理器右边的“浏览”按钮，进入表的浏览界面，输入记录。当需要在已打开的表文件中输入记录时，可选择系统菜单中的“显示”/“浏览”/“表名”命令，打开浏览界面，输入记录命令。

记录的输入界面有“浏览”和“编辑”两种，可根据个人习惯打开“浏览”或“编辑”窗口。然后选择“显示”/“追加方式”命令，即可输入相应的记录内容。

一个字段输入完毕后按【Tab】键光标可移到下一个字段；一条记录输入完毕，按【↓】键可将光标定位到下一行。输入完毕后单击窗口右上角的“关闭”按钮，系统会自动保存退出。

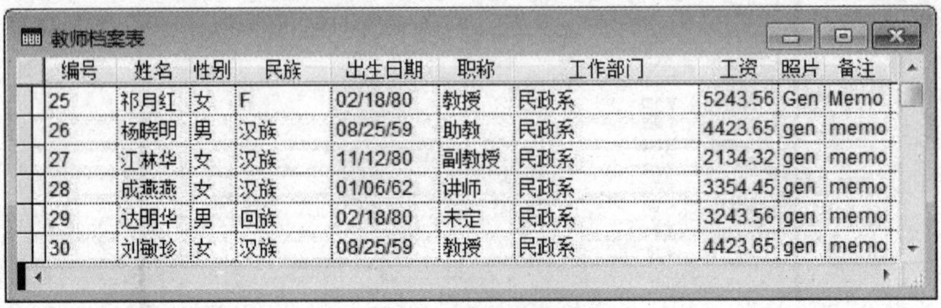

编号	姓名	性别	民族	出生日期	职称	工作部门	工资	照片	备注
25	祁月红	女	F	02/18/80	教授	民政系	5243.56	Gen	Memo
26	杨晓明	男	汉族	08/25/59	助教	民政系	4423.65	gen	memo
27	江林华	女	汉族	11/12/80	副教授	民政系	2134.32	gen	memo
28	成燕燕	女	汉族	01/06/62	讲师	民政系	3354.45	gen	memo
29	达明华	男	回族	02/18/80	未定	民政系	3243.56	gen	memo
30	刘敏珍	女	汉族	08/25/59	教授	民政系	4423.65	gen	memo

图 2-10　表的浏览界面

2. 输入记录

在输入记录时必须根据表结构相对应的字段属性输入相关的记录，各类型字段输入数据的方法有所不同，向记录中各类型字段输入数据也有所不同。

（1）各种类型字段记录的输入

① 输入字符型字段数据时，可按其字段属性的要求，输入字符或汉字即可。

② 输入数值型、货币型、浮点型、双精度型和整型字段数据时，应采用十进制日常表示法输入。如果输入数据太大或太小，超出了定义的字段宽度所能表示的范围，则显示为若干个“*”号。

③ 输入备注型字段数据时，双击 memo 字段（或按【Ctrl+PgDn】组合键），弹出编辑窗口，在该窗口输入相应的数据，数据输入完毕后单击编辑窗口右上角的关闭按钮（或按【Ctrl+W】组合键），结束对备注型字段的编辑。此时可以看到 memo 已经变成了 Memo 了。当在编辑过程中想放弃输入的内容，可以按【Esc】键，撤销刚才的操作。

④ 输入通用型字段数据时，双击 gen 字段（或按【Ctrl+PgDn】组合键），弹出编辑窗口，选择“编辑”/“插入对象”命令，在弹出的对话框中选择预插入的文件，单击“确定”按钮。单击通用型字段编辑窗口的关闭按钮，结束对通用型字段的编辑。此时可以看到 gen 已经变成了 Gen。

⑤ 日期型字段以及日期时间型字段中，日期的输入格式可用 SET DATE 命令进行设置，默认为美国日期格式（月/日/年，即 MM/DD/YY）。

⑥ 如果某字段允许空值（NULL 值），就可以使用【Ctrl+0】组合键向字段中输入 NULL 值。

编辑状态下的功能键及其作用如表 2-4 所示。

表 2-4　编辑状态下的功能键

功　能　键	作　　用
方向键 ↑ 和 ↓	向前和向后移动一个字段
Ctrl+W 或 Ctrl+End	可以保存改动的数据，并退出编辑窗口
Ctrl+Q 或 Esc	退出编辑窗口但不保存对当前记录的改动

（2）输入记录数据时应注意以下几点：

① 若输入的数据已填满高亮区域，光标将自动移到下一字段；若输入的数据长度不足字段宽度，须按【Enter】键将光标移到下一字段。特别地，输入的数据必须与字段类型一致，否则系统将拒绝接收。

② 逻辑型字段，输入 T 或 Y 表示逻辑"真"，输入 F 或 N 表示逻辑"假"。

③ 日期型字段，该数据须与系统的日期格式相一致。默认时，系统定义为美国日期格式："MM/DD/YY"，即为"月/日/年"格式。日期格式可由 SET DATE 命令进行设置或在工具菜单中的"选项"项目中设置。

④ 备注型字段和通用型字段，它们的值将在一个专门的编辑窗口中输入并编辑。处理结束后，关闭此窗口，系统自动将其内容存入与表文件名相同的.fpt 的备注文件中。

（3）编辑备注、通用型字段时，编辑窗口的操作方法如下：

① 光标定位 memo 字段处，双击（或光标定位 memo 处，按【Ctrl+PgDn】组合键或【Ctrl+Home】组合键）进入备注型字段文本编辑状态，如图 2-10 所示。通用型字段的操作相同。

② 输入、编辑结束后，按【Ctrl+W】组合键，将输入的数据保存并退出该编辑窗口，（或者单击编辑窗口的"关闭"按钮，Visual FoxPro 9.0 会自动将修改后的数据保存）返回到数据输入的正常状态；按【Ctrl+Q】组合键或【Esc】键则清除当前输入的信息，返回到数据输入的正常状态。

③ 通用型字段存储的是多媒体数据，无法由 Visual FoxPro 9.0 系统本身建立，必须依靠 Windows 的其他应用程序提供（如画笔、Word 和 Excel 等应用程序）。因此，通用型字段数据的输入，要在应用程序中建立好后，通过 Visual FoxPro 9.0 的"编辑"菜单中的"粘贴"或"插入"命令来完成。

（4）通过 OLE 实现数据的嵌入或链接

下面简单介绍通过 OLE 实现数据的嵌入或链接，进行通用型字段数据的输入操作方法。

① 进入通用型字段的编辑窗口后，选择"编辑"/"插入对象"命令，弹出图 2-11 所示的"插入对象"对话框。

图 2-11　"插入对象"对话框

② 在该对话框中选择一种类型（类型的多少要根据用户使用的当前计算机系统中安装的应用程序的多少决定，但有些类型是 Windows 操作系统所共有的），在随后打开的图片编辑框内打开所需的图片，并将此图片复制到剪贴板上。

③ 退出图片编辑框，返回到通用字段的编辑框。选择"编辑"/"选择性粘贴"命令，并在随之出现的对话框中单击"粘贴"按钮（实现链接）。

注意：

① 当建立了一个链接对象后，就在 Visual FoxPro 9.0 和源文档之间建立了一个链接，修改源文档中的内容时，Visual FoxPro 9.0 中的目的文档也相应变化。

② 有值的备注字段和通用字段标记分别由 memo 变成 Memo 以及 gen 变为 Gen。

2.4　数据表的基本操作

建好的数据表中的数据不可能始终保持不变，在实际应用中根据需要对表中的数据进行修改。可以添加新的数据、更改原有的数据或者删除不必要的数据等。

2.4.1　打开和关闭表

1．打开表的菜单方式

选择"文件"/"打开"命令，弹出"打开"对话框。选择要打开的文件类型、文件名及其路径，然后单击"确定"按钮。

2．打开、关闭表的命令方式

（1）打开表

【格式】USE<表文件名>/?

【功能】在当前工作区打开一个表文件。

【说明】

① 在"打开"对话框中一次只能（同时）打开一个表文件。若已有一个表文件被打开，再打开另一个，那么已打开的前一个表文件会被自动关闭。

② 被打开的表文件称为当前表文件。Visual FoxPro 9.0 为当前文件设置了一个记录指针。记录指针所指记录称为当前记录。表文件刚被打开时，当前指针指向第一条记录。

（2）关闭表

【格式 1】USE

【功能】关闭当前工作区中正打开的表文件及其索引文件。

【格式 2】CLOSE [ALL/DATABASES]

【功能】关闭各种类型文件。

【说明】

① CLOSE ALL：关闭所有工作区中的所有文件，并选择工作区 1 为当前工作区。它不能关闭下列窗口：Command、Debug、Desk Accessories。

② CLOSE DATABASES：关闭打开的所有表文件、索引文件、备注文件及格式文件并选择工作区 1 为当前工作区。

注意：在菜单中选择"文件"/"关闭"命令不关闭表文件，只能关闭当前活动窗口。

3．退出 Visual FoxPro 9.0 系统

（1）菜单方式

退出 Visual FoxPro 9.0 系统的方式可选用以下任意一种方法退出 Visual FoxPro 9.0。

- 在菜单中选择"文件"/"退出"命令。
- 单击 Visual FoxPro 9.0 窗口右上角的"关闭"按钮。
- 双击 Visual FoxPro 9.0 主窗口左上角的"控制"菜单按钮。
- 直接按【Alt+F4】组合键。

（2）命令方式

【格式】QUIT

【功能】关闭打开的所有文件，退出 Visual FoxPro 9.0 系统返回到操作系统。

2.4.2　显示数据

1．表文件结构的修改

【格式】MODIFY STRUCTURE

【功能】修改当前表的结构。

【说明】

当数据表文件中已经有记录时，再对数据表文件的结构进行修改可能造成数据的丢失。这是因为当字段从一种数据类型改为另一种数据类型时，字段的长度改短时或删除某些字段时，这些字段的内容将因不能转换或转换错误，而造成数据丢失。因此，建立表结构时，应严谨规划，结构一旦建好并录入记录数据后，不要随意修改其结构。

2．表文件结构的显示

【格式】DISPLAY/LIST STRUCTURE [TO PRINTER/TO FILE <文件名>]

【功能】显示表文件的字段结构。

3．表文件记录数据的显示

【格式】DISPLAY/LIST [OFF] [<范围>] [FIELDS <字段名表>] [FOR <条件>]
　　　　[WHILE <条件>] [TO PRINTER/TO FILE <文件名>]

【功能】显示当前表文件中指定的记录和字段的内容。

【说明】

① LIST/DISPLAY ALL：显示当前表文件中的所有记录内容。

DISPLAY：显示当前表文件中当前记录指针所指记录内容。

② <范围>子句可以是：

- ALL：表示所有记录。
- NEXT <n>：表示从当前记录开始连续的 n 条记录的范围内。
- RECORD <n>：表示记录号为 n 的记录。
- REST：表示从当前记录开始直到最后的所有记录。

③ FIELDS<字段名表>选项：表示要显示的字段。字段之间必须用","分隔开。省略此选项，则显示表中的所有字段，但备注字段内容不会显示，除非在字段名表中有此备注字段名。备注字段的显示宽度可由 SET MEMOWIDTH 命令确定。

④ FOR<条件>选项表示只显示满足<条件>的记录。

⑤ WHILE<条件>选项表示只显示和逻辑表达式<条件>比较连续为真（.T.）的记录，当遇到第一个不满足条件的记录时，则停止显示。若一条命令中同时有 FOR 和 WHILE 子句时，则优先处理 WHILE 子句。

⑥ OFF 选项表示不显示记录号，若省略，则每个记录前将显示记录号。

⑦ TO PRINTER / TO FILE<文件名>选项功能同前面一致。

2.4.3　追加记录

在 Visual FoxPro 9.0 中，可以向表中追加一条记录，也可以追加符合条件的一组记录。在建立完表结构后，也可以不立即输入数据，先保存表结构。需要时，打开该表后采用下列方式之一，追加输入记录数据。

1．追加一条记录

在"浏览"或"编辑"窗口中的系统菜单中选择"显示"/"追加方式"命令，系统会在表的末尾添加一条空记录，并显示一个输入框。当输入完一条记录后，系统会自动追加下一条记录。追加一条记录还可选择"表"/"追加新记录"命令，系统会在表的末尾添加一条空记录，并显示一个输入框，输入新记录。这种方式与上一种方式有所不同，输入完一条记录后，系统不会自动追加下一条记录，若要再添加一条记录，必须再选择一次"追加新记录"命令。

2．追加一组记录

在"浏览"或"编辑"窗口中的系统菜单中选择"表"/"追加记录"命令，系统会弹出"追加来源"对话框。选择表（Table）类型后，单击"来源于"文本框右侧的按钮，弹出"打开"对话框，选择数据表，然后单击"确定"按钮。如果不需要选择表中的所有数据，可单击"选项"按钮，弹出"追加来源选项"对话框，单击"字段"按钮，弹出"字段选择器"对话框，选择所需的字段。当要对追加的数据设置条件时，可单击 For 文本框右侧的按钮，在打开的表达式生成器窗口生成一个条件表达式。设置完毕后，单击"确定"按钮，系统会自动把选择表中符合条件的记录添加到当前所在表的末尾。

3．追加记录的命令方式

（1）追加记录命令 APPEND

【格式】APPEND [BLANK]

【功能】在当前表的末尾追加新记录。

（2）插入记录命令 INSERT

【格式】INSERT [BEFORE] [BLANK]

【功能】在当前表的当前记录前或后面插入一条新记录。

（3）数据表内容的批量增加

① COPY TO 命令：

【格式】COPY TO <新文件名> [<范围>][FIELDS <字段名表>][FOR/WHILE <条件>]

【功能】把指定范围内满足条件的记录的指定内容复制到新的数据库文件中去。

② APPEND FROM 命令：

【格式】APPEND FROM <表文件名> [FIELDS <字段名表>][FOR/WHILE <条件>]

【功能】将指定的库文件的记录追加到当前库文件的尾部。

【例 2.5】通过命令操作，将教师任课表中课时大于等于 45 课时的教师记录复制到新建的教师任课表 a 中。

```
USE 教师任课表.dbf
COPY TO 教师任课 a.dbf stru
USE 教师任课 a.dbf
BROWSE                          && 只有结构没有记录
APPEND FROM  教师任课表.dbf FOR 课时>=45
BROWSE                          && 课时大于等于 45 的记录被添加到教师任课表 a.dbf 中
```

本例题中涉及的教师任课表 a 如图 2-12 所示，添加记录后教师任课表 a 如图 2-13 所示。

教师任课a

编号	姓名	授课班级	课程编号	课程名称	授课人数	课时

图 2-12　“教师任课 a”表结构

教师任课a

编号	姓名	授课班级	课程编号	课程名称	授课人数	课时
31	风晓玲	07路桥-4	ZA07	政经	43	71
39	艾买提	08公路-1	ZA08	离散数学	51	53
44	康众喜	08征稽-2	ZA09	大学语文	44	63
49	张一林	09国贸-3	CS01	VB.NET程序设计	44	45
66	建军成	07交法-4	CC02	多媒体计算机技术	58	54
74	成 智	08管理-2	CS02	数据库原理与应用	50	46
104	莉 军	07路桥-4	CB04	科技英语	66	70
105	祥 龙	08公路-1	CB05	物理化学	66	52
149	王 红	08公路-1	CF02	物流与信息	50	61
150	李柃玲	08征稽-2	CA05	音乐	44	61
151	奉 宝	09国贸-3	CA06	美术	44	52

图 2-13　添加表记录后的“教师任课 a”表

2.4.4　记录的删除、恢复与修改

在数据表中如果存在着不再需要的记录，可以利用 Visual FoxPro 9.0 提供的删除功能将不需要的数据删除，从而增强数据库的处理效率。

1. 记录的删除

在 Visual FoxPro 9.0 中提供了逻辑删除和物理删除两种删除方式。逻辑删除是为了防止误删除操作，只在要删除的记录前作一个黑色的删除标记，这一部分记录虽然不参与任何操作，但仍存在于数据表内，一旦发生误删除操作，还可将该部分记录恢复。物理删除是将记录真正地删除掉，数据表中不再保留这些记录，而且删除后不能够恢复。

（1）记录的逻辑删除

从数据表中删除某些不再需要的数据，必须先进行逻辑删除。选择预删除记录的数据表，以浏览方式打开，单击预删除记录左边的空白方框，加上一个黑色的删除标记，此时便对该记录进行了逻辑删除。用此方法也可给多条记录加上逻辑删除标记，如图 2-14 所示。

编号	姓名	基本工资	课酬	养老保险	医疗保险	住房公积金	奖金	实发工资
25	祁月红	1123.00	60.00	52.00	96.00	24.00	300.00	1311.00
26	杨晓明	1098.00	51.00	62.00	50.00	30.00	200.00	1207.00
27	汇林华	1094.00	30.00	43.00	62.00	35.00	600.00	1584.00
28	成燕燕	3112.00	26.00	50.00	27.00	68.00	300.00	5535.56
29	达明华	1098.00	41.00	60.00	51.00	32.00	100.00	1096.00
30	刘敏珍	2102.00	30.00	54.00	37.00	68.00	150.00	2123.00
31	风晓玲	1089.00	60.00	24.00	31.00	25.00	350.00	1419.00
39	艾买提	1094.00	25.00	69.00	39.00	48.00	400.00	1363.00

图 2-14　给记录加上删除标记

如果一次删除一组特定条件的记录，可以选择系统菜单"表"下的"删除记录"命令，在打开的"删除"对话框中设置要删除记录的范围，如图 2-15 所示。

图 2-15　"删除"对话框

"作用范围"下拉列表框中有四个选项。

- ALL：表示删除全部记录。
- Next：表示删除从当前记录开始往下的一定数目的记录（包括当前记录），记录个数由右边数量框中的数字来决定。
- Record：表示具体删除哪一条记录，记录号同样由右边的数量框设置。
- Rest：表示删除从当前记录开始到文件尾的所有记录（包括当前记录）。

在"For"文本框中设置删除条件后，单击"删除"按钮，这样就可删除在指定作用范围内满足条件的所有记录。

（2）记录的物理删除

当加上逻辑删除标记的记录不再需要时，可以将这些记录进行物理删除，彻底移出数据库。

对上述例子中已经打上删除标记的记录，可在系统菜单中选择"表"/"彻底删除"命令，将这部分记录物理删除。

2．记录的恢复

加上逻辑删除标记的记录是可以被恢复的。在数据表浏览窗口中，单击记录的删除标记，即可取消删除标记，黑色的方框此时已消失。要恢复删除的一组记录，或者恢复删除符合条件的多条记录时，可以在系统菜单利用"表"/"恢复记录"命令来实现。该对话框的设置方法与上述的"删除"对话框操作完全相同，输入设置条件后单击"恢复记录"按钮。

3．删除、恢复记录的命令方式

（1）逻辑删除命令 DELETE

【格式】DELETE [<范围>] [FOR <条件>] [WHILE <条件>]

【功能】给当前表文件中的指定记录加上删除标记。

（2）取消删除标记命令 RECALL

【格式】RECALL [<范围>] [FOR <条件>] [WHILE <条件>]

【功能】取消当前表中指定记录的删除标记。

（3）物理删除命令 PACK

【格式】PACK

【功能】物理删除（真正删除）当前表中所有已加上删除标记的记录，并重新调整记录号。

（4）删除全部记录命令 ZAP

【格式】ZAP

【功能】无条件物理删除表中的所有记录，仅保留该表的结构。

4．修改记录

（1）全屏幕编辑命令方式

【格式 1】CHANGE/EDIT [FIELDS <字段名表>][<范围>][FOR <条件>][WHILE <条件>]

【格式 2】BROWSE [FIELDS <字段名表>] [FOR <条件>]

【功能】进入全屏幕编辑窗口，显示并编辑当前表文件中指定记录和字段的内容。

（2）自动替换命令方式

【格式】REPLACE [<范围>] <字段名 1> WITH <表达式 1> [ADDITIVE]
[,<字段名 2> WITH <表达式 2> [ADDITIVE] …] [FOR <条件>] [WHILE <条件>]

【功能】用指定<表达式>的值替换当前表中指定范围内满足条件的记录中指定<字段>的值。

2.4.5　表的复制

1．复制任何类型的文件

【格式】COPY FILE <文件名 1> TO <文件名 2>

【功能】产生文件 1 的一个副本：文件 2。

2．复制表文件

【格式】COPY TO <文件名>[<范围>][FIELDS <字段列表>] [FOR <条件>] [WHILE <条件>]
　　　　[[TYPE][XLS/SDF/DELIMITED [WITH <定界符>]/WITH BLANK/WITH TAB]]

【功能】将当前表中满足条件的记录和指定字段复制成一个表或其他类型的文件。

【例 2.6】将"教师任课表"的全部内容复制成一个新表"教师任课表 a"。

```
USE  教师任课表.dbf
COPY TO 教师任课表 a.dbf
BROWSE
```

3．复制表的结构

【格式】COPY STRUCTURE TO <文件名> [FIELDS <字段列表>]

【功能】将当前表的结构复制到新文件：<文件名>中。

【例 2.7】将"教师任课表 a"的表结构复制成一个新表"教师任课表 b"。

```
USE  教师任课表.dbf
COPY TO 教师任课表 b.dbf stru
USE 教师任课表 b.dbf
BROWSE
```

2.4.6　记录的定位

1．绝对移动命令

【格式】GO[TO] <数值表达式> /BOTTOM/TOP

【功能】将记录指针不附带任何条件地移动到指定记录号上。

【说明】GO 和 GOTO 是等效的。数值表达式值的整数部分应当大于等于 1 且小于等于当前库文件中的记录总数。当正数值表达式是常数时，GO 或 GOTO 可略去不写，尽管在编程时并不提倡将其省略。

例如：

```
GOTO 20 （或 GO 20）
GOTO BOTTOM
```

2．相对移动命令

【格式】SKIP＜数值表达式＞

【功能】相对移动记录指针是指相对当前记录位置移动记录指针。

【说明】数值表达式的值可以是正数、负数或零。设表达式值的整数部分为 n，则相对当前记录位置将记录指针向前或向后移动 n 个记录。具体地说是：

- 当 $n < 0$ 时，相对当前记录位置记录指针向前移动 n 个记录。
- 当 $n = 0$ 时，记录指针不变。
- 当 $n > 0$ 时，相对当前记录位置，记录指针向后移动 n 个记录。若 n 为 1 时，可以直接写成 SKIP。

【例 2.8】在"教师任课表 b"中，让记录指针相对位移。

```
SKIP 5
SKIP -2
SKIP （相当于 SKIP 1）
```

2.5　表记录的高级操作

在数据处理实际应用中，由于数据库十分庞大，为了高效方便地处理数据，常常需要对记录位置进行重新整理，并按某种指定的顺序对表记录进行处理。对记录位置进行重新整理通常有排序和索引两种方法。前面我们重点介绍了表记录的基本操作，下面主要介绍记录的排序、索引、查询和统计。

2.5.1　记录的排序与索引

排序与索引的功能是将数据记录按一定的顺序排列。排序是对表文件进行物理位置的整理；索引是对表文件进行逻辑位置的整理。

1．记录的排序

排序是将表中的数据按一定顺序重新排列，并将重新排列后的结果保存成为一个新的有序表。表的排序的格式与功能如下：

【格式】SORT ON <字段 1>[/A//D][/C][,<字段 2>[/A//D][/C]…] TO <排序后的新文件名>
　　　　[FIELDS <字段名表>][<范围>] [FOR <条件>][WHILE <条件>]

【功能】对当前工作区中打开的数据表文件按指定的关键字段排序，并将排序后的数据存放在指定<排序后的新文件名>中。

【说明】

① ON 子句中：

- <字段 1（2）…>：排序字段。
- /A：按升序排列。
- /D：按降序排列，默认为升序。

- /C：排序时忽略大小写，否则不忽略。
② 先按<字段 1>排列，若字段值相同，再按<字段 2>排列，依此类推。
③ 缺省<范围>、<条件>子句表示全部记录。
④　FIELDS 子句：新表所包含的字段。

注意： 排序文件名是新表的表文件名。

【例 2.9】对"教师薪金表"按实发工资降序排序，并将排序结果输出到 SFGZ 表中。

```
USE 教师薪金表
SORT ON 实发工资/D TO CJXH
USE CJXH
BROWSE
```

【例 2.10】对"教师薪金表"中的奖金大于等于 300 的教师按实发工资降序排序，如果实发工资相同再按基本工资升序排序。并将排序结果输出到"奖金工资"表中，表中只显示：编号、姓名、基本工资、奖金、实发工资字段。

```
SORT TO 奖金工资 ON 实发工资/D,基本工资 FOR 奖金>=300;
FIELDS 编号,姓名,基本工资,奖金,实发工资
```

2．记录的索引

记录的索引是一种逻辑排序方法，它不改变当前表文件记录的物理排序顺序，而是建立一个与该表文件相对应的索引文件，记录的显示和处理将按索引表达式指定的顺序（逻辑顺序）进行。虽然索引与排序都将增加一个文件，但索引文件比排序文件小得多；而且打开索引文件比打开排序文件的速度更快。

（1）索引文件的类型

Visual FoxPro 9.0 支持两种不同类型的索引文件：

① 单索引文件，扩展名为.idx。

单索引文件是根据一个单索引关键字或关键字表达式建立的索引文件，所以有时也称为单入口索引（.idx）。这类索引文件主要是为了与 Visual FoxPro 9.0 的低版本（如早期版本的 FoxBASE+等）兼容而使用的。

② 复合索引文件，扩展名为.cdx。

复合索引文件包含多个索引。复合索引文件的每一个索引都有一个索引标识，也称为一个标记（tag），代表一种记录逻辑顺序。

复合索引文件分为两类：一类称为非结构复合索引文件，该类复合索引文件与被索引的表文件名不同，具有单独的文件名。当表文件打开时，该类索引文件并不会自动打开。另一类为结构复合索引文件，该类复合索引文件的文件名与被索引的表文件名相同，它有一个特点：无论何时打开表文件，相应的结构复合索引文件将自动打开。

（2）索引文件的建立

【格式】INDEX ON <关键字表达式>
　　　　 TO <单索引文件名> / TAG <标记名> [OF <复合索引文件名>]
　　　　 [FOR <条件>] [ASCENDING / DESCENDING] [UNIQUE] [ADDITIVE]

【功能】对当前表文件的记录，按<关键字表达式>值的逻辑顺序，建立索引文件。

【例 2.11】建立"教师薪金表"表的结构化复合索引文件，其索引关键字分别为姓名和基本工资，而索引名分别为 xm 和 gz。

```
use 教师薪金表
```

```
browse
index on 姓名 tag xm
index on 基本工资 tag gz
browse
```

注意：分别执行以上命令后，生成了"工资薪金表.cdx"文件，其中存放了 xm 和 gz 两个索引。

（3）索引的类型

索引的类型有以下四种：

① 主索引：字段输入的值是唯一的，不允许重复出现相同的数据，对于属于一个数据库的表都可以建立一个主索引，另外一个表只能有一个主索引。

② 候选索引：具有唯一值的索引，在数据库表和自由表中都可以建立候选索引。一个表可以有多个候选索引，必要时它可以当做主索引。

③ 普通索引：普通索引可以决定字段的处理顺序，它允许字段中有重复值，一个表中的普通索引可以有多个。

④ 唯一索引：为了保证与以前版本的兼容性，Visual FoxPro 9.0 中可以使用唯一索引。唯一索引允许出现重复，但唯一索引只存储索引文件中重复值第一次出现的记录。"唯一"指索引文件对每一个特定的关键字只存储一次，而忽略了重复值第二次或以后的记录。

（4）索引文件的打开

① 在建立索引的同时，该索引文件也同时打开。

② 若索引文件已经建立，可在打开表文件的同时打开索引文件。

【格式 1】 USE <表文件> INDEX <索引文件名表>

③ 若索引文件已经建立，且表文件已经打开，须要单独打开索引文件。

【格式 2】 SET INDEX TO [<索引文件名表>] [ADDITIVE]

【功能】打开一个或多个与当前表文件相关的索引文件（.idx、.cdx）。

【说明】格式 1 是在打开某个库文件的同时打开指定的索引文件；格式 2 是在库文件处于打开状态的时候打开指定的索引文件。需要说明的是，结构复合索引文件无须指定，随着库文件的打开将自动打开。

【例 2.12】对选课.dbf 按成绩建立单索引文件。为"选课"建立了一个单索引文件 ZF，打开教师薪金表的同时也打开了这个索引文件。命令如下：

```
USE 学生选课表  INDEX ZF
List
USE
```

【例 2.13】对选课.dbf 按成绩建立单索引文件。为"选课"建立了一个单索引文件 ZF，先打开选课表，再打开这个索引文件。命令如下：

```
USE 学生选课表
INDEX ON 成绩 TO ZF
List
USE
```

（5）索引文件的关闭

【格式 1】 CLOSE INDEX

【格式 2】 SET INDEX TO

【功能】关闭当前工作区中所有已打开的单索引文件.idx 和非结构复合索引文件.cdx。

注意：结构复合索引文件只随表文件的关闭而关闭。

（6）索引的删除

当不需要某些索引标记，或不再使用某些索引时，就可以将其删除。

【格式 1】DELETE TAG ALL[<标记名表>]

【功能】将当前打开的复合索引文件中的指定索引标记删除。若索引文件的所有的标识都被删除，则索引文件也被删除。

【格式 2】DELETE FILE <索引文件名>

【功能】删除一个单索引文件。此命令须遵循先关闭索引文件后删除的原则。

3．排序与索引的异同

① 当排序的关键字只有单个字段名时，两条命令的关键字部分写法完全相同；若排序的关键字为多个字段名时，在 SORT 命令中只要将这多个字段名依次列出，而在 INDEX 命令中，则要将它们组合成一个字符型表达式。

② 索引排序只能升序排列，如降序则要设计表达式，而用 SORT 命令则能方便地对排列的升、降序进行选择。

③ SORT 命令中的 FIELDS 和 FOR 等可选项可以在排序的同时实现选择和投影操作。而 INDEX 命令不具备这些功能。

④ 执行 SORT 命令将产生一个新的排序的表文件，而 INDEX 命令只产生一个索引文件，不改变原来表文件的记录顺序。

2.5.2 记录的查询与统计

1．记录的查询

（1）条件查询

① 指针定位命令

【格式】LOCATE [<范围>] FOR <条件> [WHILE <条件>]

【功能】将记录指针定位在当前表中满足指定条件的第一个记录处。

② 继续查找命令

【格式】CONTINUE

【功能】继续执行 LOCATE 命令，查找下一个满足 LOCATE 命令中条件的记录。

【例 2.14】在"教师档案表"中查找职称是教授的记录。

```
USE 教师档案表.dbf
LOCATE FOR 职称="教授"
CONTINUE
```

（2）查找常数

【格式】FIND <常数>

【功能】用于查找指定常数的记录。

【说明】这里的常数是指要查找的关键字，可以是数值型和字符型。对数值型常数，必须直接写出或者通过宏替换函数替换；对字符型常数，字符串可以不用定界符，但是当字符串前后有空格时，必须用引号括起来。另外，执行此命令时，要求在当前工作区中打开查找关键字的主索引文件，并且查找关键字的数据类型必须与主索引表达式值的类型一致。

使用此命令进行查找时，可以通过 EOF()或 FOUND()函数的值来判断是否找到相匹配的记录。

注意： 在 Visual FoxPro 9.0 中，所谓匹配，对数值型和日期型来说就是相等；对字符型数据有下列两种情况：在 set exact on 状态下，匹配就是相等，在 set exact off 状态下，匹配就是要查找的关键字是索引表达式值的左部子串。

（3）查找表达式的值

【格式】 SEEK <表达式>

【功能】 用于查找指定表达式的记录。

【说明】 这里的表达式是查找关键字，表达式的值可以是数值型、字符型和日期型。此命令也要求在当前工作区中打开查找关键字的主索引文件，并且查找关键字的数据类型必须与主索引表达式值的类型一致。

2．记录的统计与求和

（1）数值统计

【格式】 COUNT [<范围>] [TO <内存变量>] [FOR <条件>] [WHILE <条件>]

【功能】 统计当前表文件中指定范围内满足条件的记录个数。

【例 2.15】 统计当前学生选课表中成绩大于等于 90 的记录个数，并存入 x 内存变量中。
```
USE D:\liuli\abc\学生选课表
COUNT FOR 成绩>=90 TO x
```
（2）求和命令

【格式】 SUM <表达式表> [范围][条件][TO <内存变量名表>][NOOPTIMIZE]

【功能】 在指定范围内将符合条件的记录参加表达式计算后分别累加，并可以将累加结果存入对应的内存变量中。

【例 2.16】 累加当前学生选课表中成绩大于等于 90 分记录的成绩字段值，并存入 y 内存变量中。
```
USE D:\liuli\abc\学生选课表
SUM 成绩 FOR 成绩>=90 TO y
```
（3）求平均值命令

【格式】 AVERAGE <表达式表> [范围][条件][TO <内存变量名>][NOOPHMIZE]

【功能】 在指定范围内将符合条件的记录参加表达式计算后分别保存表达式的平均值，并可以将结果存入对应的内存变量中。

【例 2.17】 求出当前学生选课表中成绩大于等于 90 分记录的平均值，并存入 z 内存变量中。
```
USE D:\liuli\abc\学生选课表
AVERAGE 成绩 FOR 成绩>=90 TO z
```
（4）计算命令 CALCULATE

【格式】 CALCULATE <表达式表>[TO <内存变量表>/TO ARRAY <数组>]
　　　　　　[<范围>][FOR <条件>][WHILE <条件>]

【功能】 在当前表文件中分别计算给定范围内满足条件的<表达式表>的值，并将计算结果存入指定的内存变量或数组元素中。其<表达式表>可以是如下函数的任意组合：SUM(<数值表达式>)，AVG(<数值表达式>)，MAX(<表达式>)，MIN(<表达式>)，CNT()等。

【例 2.18】 求出当前学生选课表中的平均成绩值，并存入 xy 内存变量中。

```
USE D:\liuli\abc\学生选课表
CALCULATE  AVG(成绩)TO  xy
```

（5）分类求和命令 TOTAL

【格式】TOTAL [<范围>] TO <文件名> ON <关键字段名表达式> [FIELDS <字段名表>/
　　　　FIELDS LIKE <通配字段名>/FIELDS EXCEPT <通配字段名>]
　　　　[FOR <条件>] [WHILE <条件>]

【功能】对当前表文件中，指定范围内满足条件的记录按关键字段名进行分类求和，并把分类统计结果存入指定的新建表<文件名>中。

【例 2.19】在当前学生选课表中按学号相同的记录中数值型字段分别累加，并存入 a1 表文件中。

```
USE  D:\liuli\abc\学生选课表 INDEX 学号
TOTAL  TO  a1  ON  学号  FOR 成绩>=90
```

2.6　多工作区操作

由于每个工作区可打开一个表，需要先选择工作区后打开表，而且打开另一个表将自动关闭前一个表。下面就来介绍什么是工作区，如何对工作区的多表进行操作。

2.6.1　工作区的选择

1. 工作区概述

工作区是用来保存表及其相关信息的一片内存空间。前面讲的打开表实际上就是将它从磁盘调入到内存的某一个工作区。在每个工作区中只能打开一个表文件，但可以同时打开与表相关的其他文件，如索引文件、查询文件等。若在一个工作区中打开一个新的表，则该工作区中原来的表将被关闭。

有了工作区的概念，就可以同时打开多个表，但在任何一个时刻用户只能选中一个工作区进行操作。当前正在操作的工作区称为当前工作区。

不同工作区可以用其编号或别名来加以区分。Visual FoxPro 9.0 提供了 32 767 个工作区，系统以 1 ~ 32 767 作为各工作区的编号。

2. 工作区标识——别名

用户在建立表文件时要为其命名，当打开该文件后，还可以为它再取一个别的名字。别名可以代表工作区号或表文件名。

Visual FoxPro 9.0 采用下述三种方式区分设置的多个工作区：

① 系统提供数字 1~225 作为工作区的标识，系统初始建立的默认工作区为 1。

② 系统提供字母 A~J 作为前 10 个工作区的标识符，又称工作区的别名。

③ 使用命令 USE <文件名> ALIAS <别名>可在打开表文件的同时由用户自行为其建立一个别名。如果打开表文件时没有指定<别名>，表文件名也可以默认为工作区的别名。例如：

```
USE 选课 ALIAS XK          && XK 是学生.DBF 的别名
```

如果没有指定别名，系统默认表文件的主文件名为别名。例如：

```
USE 教师          && 教师也是教师.DBF 的别名
```

在主工作区上访问其他工作区上的数据，是实现多表文件之间数据处理的有效手段。由于多表文件中可能存在同名字段，因此，在当前工作区调用其他工作区中的表文件字段时，必须在其他表文件的字段名前面使用别名调用格式以示区别。

别名调用格式：

工作区号->字段名

或：

别名->字段名

或：

别名.字段名

3．工作区的选择命令

【格式】SELECT <数值表达式>/<字符表达式>

【功能】选择一个工作区作为当前工作区。

4．Visual FoxPro 9.0 的工作区特点

① 每个工作区只允许打开一个表文件，一个表文件不能在两个及两个以上的工作区同时打开。

② 可以使用多个工作区，但只有一个为当前工作区。系统启动初始，默认当前工作区为 1。

③ 每个工作区分别为在其工作区中打开的表文件设置一个记录指针，一般各个指针相互独立移动，相互不干扰。

5．工作区的互访

【格式】<工作区别名>.<字段名> 或 <工作区别名>-><字段名>

【功能】访问指定工作区（非当前工作区）中表的数据。

【例 2.20】先将表文件"教师.dbf"复制为"教师_1.dbf"，然后给"教师_1.dbf"表增加一个字段"课程号"，并用"授课.dbf"表中的"课程号"更新"教师_1"表中的"课程号"。

```
SELECT 1
USE 教师
COPY TO 教师_1
USE 教师_1
ALTER TABLE 教师_1 ADD 课程号 C(4)
INDEX ON 教师号 TAG JSH1
SELECT 2
USE 授课
INDEX ON 教师号 TAG JSH2
SELECT 1
UPDATE ON 教师号 FROM 授课 REPLACE 课程号 WITH B->课程号 RANDOM
LIST
```

2.6.2 表与表之间的连接与关联

一般情况下，各个工作区表文件的记录指针是彼此独立的。关联是在两个表的记录指针之间建立一种临时关系，当一个表的记录指针移动时，与之相关联的另外一个或多个表的记录指针也作相应的移动。建立关联的两表，一个是建立关联的表，称为父表（或主表），另外一个为被关联的表，称为子表（或从表）。

关联并不是产生一个新的表文件，只是形成一种关系。

表之间的关联分为以下几种：

● 一对一关联（1:1）：两个表之间为一对一的关系，即父表中的一个记录只能和子表中的一个记录关联；同样子表中的一个记录也只能和父表中的一个记录相关联。如一个学生只能有一个学号，每个公民只能有一个身份证号。

- 一对多关联（1:n）：表示父表中的一个记录可以和子表中的多个记录相关联，但子表中的每个记录只能和主表中的一个记录相关联。如一个人可以有多部作品，但每部作品只能属于一个作者。

- 多对多关联（m:n）：表示一个表的一个记录和相关表的多个记录相关联。

1．建立数据表之间的关联性连接

数据表之间关联关系的建立非常简单，以教师基本情况表和教师任课表为例，建立两者之间"一对多"的连接关系。

① 首先确定两者之间的相同字段——学号。

② 确定父表——教师基本情况表，确定子表——教师任课表。确定"教师基本情况表"按照"编号"字段建立主索引，而"教师任课表"按照"编号"字段建立了普通索引，如果这些工作事先没有完成，可在表设计器中添加索引。

③ 在"数据库设计器"窗口中，选择教师基本情况表中的主索引字段"编号"，然后按住鼠标左键，将其拖动到"教师任课表"中对应字段"编号"处释放鼠标，此时可以看到它们之间出现一条连线，表示在两个数据表之间建立起了一对多的关联关系了，如图 2-18 所示。

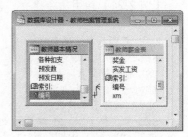

图 2-18　表之间的关联

④ 建立好关联之后，单击"关闭"按钮关闭数据库设计器窗口。

可见，若建立"一对一"的关系，则两个表都必须根据指定字段建立一个主关键字段索引；若是"一对多"的关系，则"一"方必须根据共同字段建立一个主关键字索引，"多"方的表必须根据相同字段建立一个普通索引。

2．编辑数据表之间的关联

在数据表之间建立关联关系后，如果要删除已建立的关联或重新建立其他的关联关系，可以利用快捷菜单中的"编辑表的连接关系"命令进行操作。操作方法如下：

① 在数据库设计器窗口中打开相关联的数据表。右击表的关联线处，弹出快捷菜单。选择"编辑关系"命令，出现"编辑关系"对话框，如图 2-19 所示。

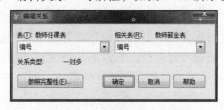

图 2-19　"编辑关系"对话框

② 在"表"和"相关表"下拉列表框中选择其他索引建立关联后，单击"确定"按钮即可。

③ 若要删除已建立的关联，只须选择快捷菜单中的"删除关系"命令，则连线消失，表示两数据表之间的关联关系已被删除。

另外，当单击两数据表之间的连线后，还可以选择"数据库"/"编辑关系"命令来进行相应的操作。

3. 命令方式建立表文件的连接

【格式】 JOIN WITH <别名> TO <新表文件名> FOR <条件>
   [FIELDS <字段名表>/FIELDS LIKE <通配字段名>/
   FIELDS EXCEPT <通配字段名>]

【功能】 将两个工作区中已打开的表文件连接生成一个新的表文件。

4. 命令方式建立表的关联

当某表文件的记录指针移动时，则与之相关联的表文件指针也随之移动，这就是关联的作用。

【格式】 SET RELATION TO[<关键字表达式 1>/<数值表达式 1> INTO <别名 1>
   [,<关键字表达式 2>/<数值表达式 2> INTO <别名 2> …][ADDITIVE]]

【功能】 将两个或以上已打开的表文件建立与上述<表达式>值相联系的关联。

【例 2.21】 利用命令建立"教师基本情况表"和"教师薪金表"的临时关系。

```
SELE 0
USE 教师基本情况表
SELE 0
USE 教师薪金表
INDEX ON 编号 TAG BH
SELE 教师基本情况表
SET RELATION TO 编号 INTO 教师薪金表
```

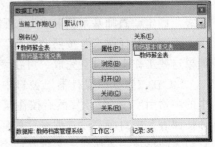

打开"数据工作期"窗口，可见所建立的临时关系
如图 2-20 所示。

图 2-20 "数据工作期"窗口

2.6.3 数据表的参照完整性

在永久关系的相关表中，如果只对其中的一个表进行插入、更新或删除操作，就会影响到数据的完整性。因此，参照完整性属于表间规则，用于控制数据的一致性。为了保持参照完整性，可以利用"参照完整性生成器"建立规则，控制记录在相关表中的插入、更新或删除。

1. 设置参照完整性

在 Visual FoxPro 9.0 中，系统提供了数据表的参照完整性功能，用于确定数据库中表间关系正确的一组规则。在数据表之间建立关联关系后，可以通过设置参照完整性来建立这些规则，以便控制相关表中记录的插入、更新或删除。

2. 设置参照完整性的步骤

仍以"教师档案表"和"教学工作表"之间的关联为例，讲述设置参照完整性的操作方法：

① 在数据库设计器中打开包含两个表的教师档案管理系统数据库。

② 打开"参照完整性生成器"对话框。有以下几种方式供选择：

* 在"编辑关系"对话框中单击"参照完整性"按钮，即可打开"参照完整性生成器"对话框。

* 右击关联数据表的关联线，在弹出的快捷菜单中选择"编辑参照完整性"命令，即可打开"参照完整性生成器"对话框。

* 选择"数据库"/"编辑参照完整性"命令，如图 2-21 所示，即可打开"参照完整性生成器"对话框。列出了此数据库中彼此有关联关系的数据表，并指明谁是父表、谁是子表以及用以建立关联的索引字段，如图 2-22 所示。

③ 在"参照完整性生成器"对话框中，有"更新规则""删除规则""插入规则"三个选

项卡供用户选择。

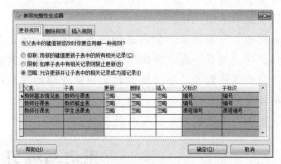

图 2-21　选择"编辑参照完整性"命令　　　图 2-22　"参照完整性生成器"对话框

　　a．"更新规则"选项卡用于设置关系数据表之间的更新规则。功能包括：

● 级联：用新的关键字值更新子表中的所有相关记录。

● 限制：若子表中有相关记录则禁止更新。

● 忽略：可随意更新父表记录的连接字段值，而不进行任何参照完整性的检查。

　　如果选择"级联"单选按钮，则在"教师基本情况表"中某一数据记录的编号被更新时，在"教师任课表"中的对应记录编号也将被更新。

　　b．"删除规则"选项卡用来设置关系数据表之间的删除规则。有三种选择功能分别如下所述：

● 级联：删除子表中的所有相关记录。

● 限制：若子表中有相关记录则禁止删除。

● 忽略：允许删除，不管子表中的相关记录。

　　如果选择了"限制"单选按钮，当在"教师基本情况表"中要删除编号为"0011"的记录时，因为在子表"教师任课表"中存在相对应的记录，则该操作被禁止。

　　c．"插入规则"选项卡用来设置关联数据表间的插入规则。只有如下两种选择：

● 限制：若父表中不存在匹配的关键字值，则禁止插入。

● 忽略：允许插入。

　　此时，如果选择了"忽略"单选按钮，则在"教师任课表"中添加任何新记录时，即使添加的编号在"教师基本情况表"中找不到对应值，也不会有任何限制。

　　④ 设置完参照完整性之后，单击"确定"按钮，出现确认对话框。

　　⑤ 单击"是"按钮，参照完整性设置便完成了。此后，相关联的数据表之间将根据这种规则自动进行检查和维护，在对数据进行更新、删除和插入时就不会产生数据不对应的情况。

　　如果要修改参照完整性，可以在"数据库设计器"窗口中右击两数据表之间的关联线，在出现的快捷菜单中选择"编辑参照完整性"命令，或选择"数据库"/"编辑参照完整性"命令，在出现的"参照完整性生成器"对话框中，重新设置已有的参照完整性即可。

小　　结

　　通过学习本章，读者应掌握以下内容：

- 如何在项目中建立数据库，并向数据库中添加表。
- 如何利用"表设计器"来创建表结构。
- 怎样利用注释来详细描述每个字段所代表的含义。
- 设置有效性规则，当输入数据时判断该记录是否符合要求，避免不符合要求的数据出现。
- 记录的基本输入法。
- 如何追加一条记录；如何追加符合条件的一组记录。
- 如何在"浏览"或"编辑"窗口中浏览和编辑数据表。
- 记录的逻辑删除、物理删除和记录被逻辑删除后的再恢复。
- 按各表的索引建立表之间的关系。
- 设置表与表之间的参照完整性规则。

思考与练习

一、思考题

1. 数据库与数据表的关系是什么？

2. 如何删除与恢复记录？

3. 为什么要使用关系数据库？

4. 关系数据库是如何构成的？

5. 什么是一对多关系？

二、选择题

1. 若要控制数据库表中学号字段只能输入数字，则应设置（　　　）。

A. 显示格式　　　　B. 输入掩码　　　　C. 字段有效性　　　　D. 记录有效性

2. 数据库文件的扩展名是（　　　）。

A. .dbf　　　　B. .dbc　　　　C. .dbt　　　　D. .fpt

3. 在下列命令中，不具有修改记录功能的是（　　　）。

A. EDIT　　　　B. REPLACE　　　　C. BROWSE　　　　D. MODI STRU

4. 显示表中所有教授或副教授记录的命令是（　　　）。

A. LIST FOR 职称="教授"AND 职称="副教授"　　　B. LIST FOR 职称>="副教授"

C. LIST FOR 职称="教授"OR"副教授"　　　D. LIST FOR "教授"$职称

5. 数据表中共有100条记录，当前记录为第10条，执行LIST NEXT 5以后，当前记录为（　　　）。

A. 10　　　　B. 14　　　　C. 15　　　　D. EOF

6. Visual FoxPro 9.0 中，主索引可在（　　　）中建立。

A. 自由表　　　　B. 数据库表　　　　C. 任何表　　　　D. 自由表和视图

7. 打开一个建立了结构复合索引的数据表，表记录的顺序将按（　　　）。

A. 原顺序　　　　　　　　　　　　　B. 最后一个索引标识

C. 主索引标识　　　　　　　　　　　D. 第一个索引标识

8. 逻辑表的设置是在（　　　）对话框中完成的。

A. 表设计器　　　　B. 工作区属性　　　　C. 数据库设计器　　　　D. 浏览

9. 工资表文件已打开，且已设置按基本工资升序的索引为主控索引，并执行过赋值语句

NN=900，下面各条命令中，错误的是（　　　）。

A. SEEK NN
B. LOCATE FOR 基本工资==NN
C. FIND 900
D. LOCATE FOR 基本工资=NN

10. 在浏览窗口打开的情况下，若要向当前表中连续添加多条记录应使用（　　　）。

A. "显示"菜单中的"追加方式"
B. "表"菜单中的"追加新记录"
C. "表"菜单中的"追加记录"
D.【Ctrl+Y】组合键

三、填空题

1. 在 Visual FoxPro 9.0 中，表有两种类型，即＿＿＿＿＿＿和＿＿＿＿＿＿。

2. 数据库表的索引类型有＿＿＿＿＿＿、＿＿＿＿＿＿、＿＿＿＿＿＿和＿＿＿＿＿＿。

3. 表之间建立关联的最主要的功能是＿＿＿＿＿＿。

4. 在定义字段有效性规则时，在规则框中输入的表达式类型是＿＿＿＿＿＿。

5. 对表中记录逻辑删除的命令是＿＿＿＿＿＿，恢复表中所有被逻辑删除记录的命令是＿＿＿＿＿＿，将所有被逻辑删除记录物理删除的命令是＿＿＿＿＿＿。

6. 在浏览窗口中不仅可以显示表的内容，而且可以对记录进行＿＿＿＿＿＿、＿＿＿＿＿＿和＿＿＿＿＿＿操作。

7. 为一个表设置若干种索引后，可以在＿＿＿＿＿＿对话框中将其中一种索引设置为主控索引。

8. 实现表之间临时联系的命令是＿＿＿＿＿＿。

9. LOCATE 命令查询以后，可以用＿＿＿＿＿＿来检测是否找到。

10. Visual FoxPro 9.0 的主索引和候选索引可以保证数据的＿＿＿＿＿＿完整性。

第3章 查询和视图操作

我们建立数据库，向数据表中存储数据等操作，只是为应用程序的设计打基础。数据库组织并存储这些信息的主要用途之一是供用户日后查询。可见，查询是数据库管理系统的一项重要功能。用户可以根据需要建立查询，在数据库中检索一条或多条满足条件的记录，供用户去查看、分析或打印报表。其实，在软件开发过程中经常用到数据的查询，如人事档案管理系统、图书资料管理系统、学生信息管理系统等软件，都离不开数据查询，数据查询的速度、准确性等直接影响着所开发的软件的质量、效率、使用和维护。Visual FoxPro 9.0 采用三种方法来解决数据查询问题，分别是：查询设计器、视图设计器和 SQL 语句查询。本章主要介绍查询、视图和 SQL 语句的基本设计方法。

主要内容
- 查询的基本概念。
- 创建和设计查询。
- 创建和设计视图。
- 关系数据库标准语言 SQL。

3.1 查询的基本概念

在 Visual FoxPro 中，要从一个表或多个表中检索信息，就要创建查询，查询就是向数据库提出询问，并要求数据库按给定的条件、范围以及方式等，从指定的数据源中查找，提取指定的字段和记录，返回一个新的数据集合。可以使用查询作为窗体或报表的数据源。

3.1.1 查询简介

因为查询是 Visual FoxPro 中非常重要的一个对象之一，需要先对查询作必要的介绍。

1. 查询的设计方法

Visual FoxPro 创建查询的方法主要有两种，向导及设计视图。查询向导能够有效地指导用户顺利地 进行创建查询的工作，详细地解释在创建过程中需要做出的选择，并能以图形的方式显示结果。对创建查询来说，设计视图功能更为丰富，查询视图分为上下两部分，上部分显示的是查询的数据源及其字段列表，下半部分显示并设置查询中字段的属性。在查询设计视图中，可以完成新建查询的设计，或修改已有的查询，也可以修改作为窗体、报表或数据访问页数据源的 SQL 语句。在查询设计视图中所做的更改，也会反映到相应的 SOL 语句。

2. 查询的功能

查询能够实现以下几个主要功能：

（1）选择字段和记录

根据给定的条件，查找并显示相应的记录，可以仅仅显示部分字段。

（2）修改记录

通过查询对符合条件的记录进行添加、修改和删除等操作。

（3）统计与计算

在查询结果中进行统计。例如，统计学生的平均年龄、男女学生的人数等；还可以建立计算字段，用以保存计算的结果。

（4）建立新表

利用生成表查询去向或者 SQL 查询，可以建立一个新的数据表。

3.1.2 查询的准则

在实际应用中，并非只是简单的查询，往往需要指定一定的条件。例如：查找 1992 年参加工作的男教师。这种带条件的查询需要通过设置查询条件来实现。

查询的准则就是在设计查询的过程中所定义的查询筛选条件。查询筛选条件是运算符、常量、函数以及字段名和属性等的组合，能够计算出一个结果。大多数情况下，查询准则就是一个关系表达式。

1. 运算符

表达式中常用的运算符包括算术运算符、比较运算符、连接运算符、逻辑运算符和特殊运算符等。表 3-1 所示为一些常用的运算符。

表 3-1 常用运算符

类型	运算符	含　义	示　　例	结　　果
算术运算符	+	加	1+3	4
	-	减，用来求两数之差或是表达式的负值	4-1	3
	*	乘	3*4	12
	/	除	9/3	3
	^或**	乘方	3^2	9
	%	取余	17 % 4	1
比较运算符	=	等于	2=3	.F.
	>	大于	2>1	.T.
	>=	大于等于	"A" >= "B"	.F.
	<	小于	1<2	.T.
	<=	小于等于	6<=5	.F.
	<>	不等于	3<>6	.T.
字符连接运算符	+	连接两个字符串，字符串原样连接	"VFP " + "9.0"	VFP 9.0
	-	连接两个字符串，并将第一个字符串尾部的空格移到第二个字符串的尾部	"VFP " - "9.0"	VFP9.0
	$	判断第一个字符串是否是第二个字符串的子字符串	"F" $ "VFP"	.T.
逻辑运算符	And	与	1<2 And 2>3	.F.
	Or	或	1<2 Or 2>3	.T.
	Not	非	Not 3>1	.F.

续表

类型	运算符	含　义	示　例	结　果
特殊运算符	Is Null	指定字段必须包含 Null 值		
	Like	指定字段必须包含匹配示例(Example)字段文本字符的字符		
	Between A and B	判断表达式的值是否在指定 A 和 B 之间的范围，A 和 B 可以是数字型、日期型和文本型		
	In(string1,string2,...)	确定某个字符串值是否在一组字符串值内	In("A,B,C") 等价于"A" Or "B" Or "C"	

说明：一个表达式可以包含多个运算符和函数，每一个运算都有其执行的先后顺序，与 Excel 中运算符优先级一样，Visual FoxPro 中也有运算符的优先级。运算符的使用根据实际需要变化而变化。

2. 函数

Visual FoxPro 系统为用户提供了十分丰富的函数，灵活运用这些函数，不仅可以简化许多运算，而且能够加强和完善 Visual FoxPro 的许多功能。Visual FoxPro 提供了许多不同用途的标准函数，以帮助用户完成各种工作。如表 3-2 为一些常用的函数。

表 3-2　常用函数及其说明

类型	函　数	函数格式	说　明
数值函数	绝对值	Abs(<数值表达式>)	返回数值表达式的绝对值
	取整	Int(<数值表达式>)	返回数值表达式的整数部分值，参考为负值时返回不大于等于参数值的第一个负数
		Round(<数值表达式>[,<表达式>])	按照指定的小数位数进行四舍五入运算的结果。[<表达式>]是进行四舍五入运算小数点右边保留的位数
	随机函数	Rand([数值表达式])	产生一个大于等于 0 且小于 1 的随机数
	平方根	Sqrt (<数值表达式>)	返回数值表达式的算术平方根值
	符号	Sign(<数值表达式>)	返回数值表达式值的符号值。当数值表达式值大于 0，返回值为 1；当数值表达式值等于 0，返回值为 0；当数值表达式值小于 0，返回值为 -1
	求余	Mod(<被除数>,<除数>)	返回<被除数>除以<除数>得到的余数值
字符串处理函数	取子串	Left(<字符表达式>,<数值表达式>)	返从字符表达式左侧第 1 个字符开始，截取的若干字符
		Right(<字符表达式>,<数值表达式>)	返回从字符表达式右侧第 1 个字符开始，截取的若干个字符
		Substr(<字符串表达式>,<起始位置>[,<长度>])	从<字符串表达式>中的<起始位置>截取子字符串，<长度>为所截取的子串的长度
	字符串长度	Len (<字符串表达式>)	返回<字符串表达式>中所包含的字符个数，即字符串长度
	空格函数	Space(<数值表达式>)	产生与<数值表达式>的值相同的空格数

类型	函　数	函 数 格 式	说　　明
字符串处理函数	搜索子串位置	At(<字符串 1>,<字符串 2>[,<数值表达式>])	寻找<字符串 1>在<字符串 2>中首次出现的起始位置。若<字符串 2>中不包含<字符串 1>，则返回值为零。若有"数值表达式"（假设数值表达式为 K），则寻找<字符串 1>在<字符串 2>中第 K 次出现的位置
	删除空格	Ltrim(<字符表达式>)	返回去掉字符表达式开始空格的字符串
		Rtrim(<字符表达式>)	返回去掉字符表达式尾部空格的字符串
		ALLTrim(<字符表达式>)	返回去掉字符表达式开始和尾部空格的字符串
	判断函数	IIF(<条件表达式>，语句 1，语句 2)	当条件表达式值为真时，执行语句 1，否则执行语句 2
	宏代换	&(<字符型内存变量>)	取"字符型内存变量"的值
日期函数	年份	Year(<日期表达式>)	返回日期表达式年份的整数
	日期时间	Datetime(<日期时间表达式>)	返回系统当前的日期和时间
	日期	Date()	返回当前系统日期
	时间	Time()	返回当前系统时间
转换函数	日期	CTOD(<字符表达式>)	将"月/日/年"格式的<字符串表达式>转换为日期型数据
		DTOC(<日期>)	将<日期>转换为相应的字符串
	数值	STR(<数值表达式>)	将〈数值表达式〉的值转换为字符型的字符串
	字符	VAL(<字符串表达式>)	将〈字符串表达式〉转换为数值型数据
	ASCII 码	Asc(<字符串表达式>)	将〈字符串表达式〉中的第一个字符转换为 ASCII 码值
		Chr(<数值表达式>)	将〈数值表达式〉中的 ASCII 码值转换为对应的字符

说明：上面只是简单介绍了一些常用函数，有几个函数将在后面章节中介绍，其他函数的使用方法请查看联机帮助文件。

3. 查询筛选条件示例

查询筛选条件是一个表达式，Visual FoxPro 将它与查询字段值进行比较以确定是否包括含有每个值的记录。查询筛选条件可以是精确查询，也可以利用通配符进行模糊查询。查询筛选条件的示例如表 3-3 所示。

表 3-3　常用筛选条件

查询筛选条件类型	字段名	条　　件	功　　能
数值	金额	<1000	查询金额小于 1 000 元的记录
		Between 1000 And 5000	查询金额为 1000～5000 元的记录
		>1000 And <5000	
文本	姓名	"李平"or"王新"	查询姓名为"李平"或"王新"的记录
		In("李平","王新")	
		Left([姓名]，2)="李"	查询姓"李"的记录
		Like "李%*"	
	职称	"教授"	查询职称为"教授"的记录

续表

查询筛选 条件类型	字段名	条　　件	功　　能
文本		"教授" or "副教授"	查询职称为"教授"或"副教授"的记录
		Substr(表名.职称,5,4)="教授"	查询职称为"一级教授"或"二级教授"等的记录
	班级	Left(表名.学号,6)	查询学号的前六位作为班级号的记录
日期	工作时间	Between　{^1980/1/1} and {^1980/12/30}	查询 1980 年参加工作的记录
		Year(表名.工作时间)=1980	
		<Date()-10	查询 10 天前参加工作的记录
		Between Date()　And　Date()-30	查询 30 天之内参加工作的记录
		Year(表名.工作时间)=1990 And Month(表名.工作时间)=4	查询 1990 年 4 月参加工作的记录
	出生日期	Year(表名.出生日期)=1992	查询 1992 年出生的记录
字段的部分值	姓名	Not Like"李%"	查询不姓"李"的记录
		Substr(表名.姓名,1,2)<>"李"	
	课程名称	Like "%计算机%"	查询课程名称中包含"计算机"的记录
		Like "计算机%"	查询课程名称以"计算机"开头的记录
		Left(表名.课程名称,3)="计算机"	

　　说明：在创建查询准则时还应该注意日期型数据必须用"#"括起来；文本型数据必须用半角的引号""""括起来；字段名必须用"[]"括起来。

3.2　创建和设计查询

　　在 Visual FoxPro 9.0 中，设计一个查询主要是通过指定数据源，设置筛选条件，选择所需字段和指定排序依据等工作来完成的。当用户建立好查询后，每次运行查询时，那些符合条件的记录字段信息显示在屏幕上，并且还可以对查询的结果进行排序、分类，作为表单或报表的数据来源等。

3.2.1　利用查询向导设计查询

　　查询向导可以引导用户快速设计一个查询。下面将举例说明使用查询向导设计一个简单的单表查询。

　　【例 3.1】从"教师档案管理系统"数据库的教师基本情况表中查询职称为"副教授"且是"民政系"的所有教师的信息。

　　操作过程如下：

　　1．启动查询向导

　　① 在系统菜单中选择"文件"/"新建"命令，在"新建"对话框中选择"文件类型"选项区域中的"查询"单选按钮，然后单击"向导"按钮，启动查询向导。

　　② 在项目管理器中，选择"数据"选项卡中的"查询"选项，单击"新建"按钮，打开"新建查询"对话框，如图 3-1 所示。单击"查询向导"按钮，打开如图 3-2 所示的"向导选取"对话框。

2．选择向导类型

系统提供了三种查询方式，如图 3-2 所示。可分别设计三种不同的查询：

① 查询向导：设计一个一般的标准查询，这是常用的方法。

② 交叉表向导：设计有行和列的交叉查询。

③ 图形向导：在 Microsoft Graph 中创建显示 Visual FoxPro 9.0 表数据的图形。

图 3-1　"新建查询"对话框　　　　图 3-2　"向导选取"对话框

在所列出的三种向导中，选择"查询向导"选项，再单击"确定"按钮，进入字段选取对话框，如图 3-3 所示。

3．字段选取

（1）选择数据库和表

在选择字段之前应先选择查询所使用的数据库和数据表。如果列表中没有所需的数据库或数据表，可单击列表框右侧的"浏览"按钮，从"打开"对话框中选择所需的数据库或数据表。

（2）选择字段

选择"教师档案管理系统"数据库的"教师基本情况表"后，在"可用字段"列表框中显示出它的全部字段，这里选择编号、姓名、职称、系名和学期字段到"选定字段"列表框中，其中单箭头是单个字段选择按钮，双箭头是全选字段按钮。字段选取结束后单击"下一步"按钮，进入关联表对话框。

4．关联

表在以多个表（或视图）作为查询对象的情况下，必须通过选择相匹配的字段来建立表（或视图）之间的联系，以产生查询的连接条件。如选择"教师基本情况表"中的"编号"字段和"教师任课表"中的"编号"字段，作为两表之间相匹配的字段，单击"添加"按钮，在空区域将会显示出此关联表达式。单击"下一步"按钮，进入筛选记录对话框。如果创建的是单表查询，系统会跳过关联表，直接进入筛选记录对话框，如图 3-4 所示。

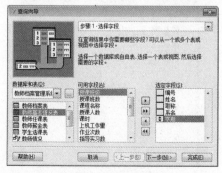

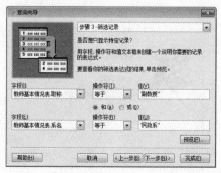

图 3-3　字段选取　　　　　　　　　图 3-4　筛选记录

5．筛选记录

在查询向导步骤 3 中输入查询记录的条件，本例题中的条件是职称为"副教授"并且系名为"民政系"。在"字段"下拉列表框中选择"教师基本情况表.职称"字段，在"操作符"下拉列表框中选择"等于"字段，在"值"文本框中输入""副教授""。选择运算符"与"单选按钮后，设置第二个条件；在"字段"下拉列表框中选择"教师基本情况表.系名"字段，在"操作符"下拉列表框中选择"等于"字段，在"值"文本框中输入""民政系""。条件输入结束后，单击"下一步"按钮，进入排序记录对话框，如图 3-5 所示。

6．排序记录

查询向导步骤 4 用于选择排序字段。字段可按升序或降序排序，它将直接影响到查询结果中记录的排列次序。最多可选择三个排序字段，只有当第一个排序字段的值相同时，则再按第二个字段的升序或降序排序，依此类推。本例中按"编号"字段的升序排序。单击"下一步"按钮，进入限制记录对话框，如图 3-6 所示。

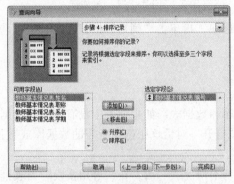

图 3-5　排序记录

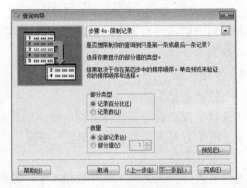

图 3-6　限制记录

7．限制记录

确定查询结果中所包含的记录个数。如果显示符合条件的全部记录，可选择"数量"选项区域中的"所有记录"单选按钮；如果只显示符合条件的部分记录，可以使用百分比或记录数来确定要显示的部分记录。限制记录结束后，单击"下一步"按钮，进入完成对话框，如图 3-7 所示。

8．完成

这一步用来选择保存后的执行方式，也就是说选择保存查询设置的类型。这里选择"保存查询"单选按钮，单击"完成"按钮，弹出"另存为"对话框，如图 3-8 所示

图 3-7　完成

图 3-8　"另存为"对话框

在"保存在"下拉列表框中设置查询文件的保存位置，在"文件名"文本框中输入查询文件名，本例的查询文件名为"教师查询"，系统默认的扩展名为.qpr，然后单击"保存"按钮，保存刚刚创建的查询。

上述操作步骤完成后，在项目管理器窗口中，单击"查询"选项前面的"+"按钮，可以看到其中的查询文件名即教师查询，如图 3-9 所示。

至此，一个查询就建立好了。在以上操作过程中，如果要修改上一步所完成的操作，可以单击"上一步"按钮，进行修改。整个查询设计过程不能使用查询向导进行修改，但可以使用查询设计器进行修改。

图 3-9 项目管理器中的"查询"选项

3.2.2 利用查询设计器设计查询

使用查询设计器可以建立任意类型的查询，既可以包括简单条件的查询，又可以是复杂条件的查询；既可以创建计算字段，又可以设置查询结果的输出去向。

【例 3.2】从"教师档案管理系统"数据库的"教师基本情况表""教师代课表"和"教师薪金表"中查询职称为"副教授"或"讲师"且是"民政系"的所有教师的信息。

操作过程如下：

1. 启动查询设计器

① 从菜单中选择"文件" / "新建"命令，在"新建"对话框中选择"文件类型"选项区域中的"查询"单选按钮，然后单击"新建文件"按钮，启动查询设计器。

② 在项目管理器中，选择"数据"选项卡中的查询，单击"新建"按钮，则出现"新建查询"对话框。单击"新建视图"按钮，则打开查询设计器，如图 3-10 所示。

系统同时还会出现"添加表或视图"对话框如图 3-11 所示，"查询设计器"工具栏如图 3-12 所示。下面用一个具体实例来完成查询的创建。在"教师基本情况表""教师任课表""教师薪金表"这三个表中，查询"民政系"且职称是"副教授"的教师的情况，并且只显示教师基本情况表.编号、教师基本情况表.姓名、教师基本情况表.职称、教师基本情况表.系名、教师任课表.课程编号、教师任课表.课程名称，教师薪金表.课酬等字段内容。

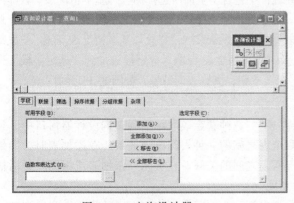

图 3-10 查询设计器

图 3-11 "添加表或视图"对话框

在"添加表或视图"对话框的"数据库"下拉列表框中选择"教师档案管理系统"，在"数据库中的表"列表框中选择"教师基本情况表""教师任课表"和"教师薪金表"，单击"添加"按钮，三个表被添加到查询设计器中。添加表完成后，单击"关闭"按钮，关闭"添加表或视图"对话框。

在弹出的查询设计器"添加表或视图"对话框中可以看到，此时查询设计器就已经启动，同时启动的还有"查询设计器"工具栏。图 3-12 所示为"查询设计器"工具栏。

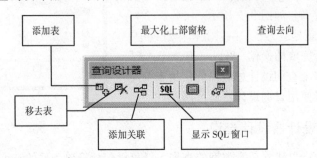

图 3-12 "查询设计器"工具栏

查询设计器工具栏中的各工具的功能如表 3-4 所示。

表 3-4 "查询设计器"工具栏各工具的功能

工 具 名 称	图 标	功 能
添加表		显示 Add Table or View 对话框，以便于加入一张表或者"视图"
移去表		移出一张数表或者"视图"
添加连接		在查询中的两个表间加入连接
显示/隐藏 SQL 窗口		显示正建立查询中的 SQL 语句
最大化表视图		最大化 Query Designer 窗口
查询去向		设置查询的输出形式

2. 选择输出字段

查询设计器的"字段"选项卡用于选择查询结果中的输出字段。

在这个选项卡中，左边的"可用字段"列表框中包含了上面所选择的教师基本情况表、教师任课表、教师薪金表三个表文件中的所有字段，根据查询筛选条件，选择输出字段到"选定字段"列表框中。这里把"教师基本情况表.编号""教师基本情况表.姓名""教师基本情况表.职称""教师任课表.课程编号""教师任课表.课程名称"及"教师薪金表.课酬"等字段添加到"选定字段"列表框中。选定字段结束后，单击工具栏上的"!"按钮，浏览查询结果，如图 3-13 所示。

3. 关联表

前面已将"教师基本情况表""教师任课表""教师薪金表"添加到查询设计器窗口中，且它们之间出现一条连线，这条连线定义了两个表之间的一种表间连接关系。在添加表时，如果两个表之间没有建立连接关系，则需要进行两表之间的关联。在关闭"添加表或视图"对话框后，弹出"连接条件"对话框，如图 3-14 所示。

在"连接条件"对话框中，左边的下拉列表框称为左字段列表，右边的称为右字段列表。

Visual FoxPro 9.0 把表间的连接分为四种类型：内部连接、左连接、右连接和完全连接。

- 内部连接：指在查询结果中，列出左字段列表与右字段列表相匹配的记录，为默认设置。
- 左连接：指在查询结果中，列出左字段列表中的所有记录与右字段列表中相匹配的记录。
- 右连接：指在查询结果中，列出右字段列表中的所有记录与左字段列表中相匹配的记录。
- 完全连接：指在查询结果中，列出两个字段列表中的所有记录。

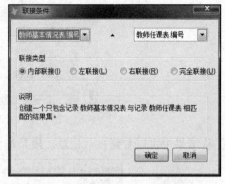

图 3-13　浏览查询结果　　　　　　　　　图 3-14　"连接条件"对话框

根据例题的要求，教师基本情况表、教师任课表和教师薪金表三个表需要通过"编号"字段建立起连接的。在左字段列表中选择"教师基本情况表.编号"字段，在右字段列表中选择"教师任课表.编号"字段，再选择连接类型，如内部连接，关闭"连接条件"对话框，两个表中的"编号"字段之间出现了一条连线，表明两个表通过"编号"字段建立了一种连接关系。同样还可以建立教师任课表与教师薪金表两个表的连接关系。

4. 筛选记录

通过设置筛选条件，将筛选出表中满足条件的记录并显示在查询结果中。方法是在查询设计器窗口中，选择"筛选"选项卡。将逻辑表达式"职称 In "副教授","讲师".AND 系名 = "民政系""，输入到所给的文本框中，如图 3-15 所示。

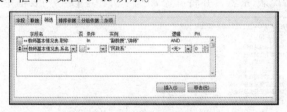

图 3-15　设置查询筛选条件

如果要浏览查询结果，可单击工具栏上的"!"按钮，如图 3-16 所示。从查询结果可以看到由副教授、讲师担任民政系课程的教师情况的三个数据表中的四个相关字段被连接在一起。

编号	姓名	职称	课程编号	课程名称	课酬
27	江林华	副教授	ZA03	线性代数	30.00
28	成燕燕	讲师	ZA04	微积分	26.00
39	艾买提	副教授	ZA08	离散数学	25.00
49	张一林	讲师	CS01	VB.NET程序设计	39.00

图 3-16　浏览查询结果

5. 排序记录

排序查询结果是指按某一个或多个字段的值进行升序或降序显示。如按课号从低到高显示查询结果。可在查询设计器窗口中，选择"排序依据"选项卡。在"选定字段"列表框中选择用于排序的字段，这里选择"教师任课表.课程编号"选项，在"排序选项"选项区域中选择"升序"单选按钮，然后单击"添加"按钮，将其添加到"排序条件"列表框中，如图 3-17 所示。

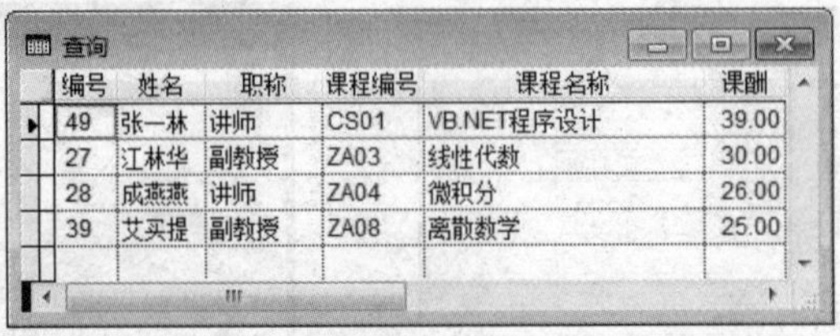

图 3-17　按课程编号升序排列输出

从结果中可以看到显示记录次序是按课程编号升序排列输出的，如图 3-18 所示。

图 3-18　排序结果

6. 分组查询

分组是指将数据表中某关键字段相同的记录分组生成一条记录。如在查询结果中，按系名进行分组查询。

在查询设计器窗口中，选择"分组依据"选项卡。在"可用字段"列表框中选择用于分组的字段，如教师基本情况表.系名，并将其添加到"分组字段"列表框中，如图 3-19 所示。

图 3-19　"分组依据"选项卡

然后单击工具栏上的"!"按钮，浏览查询结果，如图 3-20 所示。关键字段相同的记录只显示一条。

图 3-20　分组查询结果

另外，分组就是将一组类似的记录压缩成一个结果记录，这样就可完成基于一组记录的计算。分组在与某些累计功能联合使用时效果最好，如 SUM()，COUNT()，AVG()等。计算表达式中可以使用下列函数。

- COUNT()：求某字段值的指定个数。
- SUM()：求某数值字段的和。
- AVG()：求某数值字段的平均值。
- MIN()：求某字段中的最小值。
- MAX()：求某字段中的最大值。

【例 3.3】对学生选课成绩进行统计，统计出各门课程的平均分、最高分和最低分。

操作步骤如下：

① 打开查询设计器，在弹出的"打开"对话框中选择要使用的数据表文件"学生选课成绩表.dbf"项，然后单击"确定"按钮。

② 进入查询设计器窗口。在"字段"选项卡中，双击"可用字段"列表框中的"学生选课成绩表.课程名称"项，使其显示在右侧的"选定字段"列表框中。

③ 在"函数和表达式"文本框中直接输入或者单击其后的"…"按钮，并在弹出的"表达式生成器"对话框中设置要统计的各科成绩：

平均成绩的表达式：AVG(学生选课成绩表.成绩) AS 平均成绩。

最高成绩的表达式：MAX(学生选课成绩表.成绩) AS 平均成绩。

最低成绩的表达式：MIN(学生选课成绩表.成绩) AS 平均成绩。

④ 分别单击"添加"按钮，使表达式也显示在右侧的"选定字段"列表框中，结果如图 3-21 所示。

⑤ 选择"分组依据"选项卡，双击"可用字段"列表中的"学生选课成绩表.课程名称"，使其显示在右侧的"分组字段"列表框中。

⑥ 单击"常用"工具栏中的"!"按钮，即可在弹出的"查询"窗口中看到执行结果，如图 3-22 所示。

⑦ 关闭查询设计器窗口，并在弹出的"另存为"对话框中选择适当的存储路径，在"文件名"文本框中输入"各科成绩"，然后单击"保存"按钮。

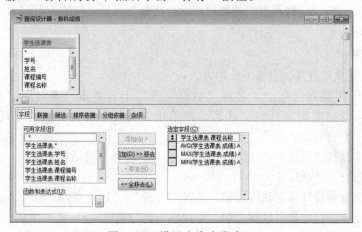

图 3-21　设置查询字段窗口

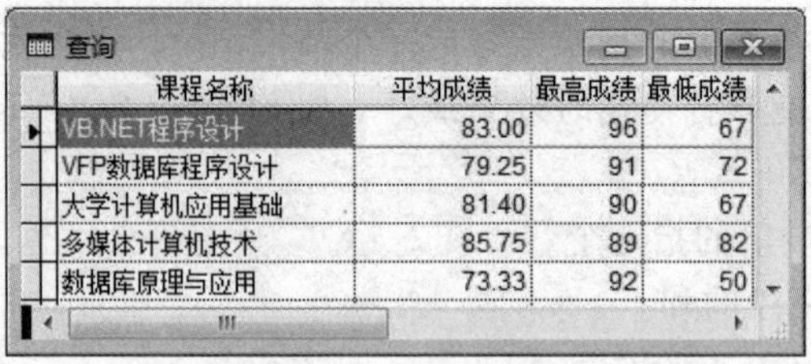

图 3-22　分组查询结果

7．杂项

在"查询设计器"的"杂项"选项卡中，可设置一些特殊的查询筛选条件，如图 3-23 所示。

图 3-23　"杂项"选项卡

①　如果选择复选框"无重复记录"，则查询结果中将排除所有相同的记录；否则，将允许重复记录的存在。

②　如果选择复选框"交叉数据表"，将把查询结果以交叉表格式传送给 Microsoft Graph 报表或表。只有当"选定字段"刚好为三项时，才可以选择"交叉数据表"复选框，选定的三项代表 X 轴，Y 轴和图形的单元值。

③　如果选择"全部"复选框，满足查询筛选条件的所有记录将包括在查询结果中。这是"查询设计器"的默认设置。只有在取消选中"全部"复选框，才可以设置"记录个数"和"百分比"。"记录个数"用于指定查询结果中包含多少条记录。当未选定"百分比"复选框时，"记录个数"微调框中的整数表示只将满足条件的前多少条记录包括到查询结果中；当选中"百分比"复选框时，"记录个数"微调框中的整数表示只将最先满足条件的若干记录（以百分数表示）包括到查询结果中。

8．运行查询

运行一个已建立的查询，有以下几种方法：

①　在项目管理器列表框中，选择"数据"选项卡，单击"查询"字段前面的"+"按钮，选择要运行的查询文件的文件名，再单击"运行"按钮，这时查询结果就显示在屏幕上。

②　在菜单中选择"程序"/"运行"命令，打开"运行"对话框，选择一个要运行的查询文件后，单击"运行"按钮。

③　在没退出查询设计器对话框之前，选择"查询"/"运行查询"命令。

④　在没退出查询设计器对话框之前，直接单击运行按钮"!"。

⑤　在查询设计器内右击，在弹出的快捷菜单中选择"运行查询"命令。

⑥　在"命令"窗口中输入"DO 查询名.qpr"。

3.2.3　查询菜单的使用

查询设计器打开后，系统菜单中就会自动增加一个查询菜单。该菜单包含查询设计器下部窗格中各个选项卡包含的所有选项，也包含快捷菜单和查询设计器工具栏的大部分功能。下面介绍几条常用命令。

1．查看 SQL

SQL（structured query language，结构化查询语言）是美国国家标准局 ANSI 确认的关系数据库语言标准，一条 SQL 语句就可以代替许多条 Visual FoxPro 9.0 命令。由于引进了 SQL，从而使得 Visual FoxPro 9.0 的查询功能更加强大。利用查询设计器设计的查询文件，系统会根据设计条件自动用 SQL 生成相应的语句，可以通过系统菜单的"查询"/"查看 SQL"命令来查看，可显示由查询操作产生的 SELECT…SQL 命令。显示出来的命令只供阅读，不能编辑，但可通过剪贴板复制和粘贴，如图 3-24 所示。

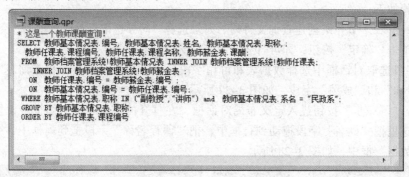

图 3-24　教师查询的 SQL 代码

2．为查询添加注释

为了明确说明查询文件目的，可以给查询文件加上注释，在系统菜单中选择"查询"/"备注"命令，弹出"备注"对话框，在该对话框中，为刚建立的查询输入注释，如图 3-25 所示。

3．查询去向

在系统菜单中选择"查询"/"查询去向"命令，打开图 3-26 所示的"查询去向"对话框，其中共包括七个按钮，表示查询结果不同的输出类型。

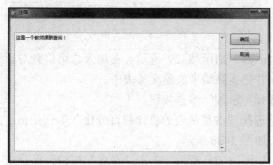

图 3-25　"备注"对话框

图 3-26　"查询去向"对话框

- "浏览"按钮：在浏览窗口中显示查询结果。
- "临时表"按钮：将查询结果保存在临时表中。
- "表"按钮：将查询结果作为表文件保存起来。
- "屏幕"按钮：在当前输出窗口中显示查询结果，也可指定输出到打印机或文件。

3.2.4　建立交叉表

在前面创建的查询中可以利用创建计算字段功能，对各字段进行求和、求平均值等操作，在浏览时，可以把计算字段显示在一列中。但如果把数据表中的某一字段值按行输出，另一字段值按列输出，那么它们的交叉处输出第三个字段的计算值（如总和、平均数、计数、最大值及最小值等）。下面以学生成绩表为例，来建立一个交叉表。

【例 3.4】学生成绩表中记录了一个学校学生成绩情况，依据表中数据，建立一个交叉表，统计各班各科及格率。下面使用交叉表向导来建立这个交叉表。

操作步骤如下：

① 本章在 3.2.1 节介绍创建查询文件时，如果选择"向导选取"对话框中的"交叉表向导"选项，然后单击"确定"按钮，即可打开交叉表向导对话框。

② 在字段选取对话框中选择数据表和可用字段，这里选择"学生课程查询表"中的"姓名""课程名称"和"成绩"字段，如图 3-27 所示。

③ 单击"下一步"按钮进入定义布局对话框，在打开的定义布局对话框中设置交叉表查询的布局。这里把"姓名"字段拖动到行框中，把"课程名称"字段拖到列框中，把"成绩"字段拖到"数据"框中，如图 3-28 所示。

图 3-27　字段选取

图 3-28　定义布局

单击"下一步"按钮，进入加入总结信息对话框，如图 3-29 所示。在加入总结信息对话框中，设置交叉表中交叉处的数据进行的运算，并把运算结果放到交叉表中。

- 总结：当交叉表处的数据多于一项时，选择"求和"单选按钮。
- 分类汇总：每一行数据计算的方式，这里选择"占整张表的总计的百分比"单选按钮。
  单击"下一步"按钮，进入完成对话框，如图 3-30 所示。

单击"预览"按钮，预览交叉表查询结果，如图 3-31 所示。单击"完成"按钮，保存交叉表。

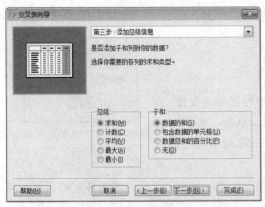

图 3-29　添加总结信息　　　　　　　　　　　图 3-30　完成

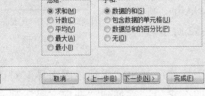

图 3-31　预览交叉表结果

在使用向导建立交叉表时，它要求所使用的字段必须属于同一个表或视图，如果这些字段不在同一个表或视图中，则要先建立一个表或视图，并把查询结果输出到一个表中。

3.3　创建和设计视图

前面学习的查询操作是从一个或多个数据表或视图中检索符合条件的记录，并以多种格式将查询结果存储起来，但它只能供用户浏览使用，不能对其中的数据进行修改。视图设计是为了便于用户对数据库的操作，按同一数据库的各表中数据要求重新组织成类同表供用户进一步操作，在 Visual FoxPro 9.0 中视图文件不能独立存在，它是数据库的一部分。根据视图的来源视图分为两种类型：本地视图和远程视图。本地视图的数据来自工作站，远程视图的数据来自数据服务器。

由于视图和查询有很多相似之处，所以创建视图与创建查询的步骤也很相似。可以利用视图设计器来设计视图，也可以利用视图向导来设计视图。

3.3.1　利用向导创建本地视图

下面通过一个实例来介绍如何利用向导创建本地视图

【例 3.5】建立一个本地视图，在"教师情况"数据库的"教师基本情况表"中，筛选出民政系且职称为"讲师"的教师记录，要求只显示编号、姓名、职称、系名四个字段内容。

操作步骤如下：

1. 启动本地视图向导

在项目管理器窗口中选择"数据"选项卡中的数据库"教师情况"，在该数据库选项中选择"本地视图"选项，单击"新建"按钮，屏幕显示"新建本地视图"对话框，如图 3-32 所示。

图 3-32 "新建本地视图"对话

2. 选取字段

单击"新建本地视图"对话框中的"视图向导"按钮，弹出"本地视图向导"对话框，并选择教师基本情况表中的编号、姓名、职称、系名四个字段，添加到"选定字段"列表框中，如图 3-33 所示。

3. 筛选记录

单击"下一步"按钮，出现筛选记录对话框，输入查询特定条件的记录。在本例中的条件为职称等于"讲师"，如图 3-34 所示。

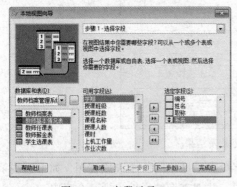

图 3-33 字段选取

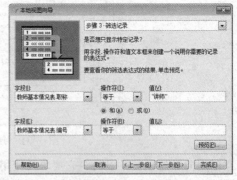

图 3-34 筛选记录

4. 排序记录

录单击"下一步"按钮，显示排序记录对话框。在本例中选择"可用字段"列表框中的"教师基本情况表.编号"，并添加到"选定字段"列表框中，再选择"升序"单选按钮，如图 3-35 所示。限制记录和完成对话框，其设置和使用与查询向导创建查询步骤类似，在此不再赘述。

图 3-35 排序记录

5. 保存本地视图

单击"完成"按钮，打开"视图名"窗口，要求给创建的视图命名，这里命名为"教师情况"。然后单击"确认"按钮，完成创建视图操作，如图 3-36 所示。

在项目管理器窗口中，展开"本地视图"选项，可以观察到新创建的"教师情况"视图文件。选择新建的视图文件"教师情况"，单击"浏览"按钮，可看到视图运行结果，如图 3-37 所示。

图 3-36　"视图名"窗口

图 3-37　视图预览结果

可见，用向导创建视图的操作过程与利用向导创建查询的操作过程是一样的。

3.3.2　利用视图设计器创建本地视图

由于使用向导创建视图不能灵活自如地对记录进行分组、创建计算字段、更新数据等，所以常使用视图设计器建立视图，这样用户可以自己设置更新条件，定义更新字段等。下面通过一个实例来介绍利用视图设计器创建本地视图的过程。

【例 3.6】在"教师情况"数据库中检索担任 08 级课程且职称为"讲师""副教授"的教师情况，要求只显示教师基本情况表.编号、教师基本情况表.姓名、教师基本情况表.职称、教师基本情况表.系名、教师任课表.授课班级、教师任课表.授课名称和教师薪金表.酬金等字段内容。

操作步骤如下：

1．启动视图设计器

在项目管理器窗口中，选择包含"本地视图"的数据库"教师情况"，在该数据库中选择"本地视图"选项，单击"新建"按钮，弹出"新建本地视图"对话框，然后单击"新建视图"按钮，出现视图设计器窗口，如图 3-38 所示。

图 3-38　视图设计器窗口

2．添加表或视图

在视图设计器窗口中，单击视图设计器工具栏上的"添加表"按钮，出现"添加表或视图"对话框。在"添加表或视图"对话框中，选择要添加的表或视图。这里选择"教师档案管理系统"数据库中的教师基本情况表、教师任课表和教师薪金表，如图 3-39 所示。

3．建立表或视图之间的连接条件

当将教师基本情况表和教师任课表添加到视图设计器窗口后，如果这两个表之间没有显示一条关系直线，这时应在这两个表中分别选择一个字段，如"编号"字段来建立两个表之间的连接。建立两表之间的连接方法可以通过以下几种方式来完成：

①　按住鼠标左键不放，将教师基本情况表.编号字段拖到教师任课表.编号字段上来，两个字段间显示一条直线，表示两表之间的连接关系已经建立了。

② 选择"连接"选项卡，输入连接条件。如本例中"教师基本情况表.编号 = 教师任课表.编号"。单击视图设计器工具栏上"添加连接"按钮，利用"连接条件"对话框进行两表之间的连接，如图 3-40 所示。

③ 系统自动弹出"连接方式"对话框。

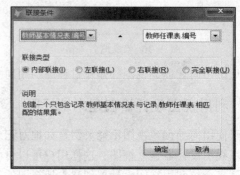

图 3-39 "添加表或视图"对话框   图 3-40 "连接条件"对话框

4. 选择显示字段

根据实例的要求，选择视图设计器窗口中的"字段"选项卡，分别将教师基本情况表.编号、教师基本情况表.姓名、教师基本情况表.职称、教师基本情况表.系名、教师任课表.授课班级、教师任课表.授课名称及教师薪金表.课酬等字段添加到"选定字段"列表框中，如图 3-41 所示。

图 3-41 按要求选定字段

5. 设置筛选条件

在运行视图时，符合筛选条件的记录才显示到屏幕上。这就需要通过筛选条件来确定检索哪些符合条件的记录，本例中检索担任 08 级课程且职称为"讲师""副教授"的教师情况，因此在视图设计器的"筛选"选项卡中输入：

教师基本情况表.职称 In "讲师","副教授" AND
教师任课表.授课班级=08

输入上述条件后就确定了筛选条件，如图 3-42 所示。单击工具栏上的"!"按钮，浏览结果如图 3-43 所示。

图 3-42 按要求选定筛选条件

编号	姓名	职称	系名	授课班级	课程名称	课酬
28	成燕燕	讲师	民政系	08行管-1	微积分	26.00
39	艾买提	副教授	民政系	08公路-1	离散数学	25.00
105	祥龙	讲师	管理系	08公路-1	物理化学	59.00
115	康晓	讲师	财经系	08计算-1	C++程序设计	78.00
145	米小伟	副教授	财经系	08行管-1	高职英语	68.00

图 3-43　视图浏览结果

6．设置更新条件

视图的最大特点是可以对源表中的数据进行更新。要更新数据就必须设置更新条件。这时定义一个关键字段，系统根据关键字段列出源数据文件中与之对应的记录，并进行修改操作。关键字段的设置必须是唯一的，若有重复值，则必须选择多个关键字段来避免重复，否则系统将无法判断要修改的记录。

下面来看如何在已创建的视图中，更新教师基本情况表中的姓名、职称和教师任课表中的授课班级。

在视图设计器窗口中，利用"更新条件"选项卡，来设置视图中的关键字段。设置的方法是：在"更新条件"选项卡中，选择"字段名"列表框中各字段左边的复选框，即带有钥匙图标的一列，则在相应的字段前出现一个"√"号。然后，根据要求设置教师基本情况表中的"编号"字段和教师基本情况表中的"姓名"字段为关键字段。

接下来设置可更新字段。其方法是在"更新条件"选项卡中，选择"字段名"列表框中字段左边的复选框，即带有铅笔图标的一列，则在相应的字段前出现一个"√"号。根据本例的要求，将"教师基本情况表"中的职称、"教师任课表"中的"授课班级"和"教师任课表"中的授课名称等几个字段设置为可更新的字段，如图 3-44 所示。

注意：

① 由于关键字段是用于唯一标识每一条记录的，所以最好不要使关键字段作为更新的字段。

② 如果要对表中修改的记录回存到源表中去，必须选择"发送 SQL 更新"复选框。在使用此项之前，必须至少设置一个关键字段和一个可修改的字段。

图 3-44　"更新条件"选项卡

7．更新记录

"更新条件"设置完后，就可在浏览窗口中修改可更新的字段，并将更新后的结果回存到原表中。现将教师基本情况表中职称、教师任课表中的授课班级和授课名称三个字段设置为可更新的字段，运行该视图后，在浏览窗口中将第三条记录的姓名为"成燕燕"的职称改为"特级讲师"，并将结果回存到表中，如图 3-45 所示。

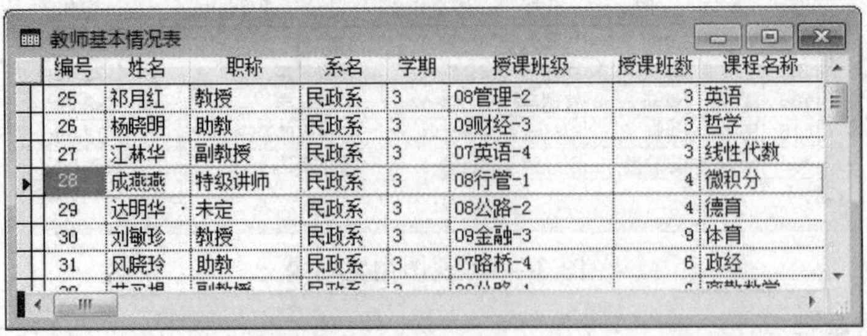

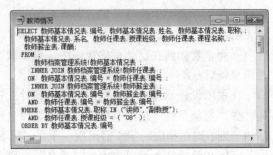

图 3-45　修改后的源表结果

8．保存视图

单击工具栏中的"保存"按钮，在打开的"保存"对话框中，输入视图文件名"教师情况"，单击"确定"按钮。

9．运行视图

选择"查询"/"运行查询"命令或单击工具栏中的"！"按钮，可运行该视图文件。

10．查看 SQL 语句

选择"查询"/"查看 SQL"命令，显示 SQL生成的语句，如图 3-46 所示。

图 3-46　SQL 生成的语句

3.3.3　创建参数化视图

前面所设置的筛选条件都是固定的，如上例中建立的条件表达式：教师基本情况表.职称 In "讲师","副教授"，AND 教师任课表.授课班级=08，每次运行视图时，所显示的记录都是职称为教授的记录，这时如要检索其他职称的教师，须要修改视图中的筛选条件，非常不方便。因此，系统提供了设置视图参数的功能克服这个缺点，每次运行视图时根据输入值的不同而产生不同的查询结果。

【例 3.7】 创建参数视图可根据编号查询任意职称的教师情况。

操作步骤如下：

① 选择"教师情况"视图，单击"修改"按钮，在视图设计器中打开前面创建的视图。在视图设计器窗口中，选择"查询"/"视图参数"命令，弹出"视图参数"对话框。在该对话框中的"参数名"文本框中输入一个参数名称，如输入"职称"，在"类型"下拉列表框中选择参数的类型，这里设置"职称"为字符型，如图 3-47 所示。

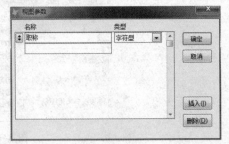

图 3-47　"视图参数"对话框

② 在视图设计器窗口中，选择"筛选"选项卡，选择适当的筛选字段和筛选条件后，在"实例"文本框中输入"?"紧接一个参数名，如本例中应输入"教师基本情况表.职称=?职称"，如图 3-48 所示。

图 3-48　设置筛选条件

③ 单击工具栏中的"!"按钮，系统会弹出"视图参数"对话框，如图 3-49 所示。输入参数：讲师，单击"确定"按钮，此时系统会显示给 08 级授课且职称为"副教授"的教师情况，如图 3-50 所示。

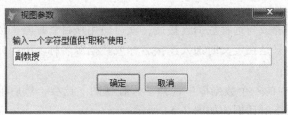

图 3-49　"视图参数"对话框

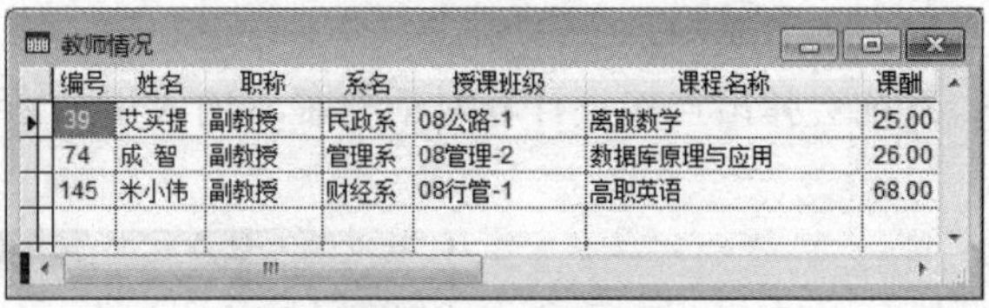

图 3-50　参数视图查询结果

④ 给该视图命名后并保存该视图，一个参数化视图就完成了。

用户可以设置多个参数，根据不同的值检索出一组不同的记录，而无须重新建立视图。

3.3.4　创建远程视图

本地视图使用 Visual FoxPro 9.0 中的数据库或数据表中的数据，而远程视图则使用远程 ODBC 数据源中选取的数据。因此在建立远程视图之前，必须先连接到一个远程数据源上，从 ODBC 服务器上提取一部分数据，在本地对选择的记录进行更改或者添加操作后，其结果可以返回到远程的数据源上。

利用视图设计器或远程视图向导建立远程视图的方法同建立本地视图的方法基本相同，只是在数据源的选取上有所不同。

1．与远程数据连接

从 ODBC 服务器上提取一部分数据，在本地视图中对所选择的记录进行更改或添加后，将其结果返回到远程的数据源上。

建立远程数据连接的操作步骤如下：

① 从项目管理器中选择"数据库"/"连接"选项。

② 单击"新建"按钮，出现连接设计器。

③ 在连接设计器中，按要求在"数据源"下拉列表框中选择数据源。

④ 如果有必要，输入"用户标识"、"密码"及"数据库"文本框中的内容。

⑤ 指定显示 ODBC 登录提示时，设置数据处理方式，设置超时间隔。单击"验证连接"按钮，可对刚输入了内容的连接进行检查。如果连接成功，则出现提示成功信息；如果连接失败，则出现提示错误信息。

⑥ 在菜单中选择"文件"/"保存"命令，对此连接命名保存。

在连接设计器的"数据源"下拉列表框中如果没有需要的数据源，可以单击"新建数据源"按钮，打开 ODBC 数据源管理器设置数据源，也可以单击"验证连接"按钮来验证连接是否能执行。也可以通过选择"文件"/"新建"命令，在打开的"新建"对话框中选择"连接"单选按钮来建立一个新的连接。

2．创建远程视图

在建立有效的数据源或与远程数据连接后，就可使用项目管理器来创建远程视图了。远程视图与本地视图类似，只是在定义时加入连接名称或数据源名称。下面介绍利用远程视图设计器创建远程视图的方法：

① 在项目管理器中的一个数据库中选择"远程视图"选项，然后单击"新建"按钮；打开"选择连接或数据源"对话框，如图 3-51 所示。

② 在"选择连接或数据源"对话框中，选择可用的数据源或连接并且单击"确定"按钮。

③ 如果需要的话，系统会弹出连接设计器对话框提示输入用户标识和口令，如图 3-52 所示。

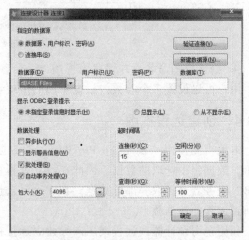

图 3-51 "选择连接或数据源"对话框　　　　图 3-52 连接设计器对话框

连接成功后，系统将弹出"打开"对话框。选择远程数据库中表后，将显示视图设计器。使用视图设计器创建远程视图与创建本地视图的其他步骤相同。

数据库的应用大大提高了对数据的处理能力，本节主要介绍了怎样对数据库中的数据进行查询和更新。怎样使用视图来协助用户从本地或远程数据源中获取相关数据，以及对这些数据进行修改并更新，Visual FoxPro 9.0 将自动完成对源表的更新。还可以实现对多个表生成一个查询或视图。其中多个表既可以是本地的，也可以是远程的。

3.4 关系数据库标准语言 SQL

结构化查询语言（structured query language，SQL）是一种介于关系代数与关系演算之间的语言，其功能包括查询、操纵、定义和控制四个方面，是一种通用的、功能极强的关系数据库语言。目前，它已成为关系数据库的标准语言。

3.4.1 SQL 概述

SQL 之所以能够为用户和业界所接受，成为国际标准，是因为它是一个综合的、通用的、功能极强同时又简洁易学的语言。SQL 集数据查询（data query）、数据操纵（data manipulation）、数据定义（data definition）和数据控制（data control）功能于一体，充分体现了关系数据语言的特点和优点。

1. SQL 的主要特点

（1）综合统一

由于 SQL 集数据定义语言（DDL）、数据操纵语言（DML）、数据控制语言（DCL）的功能于一体，语言风格统一，可以独立完成数据库生命周期中的全部活动，包括定义关系模式、建立数据库、查询、更新、维护、数据库重构、数据库安全性控制等一系列操作要求，这就为数据库应用系统开发提供了良好的环境，如用户在数据库投入运行后，还可根据需要随时、逐步地修改模式，并不影响数据库的运行，从而使系统具有良好的可扩充性。

（2）高度非过程化

非关系数据模型的数据操纵语言是面向过程的语言，用其完成某项请求，必须指定存取路径。而用 SQL 进行数据操作，用户只须提出"做什么"，而不必指明"怎么做"，因此用户无须了解存取路径，存取路径的选择以及 SQL 语句的操作过程由系统自动完成。这不但大大减轻了用户负担，而且有利于提高数据独立性。

（3）面向集合的操作方式

SQL 采用集合操作方式，不仅查找结果可以是元组的集合，而且一次插入、删除、更新操作的对象也可以是元组的集合。

非关系数据模型采用的是面向记录的操作方式，任何一个操作对象都是一条记录。例如，查询所有平均成绩在 60 分及 60 分以上的学生姓名，用户必须说明完成该请求的具体处理过程，即如何用循环结构按照某条路径一条一条地把满足条件的学生记录找出来。

（4）以同一种语法结构提供两种使用方式

SQL 既是自含式语言，又是嵌入式语言。

作为自含式语言，它能够独立地用于联机交互的使用方式，用户可以在终端键盘上直接输入 SQL 命令对数据库进行操作。作为嵌入式语言，SQL 语句能够嵌入到高级语言（例如 C、COBOL、Fortran、PL/1）程序中，供程序员设计程序时使用。而在两种不同的使用方式下，SQL 的语法结构基本上是一致的。这种以统一的语法结构提供两种不同的使用方式的做法，为用户提供了极大的灵活性与方便性。

（5）语言简洁，易学易用

SQL 功能极强，但由于设计巧妙，语言十分简洁，完成数据定义、数据操纵、数据控制的核心功能只用了九个动词：CREATE、DROP、SELECT、ALTER、INSERT、UPDATE、DELETE、

GRANT、REVOKE，如表 3-5 所示。而且 SQL 语法简单，接近英语口语，因此容易学习，容易使用。

表 3-5　SQL 的常用命令

SQL 功 能	命 令 动 词
数据查询	SELECT
数据定义	CREATE、DROP、ALTER
数据操纵	INSERT、UPDATE、DELETE
数据控制	GRANT、REVOKE

2．SQL 的基本概念

（1）SQL 的模式结构

SQL 支持关系数据库三级模式结构。其中，外模式对应于视图（view）和部分基本表（base table），模式对应于基本表，内模式对应于存储文件。

① 基本表：是本身独立存在的表，在 SQL 中一个关系就对应一个表。一些基本表对应一个存储文件，一个表可以带若干索引，索引也存放在存储文件中。

② 存储文件：存储文件的逻辑结构组成了关系数据库的内模式。存储文件的物理文件结构是任意的。

③ 视图：是从基本表或其他视图中导出的表，它本身不独立存储在数据库中，也就是说，数据库中只存放视图的定义而不存放视图对应的数据,这些数据仍存放在导出视图的基本表中，因此视图是一个虚表。用户可以用 SQL 对视图和基本表进行查询。在用户眼中，视图和基本表都是关系，而存储文件对用户是透明的。

（2）SQL 的使用

SQL 可以直接以命令方式交互使用，也可以嵌入到程序设计语言中以程序方式使用，Visual FoxPro 9.0 采用了后者。

Visual FoxPro 9.0 在 SQL 方面提供支持数据定义、数据查询和数据操纵功能，但没有提供数据控制功能。

3.4.2　查询功能

SQL 的核心是查询。SQL 的查询命令也称为 SELECT 命令，它的基本形式由 SELECT…FROM…WHERE 查询模块组成，多个查询可以嵌套执行。Visual FoxPro 9.0 的 SQL SELECT 命令的语法格式如下：

【格式】
```
SELECT 字段列表
FROM 表列表
[WHERE  <条件表达式>]
[GROUP BY …][HAVING <条件表达式>]
[UNION …]
[ORDER  BY …]
```
【功能】SELECT 查询命令用于构造各种各样的查询。

【说明】

① SELECT：说明要查询的数据。

② FROM：说明要查询的数据来自哪个或哪些表，可以对单个表或多个表进行查询。

③ WHERE：说明查询筛选条件，即选择元组的条件。

④ GROUPBY：短语用于对查询结果进行分组，可以利用它进行分组汇总。

⑤ HAVING：短语必须跟随 GROUP BY 短语使用，它用来限定分组必须满足的条件。

⑥ ORDERBY：用来对查询的结果进行排序。

1. 简单查询

简单查询是 SQL 中最简单的查询操作，这些查询都基于单个表，可以带有简单的条件。如由 SELECT…FROM 短语构成无条件查询，或由 SELECT…FROM…WHERE 短语构成条件查询。下面是几个简单查询的例子，例题的数据源如图 3-53 至图 3-56 所示。

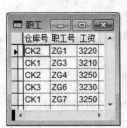

图 3-53 职工　　　图 3-54 订购单　　　图 3-55 仓库　　　图 3-56 供应商

【例 3.8】从职工关系中检索所有的工资值。

```
SELECT 工资 FROM 职工
```

结果：

```
3220
3210
3250
3230
3250
```

可见在运行结果中有重复值，如果要去掉查询结果中的重复值，须指定 DISTINCT 短语：

```
SELECT DISTINCT 工资 FROM 职工
```

【例 3.9】检索仓库关系中的所有元组。

```
SELECT * FROM 仓库
```

结果：

```
Ck1  北京  2000
CK2  上海  1500
CK3  广州  1200
CK4  深圳  1000
```

式中的"*"是通配符，表示所有字段，所以上式等价于：

```
SELECT 仓库号,城市,面积 FROM 仓库
```

【例 3.10】检索工资多于 3220 元的职工号。

```
SELECT 职工号 FROM 职工 WHERE 工资>3220
```

结果：

```
ZG4
ZG6
ZG7
```

【例 3.11】检索哪些仓库有工资多于 3220 元的职工。

```
SELECT DISTINCT 仓库号 FROM 职工  WHERE 工资>3220
```

结果：

CK1

CK2

CK3

【例 3.12】给出在仓库 CK1 或 CK2 工作，并且工资少于 3250 元的职工。

```
SELECT 职工号 FROM 职工;      && 这里的分号指的是续行符号
WHERE 工资<3250 AND (仓库号="CK1" OR 仓库号="CK2")
```

结果：

ZG1

ZG3

以上检索只是基于一个关系。如果想基于多个关系进行查询，则要进行连接查询。下面介绍连接查询。

2. 简单连接查询

前面介绍过，连接是关系的基本操作之一，连接查询是一种基于多个关系的查询。下面介绍几个简单连接查询的例子。

【例 3.13】找出工资多于 3230 元的职工号和这些职工所在的城市。

```
SELECT 职工号,城市 FROM 职工,仓库;
WHERE (工资>3230) AND (职工.仓库号=仓库.仓库号)
```

结果：

ZG4 上海

ZG7 北京

这里的"职工.仓库号=仓库.仓库号"是连接条件。仓库关系和职工关系之间存在一个一对多的联系。

【例 3.14】找出工作在面积大于 1 400 m^2 的仓库的职工号以及这些职工所在的城市。

```
SELECT 职工号,城市 FROM 职工,仓库;
WHERE (面积>1400) AND (职工.仓库号=仓库.仓库号)
```

结果：

ZG1 上海

ZG3 北京

ZG4 上海

ZG7 北京

3. 嵌套查询

嵌套查询是基于多个关系的查询，这类查询所要求的结果出自一个关系，但相关的条件却涉及多个关系。

如果当检索关系 X 中的元组时，它的条件依赖于相关的关系 Y 中的元组属性值，这时使用嵌套查询。下面看几个例子。

【例 3.15】哪些城市至少有一个仓库的职工工资为 3250 元？

此例要求查询仓库表中的城市信息，而查询筛选条件是职工表中的工资字段值。可得到以下嵌套查询：

```
SELECT 城市 FROM 仓库 WHERE 仓库号 IN;
```

(SELECT 仓库号 FROM 职工 WHERE 工资=3250)

结果：

北京

上海

这个命令中有两个 SELECT…FROM…WHERE 查询块，通常称为内层查询块和外层查询块，在该例中内层查询块检索到的仓库号值是 CK1 和 CK2，也可写出如下等价的命令：

SELECT 城市 FROM 仓库 WHERE 仓库号 IN("CK1","CK2")

这里的 IN 相当于集合运算符 ∈ 。

【例 3.16】查询所有的职工工资都多于 3 210 元的仓库的信息。

此例也可描述为：没有一个职工的工资小于等于 3 210 元的仓库的信息。可有以下 SQL 命令：

SELECT * FROM 仓库 WHERE 仓库号 NOT IN;
(SELECT 仓库号 FROM 职工 WHERE 工资<=3210)

结果：

CK2　上海　1500

CK3　广州　1200

CK4　深圳　1000

如果要排除那些还没有职工的仓库，检索要求描述为：查询所有职工工资都大于 3 210 元的仓库的信息，并且该仓库至少要有一名职工。可写出如下 SQL 命令：

SELECT * FROM 仓库 WHERE 仓库号 NOT IN;
(SELECT 仓库号 FROM 职工 WHERE 工资<=3210);
AND 仓库号 IN (SELECT 仓库号 FROM 职工)

结果：

CK2　上海　1500

CK3　广州　1200

这样在内层查询块中有两个并列的查询，得到的结果中将不包含没有职工的仓库信息。

【例 3.17】找出和职工 ZG4 挣同样工资的所有职工。

SELECT 职工号 FROM 职工 WHERE 工资=;
(SELECT 工资 FROM 职工 WHERE 职工号="ZG4")

结果：

ZG4

ZG7

4．排序查询

使用 SQL SELECT 命令可以对查询结果进行排序，使用短句是 ORDER BY。

【格式】ORDER BY, ORDER_ITEM [ASC/DESC][,ORDER_ITEM [ASC/DESC]…]

【例 3.18】按职工的工资值升序检索出全部职工信息。

SELECT *FROM 职工 ORDER BY 工资

结果：

CK1　ZG3　3210

CK2　ZG1　3220

CK3　ZG6　3230

CK2　ZG4　3250

CK1　ZG7　3250

如果按降序排列，应加上 DESC 短语：

```
SELECT *FROM 职工 ORDER BY 工资 DESC
```

【例 3.19】先按仓库号排序，再按工资排序并输出全部职工信息。

```
SELECT * FROM 职工  ORDER BY 仓库号,工资
```

注意：ORDER BY 是对最终的查询结果进行排序，不可以在子查询中使用该短语。

结果：

```
CK1  ZG3  3210
CK1  ZG7  3250
CK2  ZG1  3220
CK2  ZG4  3250
CK3  ZG6  3230
```

5. 简单的计算查询

SQL 不仅具有查询能力，而且还有计算方式的检索，用于计算检索的函数如下：

- COUNT()：计数。
- SUM()：求和。
- AVG()：计算平均值。
- MAX()：求最大值。
- MIN()：求最小值。

这些函数可以用在 SELECT 短语中对查询结果进行计算。

【例 3.20】找出供应商所在地的数目。

```
SELECT COUNT (DISTINCT 地址)  FROM 供应商
```

因为可以查询出西安、北京、徐州和成都四个地址，所以结果为 4。

注意：除非对关系中的元组个数进行计数，一般 COUNT()函数应该使用 DISTINCT。例如：

```
SELECT COUNT(*) FROM 供应商
```

这个命令将给出供应商关系中的记录数。

【例 3.21】求支付的工资总数。

```
SELECT SUM(工资) FROM 职工
```

该命令将求出职工关系中工资的总和。

结果：

```
16160
```

【例 3.22】求北京和上海的仓库职工的工资总和。

```
SELECT SUM(工资) FROM 职工  WHERE 仓库号 IN;
(SELECT 仓库号 FROM 仓库 WHERE 城市="北京" OR 城市="上海")
```

结果：

```
12930
```

【例 3.23】求所有职工的工资都多于 3 210 元的仓库的平均面积。

```
SELECT AVG(面积) FROM 仓库 WHERE 仓库号 NOT IN;
(SELECT 仓库号 FROM 职工 WHERE 工资<=3210)
```

结果：

```
1233.33
```

注意：以上结果包含了还没有职工的 CK4 仓库。

如果要排除没有职工的仓库，以上语句应改为：

```
SELECT AVG(面积) FROM 仓库 WHERE 仓库号 NOT IN;
(SELECT 仓库号 FROM 职工 WHERE 工资<=1210);
AND 仓库号 IN (SELECT 仓库号 FROM 职工)
```

结果：

```
1566.67
```

【例 3.24】求在 CK2 仓库工作的职工的最高工资值

```
SELECT MAX(工资) FROM 职工 WHERE 仓库号="CK2"
```

结果：

```
3250
```

如果要求该条件下的最低工资值，命令如下：

```
SELECT MIN(工资) FROM 职工 WHERE 仓库号="CK2"
```

6. 分组与计算查询

在 SQL 中可以利用 GROUP BY 子句进行分组计算查询，GROUP BY 短语的格式如下：

【格式】GROUP BY GroupColumn [,GroupColumn …][HAVING FilterCondition]

【功能】将查询结果按一列或多列分组，如果未对查询结果分组，命令将作用于整个查询结果。分组后函数集将作用于每一个组，即每一组都有一个函数值。

【说明】HAVING 子句用于进一步限定分组条件，HAVING 子句总是跟在 GROUP BY 子句之后，不可以单独使用。HAVING 子句和 WHERE 子句不矛盾，在查询中是先用 WHERE 子句限定元组，然后进行分组，最后再用 HAVING 子句限定分组。

【例 3.25】求每个仓库的职工的平均工资。

```
SELECT 仓库号,AVG(工资) FROM 职工 GROUP BY 仓库号
```

结果：

```
CK1  3230.00
CK2  3235.00
CK3  3230.00
```

【例 3.26】求至少有两个职工的每个仓库的平均工资。

```
SELECT 仓库号,COUNT(*),AVG(工资) FROM 职工;
GROUP BY 仓库号  HAVING COUNT(*)>=2
```

结果：

```
CK1  2  3230.00
CK2  2  3235.00
```

7. 利用空值查询

SQL 支持空值，可以利用空值进行查询。下面通过例子来具体介绍 SQL 是如何利用空值来进行查询的。

【例 3.27】找出尚未确定供应商的订购单。

```
SELECT * FROM 订购单 WHERE 供应商号 IS NULL
```

结果：

```
ZG6  NULL  OR77  NULL  0
ZG1  NULL  OR80  NULL  0
ZG3  NULL  OR90  NULL  0
```

注意：查询空值时要使用 IS NULL，而=NULL 是无效的，因为空值不是一个确定的值，所以不能用 "=" 这样的运算符进行比较。

【例 3.28】列出已经确定了供应商的订购单信息。

SELECT *FROM 订购单 WHERE 供应商号 IS NOT NULL
结果：

```
ZG3   GYS7   GY67   06/23/09   21000
ZG1   GYS4   GY73   07/28/09   59500
ZG7   GYS4   GY76   05/25/09   45000
ZG3   GYS4   GY79   06/13/09   67800
ZG3   GYS3   GY91   07/13/10   95500
ZG7   GYS4   GY76   05/25/10    5400
ZG7   GYS4   GY76   05/25/10   35600
```

8．别名与自然连接查询

在连接操作中，经常需要使用关系名作为前缀，有时这样做显得很麻烦。因此，SQL 允许在 FORM 短语中为关系名定义别名。

【格式】<关系名><别名>

【功能】在 SQL 的 FROM 短语中为关系名定义别名。

【例 3.29】使用别名的连接嵌套查询。

```
SELECT 供应商名 FROM 供应商 S,订购单 P,职工 ZG,仓库 CK;
WHERE 地址="北京" AND 城市="北京";
AND S.供应商号=P.供应商号;
AND P.职工号=ZG.职工号;
AND ZG.仓库号=CK.仓库号
```

以上例子中，别名不是必须的，但在关系的自然连接中，别名是必不可少的。

9．内外层互相关查询

在嵌套查询中，有时候内层查询的条件需要外层查询提供值，而外层查询的条件需要内层查询的结果此时称为互相关。例如，在订购单表中加入一个新字段"总金额"，说明完成该订购单所应付出的总金额数，新的订购单表的记录如表 3-6 所示。

表 3-6　订货单记录

职 工 号	供 应 商 号	订 购 单 号	订 购 日 期	总 金 额
ZG3	GYS7	GYS67	2009-6-28	21000.00
ZG1	GYS4	GYS73	2009-7-28	59500.00
ZG7	GYS4	GYS76	2009-5-25	45000.00
ZG6	.NULL.	GYS77	.NULL.	0.00
ZG3	GYS4	GYS79	2010-6-13	6780000
ZG1	.NULL.	GYS80	.NULL.	0
ZG3	.NULL.	GYS90	.NULL.	0
ZG3	GYS3	GYS91	2010-7-13	95500.00
ZG7	GYS4	GYS01	2010-5-25	5400.00
ZG7	GYS4	GYS01	2010-5-25	35600.00

【例 3.30】列出每个职工经手的具有最高总金额的订购单信息。

```
SELECT out.职工号,out.供应商号,out.订购单号,out.订购日期,out.总金额;
FROM 订购单 out  WHERE 总金额=;
```

```
(SELECT MAX(总金额) FROM 订购单 inner1;
WHERE out.职工号=inner1.职工号)
```

在这个例子中，外层查询和内层查询使用同一个关系。外层查询提供 out 关系中每个元组的职工号值给内层查询使用；内层查询利用这个职工号值，确定该职工经手的具有最高总金额的订购单的总金额；随后外层查询再根据 out 关系的同一元组的总金额值与该总金额值进行比较，如果相等，则该元组被选择。

10．有特殊符号的查询

（1）有特殊运算符的查询

在 SQL SELECT 中常会用到以下几个特殊的运算符：

- BETWEEN…AND…
- LIKE
- !=NOT

下面通过几个例子来理解这几个运算符的含义和用途。

【例 3.31】检索出工资为 3 220～3 240 元的职工信息。

```
SELECT * FROM 职工 WHERE 工资 BETWEEN 3220 AND 3240
```

结果：

```
CK2  ZG1  3220
CK3  ZG6  3230
```

这里的 BETWEEN…AND…的意思是"在……和……之间"，这个查询又等价于：

```
SELECT * FROM 职工 WHERE(工资 >=3220) AND(工资=<3240)
```

可见使用 BETWEEN…AND…表达条件更清晰、更简洁。

【例 3.32】从供应商关系中检索出全部公司的信息、工厂或其他供应商的信息。

因为这是一个匹配字符串的查询，应该使用 LIKE 运算符：

```
SELECT * FROM 供应商 WHERE 供应商名 LIKE "%电子仪器厂"
```

结果：

```
GYS3  西安大唐电子仪器厂  西安
GYS6  徐州电力电子仪器厂  徐州
```

LIKE 是字符串匹配运算符，有两种匹配符。其中匹配符"%"表示 0 个或多个字符，匹配符"_"表示一个字符。

【例 3.33】找出不在北京的全部供应商信息。

```
SELECT * FROM 供应商 WHERE 地址!="北京"
```

结果：

```
GYS3  西安大唐电子仪器厂  西安
GYS6  徐州电力电子仪器厂  徐州
GYS7  成都新兴化工设备厂  成都
```

在 SQL 中，用"!＝"表示不等于。也可用否定运算符 NOT 写出等价命令：

```
SELECT * FROM 供应商 WHERE NOT(地址="北京")
```

NOT 的应用很广，比如 NOT IN、NOT BETWEET 等。例如，找出工资不在 3 220～3 240 元之间的全部职工信息的 SQL 命令为：

```
SELECT * FROM 职工 WHERE 工资 NOT BETWEEN 3220 AND 3240
```

结果：

```
CK1  ZG3  3210
CK2  ZG4  3250
```

```
CK1  ZG7  3250
```

（2）使用量词和谓词的查询

【格式】

`<表达式><比较运算符>[ANY/ALL/SOME] (子查询)`
`[NOT]EXISTS (子查询)`

【说明】

式中 ANY、ALL、SOME 是量词，其中 ANY 和 SOME 是同义词，在进行比较运算时，只要子查询中有一行能使结果为真，则结果就为真；而 ALL 则要求子查询中的所有行都为真，结果才为真。EXISTS 是谓词，EXISTS 或 NOT EXISTS 是用来检查子查询中是否有结果返回，即存在元组或不存在元组。

【例 3.34】检索仓库中还没有职工的仓库的信息。

```
SELECT * FROM 仓库 WHERE NOT EXISTS;
(SELECT * FROM 职工 WHERE 仓库号=仓库.仓库号)
```

注意：这里的内层查询引用了外层查询的表，只有这样使用谓词 EXISTS 或 NOT EXISTS 才有意义，所以这类查询都是内外层互相关嵌套查询。

以上查询等价于：

```
SELECT * FROM 仓库 WHERE 仓库号 NOT IN (SELECT 仓库号 FROM 职工)
```

结果：

```
CK4  深圳  1000
```

【例 3.35】检索仓库中至少已经有一个职工的仓库的信息。

```
SELECT *FROM 仓库 WHERE  EXISTS;
(SELECT * FROM 职工 WHERE 仓库号=仓库.仓库号)
```

以上查询等价于：

```
SELECT * FROM 仓库 WHERE 仓库号 IN(SELECT 仓库号 FROM  职工)
```

结果：

```
CK1  北京  2000
CK2  上海  1500
CK3  广州  1200
```

【例 3.36】检索有职工的工资大于或等于 CK1 仓库中任何一名职工工资的仓库号（注：这个查询使用 ANY 或 SOME 量词）。

```
SELECT DISTINCT 仓库号 FROM 职工 WHERE  工资>=ANY;
(SELECT 工资 FROM 职工 WHERE 仓库号="CK1")
```

以上查询等价于：

```
SELECT DISTINCT 仓库号 FROM 职工 WHERE  工资>=;
(SELECT MIN(工资) FROM 职工 WHERE 仓库号="CK1")
```

结果：

```
CK1
CK2
CK3
```

【例 3.37】检索有职工的工资大于或等于 CK1 仓库中所有职工工资的仓库号（注：这个查询使用 ALL 量词）。

```
SELECT DISTINCT 仓库号 FROM 职工 WHERE  工资>=ALL;
(SELECT 工资 FROM 职工 WHERE 仓库号="CK1")
```

以上查询等价于：

```
SELECT DISTINCT 仓库号 FROM 职工 WHERE  工资>=;
```

```
(SELECT MAX(工资) FROM 职工 WHERE 仓库号="CK1")
```
结果：
```
CK1
CK2
```

11. 超连接查询

超连接查询首先保证一个表中满足条件的元组都在结果表中，然后将满足连接条件的元组与另一个表的元组进行连接，不满足连接条件的则将来自另一表的属性值置为空值。

在一般 SQL 中超连接运算符式：

- "*="左连接，含义是在结果表中包含第一个表中满足条件的所有记录；如果有在连接条件上匹配的元组，则第二个表返回相应值，否则返回空值。
- "=*"右连接，含义是在结果表中包含第二个表中满足条件的所有记录；如果有在连接条件上匹配的元组，则第一个表返回相应值，否则返回空值。

注意：Visual FoxPro 9.0 不支持超连接运算符："*=" 和 "=*"，Visual FoxPro 9.0 使用专门的连接运算语法格式，来支持超连接查询。

【格式】
```
SELECT …
FROM Table INNER/LEFT/RIGHT/FULL JOIN  TABLE
ON JOINCONDITION
WHERE …
```
【说明】

① INNER JOIN 等价于 JOIN，为普通的连接；在 Visual FoxPro 9.0 中称为内部连接。

② LEFT JOIN 称为左连接。

③ RIGHT JOIN 称为右连接。

④ FULL JOIN 称为全连接，即两个表中的记录不论是否满足连接条件都将在目标表或查询结果中出现，不满足连接条件的记录对应部分为 NULL。

⑤ ON JOINCONDITION 指定连接条件。

【例 3.38】内部连接，即只有满足连接条件的记录才出现在查询结果中。
```
SELECT 仓库.仓库号,城市,面积,职工号,工资;
FROM 仓库 JOIN 职工;
ON 仓库.仓库号=职工.仓库号
```
两种命令格式也是等价的，如下：
```
SELECT 仓库.仓库号,城市,面积,职工号,工资;
FROM 仓库 INNER JOIN 职工;
ON 仓库.仓库号=职工.仓库号
```
和
```
SELECT 仓库.仓库号,城市,面积,职工号,工资;
FROM 仓库 ,职工 WHERE 仓库.仓库号=职工.仓库号
```
结果：
```
CK2   上海   1500   ZG1   3220
CK1   北京   2000   ZG3   3210
CK2   上海   1500   ZG4   3250
CK3   广州   1200   ZG6   3230
CK1   北京   2000   ZG7   3250
```

【例 3.39】左连接，即满足连接条件的记录出现在查询结果中，第一个表中不满足连接条件的记录也出现在查询结果中。

```
SELECT 仓库.仓库号,城市,面积,职工号,工资;
FROM 仓库 LEFT JOIN 职工;
ON 仓库.仓库号=职工.仓库号
```

结果：

```
CK1   北京   2000   ZG3   3210
CK1   北京   2000   ZG7   3250
CK2   上海   1500   ZG1   3220
CK2   上海   1500   ZG4   3250
CK3   广州   1200   ZG6   3230
CK4   深圳   1000   NULL  NULL
```

【例 3.40】右连接，即满足连接条件的记录出现在查询结果中，第二个表中不满足连接条件的记录也出现在查询结果中。

```
SELECT 仓库.仓库号,城市,面积,职工号,工资;
FROM 仓库 RIGHT JOIN 职工;
ON 仓库.仓库号=职工.仓库号
```

结果：

```
CK2   上海   1500   ZG1   3220
CK1   北京   2000   ZG3   3210
CK2   上海   1500   ZG4   3250
CK3   广州   1200   ZG6   3230
CK1   北京   2000   ZG7   3250
```

【例 3.41】全连接，即满足连接条件的记录出现在查询结果中，两个表中不满足连接条件的记录也出现在查询结果中。

```
SELECT 仓库.仓库号,城市,面积,职工号,工资;
FROM 仓库 FULL JOIN 职工;
ON 仓库.仓库号=职工.仓库号
```

结果：

```
CK1   北京   2000   ZG3    3210
CK1   北京   2000   ZG7    3250
CK2   上海   1500   ZG1    3220
CK2   上海   1500   ZG4    3250
CK3   广州   1200   ZG6    3230
CK4   深圳   1000   NULL   NULL
```

Visual FoxPro 9.0 的 SQL SELECT 语句的连接格式只能实现两个表的连接，如果要实现多个表的连接，还须要使用标准格式。

```
SELECT 仓库.仓库号,城市,供应商名,地址;
FROM 供应商,订购单,职工,仓库;
WHERE 供应商.供应商号=订购单.供应商号;
AND 订购单.职工号=职工.职工号;
AND 仓库.仓库号=职工.仓库号
```

注意： 在 JOIN 连接格式中，JOIN 的顺序和 ON 的顺序很重要，特别要注意 JOIN 的顺序和 ON 的顺序（相应的连接条件）正好相反。SQL 命令语句如下：

```
SELECT 仓库.仓库号,城市,供应商名,地址;
FROM 供应商 JOIN 订购单 JOIN 职工 JOIN 仓库;
```

```
ON 职工.仓库号=仓库.仓库号；
ON 订购单.职工号=职工.职工号；
ON 供应商.供应商号=订购单.供应商号
```

12. 集合的并运算

SQL 支持集合的并（UNION）运算，即可以将两个 SELECT 语句的查询结果通过并运算合并成一个查询结果。为了进行并运算，要求这样的查询结果具有相同的字段个数，并且对应字段的值要出自同一个值域，即具有相同的数据类型和取值范围。

【例 3.42】 查询北京和上海的仓库信息。

```
SELECT  * FROM 仓库 WHERE 城市="北京"；
UNION；
SELECT  * FROM 仓库 WHERE 城市="上海"
结果：
CK1  北京  2000
CK2  上海  1500
```

13. 查询结果的其他显示方式

（1）显示部分结果

在应用中有时只需要满足条件的前几个记录，这时使用 TOP nExpr[PERCNT] 短语非常方便。其中，nExpr 是数字表达式，当不使用 PERCNT 时，nExpr 是 1～32 767 的整数，表示显示前几个记录；当使用 PERCNT 时，nExpr 是 0.01～99.99 的实数，表示显示前百分之几的记录。

【例 3.43】 显示工资最高的前三位职工的信息。

```
SELECT  * TOP 3 FROM 职工 ORDER BY 工资 DESC
结果：
CK2  ZG4  3250
CK1  ZG7  3250
CK3  ZG6  3230
```

【例 3.44】 显示工资最低的 30% 的职工信息。

```
SELECT  * TOP 30 PERCENT  FROM 职工 ORDER BY 工资
结果：
CK1  ZG3  3210
CK2  ZG1  3220
```

注意： TOP 短语要与 ORDER BY 短语同时使用才有效。

（2）将查询结果放在数组中

使用 INTO ARRAY ArrayName 语句将查询结果放在数组中。ArrayName 可以是任意数组变量名。

【例 3.45】 将查询到的职工信息存放在数组 SZ 中。

```
SELECT  * FROM 职工 INTO ARRAY SZ
```

（3）将查询结果存放在临时文件中

使用 INTO CURSOR CursorName 语句将查询结果放在临时数据库表文件中。该表为只读的.dbf 文件，当关闭文件时该文件将自动删除。

【例 3.46】 将查询到的职工信息存放在临时表文件 ZGB 中。

```
SELECT  * FROM 职工 INTO CURSOR ZGB
```

（4）将查询结果存放在永久表中

使用 INTO DBF | TABLE TableName 语句将查询结果放在永久表中（.dbf 文件）。

【例 3.47】将例 3.43 查询的结果存放在表文件 ZGB1.dbf 中。。

```
SELECT  * TOP 3 FROM 职工 INTO TABLE ZGB1 ORDER BY 工资 DESC
```

（5）将查询结果存放在文本文件中

使用 TO FILE FileName[ADDITIVE] 语句将查询结果放在文本文件中。其中，ADDITIVE 选项使结果追加到原文件的尾部，否则将覆盖原有文件。

【例 3.48】将例 3.43 查询的结果以文本的形式存放在文本文件 WNWJ.txt 中。

```
SELECT  * TOP 3 FROM 职工 TO  FILE WNWJ ORDER BY 工资 DESC
```

如果 TO 短语和 INTO 短语同时使用，则 TO 短语将会被忽略。

（6）将查询结果直接输出到打印机

使用 TO PRINTER[PROMPT] 将查询结果直接输出到打印机。如果使用 PROMPT 选项，在开始打印之前打开打印机设置对话框。

3.4.3　操作功能

SQL 的操作功能是指对数据库中数据的操作，包括数据的插入、数据的更新和数据的删除，下面分别进行介绍。

1．数据插入功能

Visual FoxPro 9.0 支持两种插入命令格式，一种是标准格式，另一种是特殊格式。

【标准格式】

```
INSERT INTO dbf_name[(fname1[,fname2…])]
VALUES (eExpression1[,eExpression2,…])
```

【特殊格式】

```
INSERT INTO dbf_name FROM ARRAY Arrayname/FROM MEMVAR
```

【说明】

① INSERT INTO dbf_name：说明向由 dbf_name 指定的表中插入记录，当插入的不是完整的记录时，可以用 fname1、fname2 等指定字段。

② VALUES (eExpression1[,eExpression2,…])给出具体的记录值。

③ FROM ARRAY Arrayname：从指定的数组中插入记录值。

④ FROM MEMVAR：根据同名的内存变量来插入记录值，如果同名变量不存在，那么相应的字段为默认值或空。

【例 3.49】往订购单关系中插入元组：("ZG8","GYS6","DG01",NULL,45600)。

```
INSERT INTO 订购单 VALUES("ZG8","GYS6","DG01",NULL,45600)
```

假如供应商未确定，只能先插入职工号和订购单号两个属性的值。

```
INSERT INTO 订购单(职工号,订购单号)VALUES("A7","GYS01")
```

这时，另外两个属性值为空。

下列一组命令说明 INSERT INTO...FROM ARRAY 的使用方法：

```
USE 订购单                          &&打开订购单
SCATTER TO arrA                     &&将当前记录读到数组 arrA
COPY STRUCTURE TO AGH               &&复制订货单表结构到 AGH
INSERT INTO AGH FROM ARRAY arrA     &&从数组 arrA 插入一条记录到 AGH
SELECT AGH                          &&切换 AGH 的工作区
BROWSE                              &&显示插入记录的结果
```

```
USE
DELETE FILE AGH.dbf                        &&关闭并删除 AGH.dbf 表
```
下列一组命令说明 INSERT INTO …FROM MEMVAR 的使用方法。
```
USE 订购单
SCATTER MEMVAR                             &&将当前记录读到内存变量
COPY STRUCTURE TO AGH
INSERT INTO AGH FROM MEMVAR                &&从内层变量插入一条记录到 AGH
SELECT AGH
BROWSE
USE
DELETE FILE AGH.dbf
```
注意：当一个表定义了主索引或候选索引后，由于相应的字段具有关键字的特性，即不可能为空，所以只能用此命令插入记录。FoxPro 以前的插入命令（INSERT 或 APPEND）是先插入一条空记录，然后再输入各字段的值，由于关键字段不允许为空，所以使用以前的方法不能成功插入记录。

2．数据更新功能

SQL 的数据更新命令如下：

【格式】
```
UPDATE TableName
SET Column_Name1=eExpresssion1,[,Column_Name2=eExpresssion2…]
[WHERE Condition]
```
【例 3.50】给 CK1 仓库的职工提高 10%的工资。
```
UPDATE 职工 SET 工资=工资*1.10  WHERE 仓库号="CK1"
```

3．数据删除功能

【格式】DELETE FROM TableName [WHERE Condition]
【例 3.51】删除仓库关系中仓库号值是 CK2 的元组。
```
DELETE FROM 仓库  WHERE 仓库号="CK2"
```
此删除操作同样是逻辑删除记录。

注意：为了不破坏源数据表的数据，建议在做 SQL 语句的操作功能的子项时，在复制的表中操作。

3.4.4 定义功能

标准的 SQL 的数据定义功能包括数据库的定义、表的定义、视图的定义、存储过程的定义、规则的定义和索引的定义。

Visual FoxPro 9.0 支持表的定义和视图的定义。

1．表的定义

除了通过表设计器建立表的方法之外，在 Visual FoxPro 9.0 中也可以通过 SQL 的 CREATE TABLE 命令建立表，相应的命令格式是：

【格式】
```
CREATE TABLE <表名>
(<列名> <数据类型> [列级完整性约束条件]
       …
```

[,<表级完整性约束条件>])

从以上语法格式基本可以看出来，用 CREATE TABLE 命令建立表可以完成用表设计器完成的所有功能。除了建立表的基本功能外，它还包括满足实体完整性的主关键字（主索引）PRIMARY KEY、定义域完整性的 CHECK 约束及出错提示信息 ERROR、定义默认值的 DEFAULT 等。另外，还有描述表之间联系的 FOREIGN KEY 和 REFERENCES 等。

可以通过数据库设计器和表设计器建立数据库，也可以利用 SQL 命令来建立相同的数据库，然后可利用数据库设计器和表设计器来检验用 SQL 建立的数据库。

【例 3.52】用命令建立"订货管理"数据库。

```
CREATE DATABASE 订货管理
```

【例 3.53】用 SQL 的 CREATE 命令建立仓库 A 表。

```
create table 仓库A(仓库号 char(5) primary key,
城市 char(12) CHECK(LEN(城市)>=4) ERROR "城市名应该大于等于 4! ")
```

这里用的 TABLE 和 DBF 是等价的，前者是标准 SQL 的关键词，后者是 Visual FoxPro 9.0 的关键词；如上命令在当前打开的"订货管理"数据库中建立了仓库 A 表，其中仓库号是主关键字（主索引，用 PRIMARY KEY 说明），用 CHECK 为城市字段值说明了有效性规则（LEN(城市)>=4），用 ERROR 为该有效性规则说明了出错提示信息"城市名应该大于等于 4!"。如果"订货管理"数据库设计器没有打开，可以用 MODIFY DATABASE 命令打开，那么执行完如上命令后在数据库设计器中立刻可以看到该表。

【例 3.54】用 SQL 的 CREATE 命令建立职工 A 表。

```
CREATE TABLE 职工A(仓库号 C(5),职工号 C(5) PRIMARY KEY,工资 N(6);
CHECK(工资>=1000 AND 工资<=5000) ERROR "工资值的范围在 1000-5000! " ;
DEFAULT 3200,FOREIGN KEY 仓库号 TAG 仓库号 REFERENCES 仓库A)
```

【例 3.55】用 SQL 的 CREATE 命令建立供应商 A 表。

```
CREATE TABLE 供应商A(供应商号 C(5) PRIMARY KEY,供应商名 C(20),地址 C(20))
```

【例 3.56】用 SQL 的 CREATE 命令建立订购单 A 表。

```
CREATE TABLE 订购单A(职工号 C(5),供应商号 C(5),订购单号 C(5) PRIMARY KEY,;
订购日期 D, FOREIGN KEY 职工号 REFERENCES 职工A,;
FOREIGN KEY 供应商号 TAG 供应商号 REFERENCES 供应商A)
```

上面的例题，用到了 SQL 的 CREATE 命令的主要内容，还有一些具有 Visual FoxPro 9.0 特色的关键词或短语如下：

- NAME LongTableName：为建立的表指定一个长名。
- FREE：建立的表不添加到当前数据库中，即建立一个自由表。
- NULL 或 NOT NULL：说明字段允许或不允许为空值。
- UNIQUE：说明建立候选索引（注意不是唯一索引）。
- FROM ARRAY ArrayName：说明根据指定数组的内容建立表，数组的元素依次是字段名、类型等。建议不使用此方法。

注意：

① 用 SQL CREATE 命令新建的表自动在最低可用工作区打开，并可以通过别名引用，新表的打开方式为独占方式，忽略 SET EXCLUSIVE 的当前设置。

② 如果建立自由表（当前没有打开的数据库或使用了 FREE），则很多选项在命令中不能使用，如 NAME、CHECK、DEFAULT、FOREIGN KEY、PRIMARY KEY 和 REFERENCES 等。

2. 表的删除

删除表的 SQL 命令格式如下：

【格式】DROP TABLE table－name

DROP TABLE 直接从磁盘上删除 table_name 所对应的 dbf 文件。如果 table_name 是数据库中的表并且相应的数据库是当前数据库，则从数据库中删除了表，否则虽然从磁盘上删除了 dbf 文件，但是记录在数据库 dbf 文件中的信息却没有删除，此后会出现错误提示。所以，在删除数据库中的表时，最好应使数据库是当前打开的数据库，在数据库中进行操作。

【例 3.57】用 SQL 命令删除仓库 A 表。

DROP　TABLE　仓库 A

注意：基本表定义一旦删除，表中的数据、此表上建立的索引和视图都将自动被删除。

3. 修改表结构

SQL 中修改表结构的命令是 ALTER TABLE，该命令有三种格式。

【格式 1】

```
ALTER TABLE <表名>
ADD/ALTER [COLUMN] <字段名> <类型> [(<宽度>[,<小数>])
[NULL/NOT NULL]
[CHECK <逻辑表达式>[ERROR <字符表达式>]]
[DEFAULT <表达式>]
[PRIMARY KEY/UNIQUE]
[REFERENCES <表名 2> [TAG <标识>]]
[NOCPTRANS]
```

该格式可以添加（ADD）新的字段或修改（ALTER）已有的字段，它的句法基本可以与 CREATE TABLE 的句法相对应。

【例 3.58】为订购单 A 表增加一个货币类型的总金额字段。

```
ALTER TABLE 订购单 A
ADD 总金额 Y  CHECK 总金额>0 ERROR"总金额应该大于 0！"
```

【例 3.59】将订购单 A 表的订购单号字段的宽度由原来的 5 改为 6。

```
ALTER TABLE 订购单 A ALTER 订购单号  C(6)
```

从以上格式可以看出，该格式可以修改字段的类型、宽度、有效性规则、错误性信息、默认值、定义主关键字和联系等；但是不能修改字段名，不能删除字段，也不能删除已经定义的规则等。

【格式 2】

```
ALTER TABLE <表名>
ALTER [COLUMN] <字段名>
[NULL/NOT NULL]
[SET DEFAULT <表达式>]
[SET CHECK <逻辑表达式>[ERROR <字符表达式>]]
[DROP DEFAULT]
[DROP CHECK]
```

从命令格式可以看出，该格式主要用于定义、修改和删除有效性规则和默认值定义。

【例 3.60】修改或定义总金额字段的有效性规则。

```
ALTER TABLE 订购单 A ALTER 总金额 Y  SET CHECK 总金额>100;
ERROR "总金额应该大于 100"
```

【例 3.61】删除总金额字段的有效性规则。

```
ALTER TABLE 订购单 A ALTER 总金额 Y DROP CHECK
```

以上两种格式都不能删除字段，也不能更改字段名，所有修改是在字段一级。第三种格式是在这些方面对前两种格式的补充。

【格式 3】

```
ALTER TABLE <表名 1>
[DROP [COLUMN] <字段名 1>]
[SET CHECK <逻辑表达式 1>[ERROR <字符表达式>]]
[DROP CHECK]
[ADD PRIMARY KEY <表达式 1> TAG <标识名 1> [FOR <逻辑表达式 2>]]
[DROP PRIMARY KEY]
[ADD UNIQUE <表达式 2> TAG <标识名 2> FOR <逻辑表达式 3>]
[DROP UNIQUE TAG <标识名 3>]
[ADD FOREIGN KEY <表达式 3> TAG <标识名 4> [FOR <逻辑表达式 4>]
REFERENCES <表名 2> [TAG <标识名 5>]]
[DROP FOREIGN KEY TAG <标识名 6> [SAVE]]
[RENAME COLUMN <字段名 2> TO <字段名 3>]
[NOVALIDATE]
```

该格式可以删除字段（DROP [COLUMN]），可以修改字段名（RENAME COLUMN），可以定义、修改和删除表一级的有效性规则等。

【例 3.62】将订购单 A 表中的总金额字段名改为金额。

```
ALTER TABLE 订购单 A RENAME COLUMN 总金额 TO 金额
```

【例 3.63】删除订购单 A 表中的金额字段。

```
ALTER TABLE 订购单 A DROP COLUMN 金额
```

【例 3.64】将订购单 A 表的职工号和供应商号定义为候选索引（候选关键字），索引名是 XP。

```
ALTER TABLE 订购单 A ADD UNIQUE 职工号+供应商号 TAG XP
```

【例 3.65】删除订购单 A 表的候选索引 XP。

```
ALTER TABLE 订购单 A DROP UNIQUE TAG XP
```

3.4.5　定义视图

在 Visual FoxPro 9.0 中，视图是一个定制的虚拟表，可以是本地的、远程的或带参数的。视图可引用一个或多个表，或者引用其他视图。视图是可更新的，它可引用远程表。

在关系数据库中，视图也称为窗口，即视图是操作表的窗口，可以把它看作从表中派出来的虚拟表。它依赖于表，但不能独立存在。

视图是从一个或几个基本表（或视图）导出的表，与基本表不同，是一个虚表。数据库中只存放视图的定义，而不存放视图对应的数据，这些数据仍存放在原来的基本表中。所以，基本表中的数据发生变化，从视图中查询出的数据也就随之改变。

视图一经定义，就可以和基本表一样被查询、删除，可以在一个视图之上再定义新的视图，但对视图的更新（增加、删除、修改）操作则有一定的限制。

视图是根据对表的查询定义的，其命令格式如下：

【格式】

```
CREATE  VIEW<视图名>[(<列名>[,<列名>]…)]
AS<子查询>
[WITH CHECK OPTION];
```

【说明】

① 其中子查询可以是任意复杂的 SELECT 语句，但通常不允许含有 ORDER BY 子句和 DISTINCT 短语。

② WITH CHECK OPTION 表示对视图进行 UPDATE、INSERT 和 DELETE 操作时要保证更新、插入或删除的行满足视图定义中的谓词条件（即子查询中的条件表达式）。

③ 组成视图的属性列名或者全部省略或者全部指定，没有第三种选择。如果省略了视图的各个属性列名，则隐含该视图由子查询中 SELECT 子句目标列中的诸字段组成。但在下列三种情况下必须明确指定组成视图的所有列名：

* 某个目标列不是单纯的属性名，而是集函数或列表达式。
* 多表连接时选出了几个同名列作为视图的字段。
* 需要在视图中为某个列启用新的更合适的名字。

1．从单个表派生出的视图

如果某个用户对职工关系只需要或者只能知道职工号和所工作的仓库号，那么可以定义视图：

```
CREATE VIEW 视图1 AS;
SELECT 职工号,仓库号 FROM 职工
```

其中，"视图1"是视图的名称。视图一经定义，就可以和基本表一样进行各种查询，也可以进行一些修改操作。对于最终用户来讲，有时并不需要知道操作的是基本表还是视图。

为了查询职工号和仓库号信息，可以通过以下任意一条命令实现：

```
SELECT * FROM 视图1
SELECT 职工号,仓库号 FROM 视图1
SELECT 职工号,仓库号 FROM 职工
```

上面是限定列构成的视图，下面再限定行定义一个视图。例如，某个用户对仓库关系只需要或者只能查询北京仓库的信息，可以定义如下：

```
CREATE VIEW 视图2  AS;
SELECT 仓库号,面积 FROM 仓库 WHERE 城市="北京"
```

这里"视图2"中只有北京仓库的信息，所以就不需要城市属性。

注意：视图一方面可以限定对数据的访问，另一方面又可以简化对数据的访问。

2．从多个表派生出的视图

有些查询是很复杂的，比如列出每个职工经手的具有最高总金额的订购单信息。可以使用视图来完成。

【例 3.66】列出每个职工经手的具有最高总金额的订购单信息。

```
CREATE VIEW 视图3 AS;
SELECT out.职工号,out.供应商号,out.订购单号,out.订购日期,out.总金额;
FROM 订购单 out WHERE 总金额=;
(SELECT MAX(总金额)FROM 订购单 inner1;
WHERE out.职工号=inner1.职工号)
```

这时候再提出同样的查询要求,就只需要输入以下命令：

```
SELECT * FROM 视图3
```

【例 3.67】建立视图向用户提供职工号、职工的工资和职工工作所在城市的信息。

```
CREATE VIEW 视图4 AS;
SELECT 职工号,工资,城市 FROM 职工,仓库;
WHERE 职工.仓库号=仓库.仓库号
```

结果对用户就好像有一个包含字段职工号、工资和城市的表。

3．视图中的虚字段

用一个查询来建立一个视图的 SELECT 子句（可以包含算术表达式或函数）与视图的其他字段一样对待，由于它们是计算得来的，并不存储在表内，所以称为虚字段。

【例 3.68】定义一个视图，它包含职工号、月工资和年工资三个字段。

```
CREATE VIEW 视图5 AS;
SELECT 职工号,工资 AS月工资,工资*10 AS 年工资 FROM 职工
```

这里在 SELECT 短语中利用 AS 重新定义了视图的字段名。由于其中有一字段是计算得来的，所以必须给出字段名。这里年工资是虚字段，它是由职工表的工资字段乘以 12 得到的；而月工资就是职工表中的工资字段，由此可见，在视图中还可以重新命名字段名。

查询视图 5 命令如下：

```
SELECT * FROM 视图5
```

结果：

```
ZG1  3220  32200
ZG3  3210  32100
ZG4  3250  32500
ZG6  3230  32300
ZG7  3250  32500
```

4．删除视图

由于视图是从表中派生出来的，所以不存在修改结构的问题，但是视图可以删除。删除视图的命令格式是：

```
DROP VIEW<视图名>
```

【例 3.69】用 SQL 命令删除视图 2。

```
DROP VIEW 视图2
```

5．查询视图

定义视图后，用户就可以像对基本表一样对视图进行查询。

【例 3.70】在计算机系学生的视图中找出年龄大于 19 岁的学生。

```
SELECT 学号,姓名,年龄 FROM  计算机系学生 WHERE 年龄>19
```

在数据库管理系统中，当执行对视图的查询时，首先进行有效性检查，检查查询的表、视图等是否存在。如果存在，则从数据字典中取出视图的定义，把定义中的子查询和用户的查询结合起来，转换成等价的对基本表的查询，然后再执行修正后的查询。这一转换过程称为视图消解。

【例 3.71】查询计算机系选修 CC01 课程的学生。

```
SELECT 学号,姓名 FROM  计算机系学生,选课 WHERE  计算机系学生.学号=选课.学号;
AND  选课.课程编号="CC01"
```

本查询涉及虚表"计算机系学生"和基本表"选课"，通过这两个表的连接来完成用户请求。

在一般情况下，视图查询的转换是直接的。但有些情况下，这种转换不能直接进行，查询时就会出现问题。

【例 3.72】在"学生成绩"视图中查询平均成绩在 90 分以上的学生学号和平均成绩。

```
SELECT * FROM  学生选课表  WHERE 成绩>=90
```

"学生成绩"视图定义为

```
SELECT 学号,AVG(平均成绩) FROM 学生成绩 GROUP BY 学号
```

将上面查询语句与子查询结合，形成下列查询语句：

```
SELECT 学号,AVG(平均成绩) FROM 学生成绩 GROUP BY 学号;
HAVING  AVG(平均成绩)>=85
```

目前，多数关系数据库系统对行（列）子集视图的查询均能进行正确转换。但对非行（列）子集的查询就不一定能做转换，因此这类查询可以直接对基本表进行。

6. 更新视图

更新视图是指通过视图来插入（INSERT）、删除（DELETE）和修改（UPDATE）数据。由于视图是不实际存储数据的虚表，因此对视图的更新最终要转换为对基本表的更新。

为防止用户通过视图对数据进行增加、删除、修改时，对不属于视图范围内的基本表数据进行操作，可在定义视图时加上 WITH CHECK OPTION 子句。这样在视图上增删改数据时，系统会检查视图定义中的条件，若不满足条件，则拒绝执行该操作。

【例 3.73】将计算机系学生视图中学号为 045002 的学生姓名改为王罡。

```
UPDATE 计算机系学生 SET 姓名="王罡" WHERE 学号="199934202152"
```

转换后的更新语句为：

```
UPDATE 计算机系学生 SET 姓名="赵萍萍";
WHERE 学号="199934202152" AND 团员否="T"
```

【例 3.74】向信息系学生视图中插入一个新的学生记录，其中学号为 201034202158，姓名为"赵小溪"，专业编号为 01，性别为女，年龄为 20 岁，入学时间 2010/08/28，入学成绩为 567 分，是团员。

```
INSERT INTO 计算机系学生 a VALUES("201034202158","赵小溪",;
"01","女",20,{^2010/08/28},567,"T")
```

转换为对基本表的更新：

```
INSERT INTO 计算机系学生(学号,姓名,专业编号,性别,年龄,入学时间,入学成绩,团员否);
VALUES("201034202158","赵小溪","01","女",20,{^2010/08/28},567,"T")
```

系统自动将系名 IS 放入 VALUES 子句中。

一般来说，行列子集视图是可更新的。除行列子集视图外，还有些视图理论上是可更新的，但它们的确切特征还是尚待研究的课题，另有一些视图从理论上是不可更新的。

7. 视图的作用

（1）视图能够简化用户的操作

视图机制使用户可以将注意力集中在所关心的数据上。如果这些数据不是直接来自基本表，则可以通过定义视图，使数据库看起来结构简单、清晰，并且可以简化用户的数据查询操作。例如，那些定义了若干张表连接的视图，就将表与表之间的连接操作对用户隐蔽起来。换句话说，用户所做的只是对一个虚表的简单查询，而这个虚表是怎样得来的，用户无须了解。

（2）视图使用户能以多种角度看待同一数据

视图机制能使不同的用户以不同的方式看待同一数据。

（3）视图对重构数据库提供了一定程度的逻辑独立性

在关系数据库中，数据库的重构往往是不可避免的。重构数据库最常见的是将一个基本表"垂直"地分成多个基本表。

在关系数据库中，视图始终不真正含有数据，它总是原来表的一个窗口。所以，虽然视图可以像表一样进行各种查询，但是插入、更新和删除操作在视图上却有一定限制。在一般情况下，当一个视图是由单个表导出时可以进行插入和更新操作，但不能进行删除操作；当视图是从多个表导出时，插入、更新和删除操作都不允许进行。这种限制是很有必要的，它可以避免一些潜在问题的发生。

小　结

通过本章的学习，读者应掌握以下内容：

* 查询的建立与修改；
* 查询的操作；
* 视图的建立与修改；
* 创建参数化视图；
* 了解远程视图的基本概念和操作；
* 掌握 SQL 语句的查询功能；
* 掌握 SQL 的数据定义功能和数据操纵功能；
* 理解视图的定义以及数据控制的功能。

思考与练习

一、思考题

1. 查询和视图有何不同？各有何用途？
2. 如何设置查询的输出形式？
3. 如何创建参数化视图？
4. 超连接查询中的运算符有哪些？各有什么含义？
5. 在 SQL 中，删除视图用什么命令？

二、选择题

1. 以下关于查询的描述正确的是（　　　）。

A. 不能根据自由表建立查询　　　　　　B. 只能根据自由表建立查询

C. 只能根据数据库表建立查询　　　　　D. 可以根据数据库表和自由表建立查询

2. 查询设计器中包含的选项卡有（　　　）。

A. 字段、筛选、排序依据　　　　　　　B. 字段、条件、分组依据

C. 条件、排序依据、分组依据　　　　　D. 条件、筛选、杂项

3. 下列关于查询设计器的说法中错误的是（　　　）。

A. 既可对单表查询，也可对多表查询

B. 在分组依据选项卡中，可以设置查询结果按某一字段值的升序排列

C. 可以将查询结果保存到扩展名为.qpr 的查询文件中，并可在"命令"窗口中直接用 do 命令执行

D. 可以设置查询结果的输出形式，如临时表，图形等

4. 实现多表查询的数据源可以是（　　　）。

A. 远程视图　　　　B. 数据库　　　　C. 数据库表　　　　D. 本地视图

5. 默认查询的输出形式是（　　　）。

A．数据表　　　　　　B．图形　　　　　　C．报表　　　　　　D．浏览

6．使用 SELECT SQL 命令建立查询时，若要将查询结果输出到一个临时数据表中，需要选择使用以下（　　　）子句。

A．INTO ARRAY　　　B．INTO CURSOR　　　C．INTO TABLE　　　D．TO FILE

7．SQL 语句中删除表的命令是（　　　）。

A．DROP TABLE　　　B．DELETE TABLE　　　C．ERASE TABLE　　　D．DELETE DBF

8．使用 SQL 语句从表 STUDENT 中查询所有姓王的同学的信息，正确的命令是（　　　）。

A．SELECT * FROM STUDENT WHERE LEFT (姓名,2)="王"

B．SELECT * FROM STUDENT WHERE RIGHT (姓名,2)="王"

C．SELECT * FROM STUDENT WHERE TRIM (姓名,2)="王"

D．SELECT * FROM STUDENT WHERE STR (姓名,2)="王"

9．在 SQL 语句中，与表达式"供应商名 LIKE"%北京%""功能相同的表达式是（　　　）。

A．LEFT(供应商名,4)="北京"　　　　　B．"北京"$供应商名

C．供应商名 IN"%北京%"　　　　　　D．AT(供应商名,"北京")

10．SQL 支持集合的并运算，在 Visual FoxPro 9.0 中 SQL 并运算的运算符是（　　　）。

A．PLUS　　　　　　B．UNION　　　　　　C．+　　　　　　D．U

三、填空题

1．查询设计器的"筛选"选项卡用来指定查询的＿＿＿＿＿＿。

2．建立远程视图必须建立与远程数据库的＿＿＿＿＿＿。

3．视图设计器中比查询设计器多出的选项卡是＿＿＿＿＿＿。

4．按课程和系名统计人数和平均成绩，必须以＿＿＿＿＿＿作为分组的依据。

5．若要给字段添加别名，可通过 Visual FoxPro 9.0 的＿＿＿＿＿＿命令字来实现。

6．在 SELECT SQL 语句中，表示条件表达式用 WHERE 子句，分组用＿＿＿＿＿＿子句，排序用＿＿＿＿＿＿子句。

7．在 SQL 语句中空值用＿＿＿＿＿＿表示。

8．SQL 的 SELECT 语句为了将查询结果存放到临时表中应该使用＿＿＿＿＿＿短语。

9．在 SQL 的 SELECT 语句进行分组计算查询时，可以使用＿＿＿＿＿＿子句来去掉不满足条件的分组。

10．在 Visual FoxPro 9.0 中，使用 SQL 的 CREATE TABLE 语句建立数据库表时，使用＿＿＿＿＿子句说明有效性规则（域完整性或字段的取值范围）。

第4章 Visual FoxPro 程序设计

学习 Visual FoxPro 的最终目的是使用它的命令来组织和处理数据，完成一些具体任务。许多任务单靠一条命令无法完成，而要执行一组命令来完成。如果采用在命令窗口中逐条输入命令的方式进行操作，不仅非常麻烦，而且容易出错。程序是能完成一定任务命令的有序集合。这组命令被存放在称为程序文件或命令文件的文本文件中。当运行程序时，系统会按照一定次序自动执行程序文件中的命令。Visual FoxPro 包含结构化程序设计和面向对象程序设计。本章主要介绍结构化程序设计和面向对象程序设计的基础知识。

主要内容
- 程序设计基础。
- 程序文件的建立与维护。
- 程序的控制结构。
- 多模块程序设计的思想。

4.1 Visual FoxPro 程序设计基础

在 Visual FoxPro 系统环境下，数据输入、输出是通过数据的存储设备完成的。通常我们都是将数据存入到常量、变量、数组中，而在 Visual FoxPro 系统环境下，数据还可以存入到字段、记录和对象中。我们把这些供数据存储的常量、变量、数组、字段、记录和对象称为数据存储容器。

4.1.1 常量和变量

Visual FoxPro 提供了多种数据类型的支持，在使用 Visual FoxPro 编程时，还需要用到常量和变量，常量是在程序运行过程中始终固定不变的量，变量是指在程序运行过程中其值可以变化的数据。

1. 常量

常量是指在程序运行过程中其值始终不变化的数据量。在 Visual FoxPro 中定义了六种类型的常量。

（1）数值常量

数值型常量又称为常数，可以是整数或实数。如 85、-56.2、1.256E3、3.8E-2 等在程序中都是数值型常量。

（2）字符型常量

字符型常量是用定界符括起来的由字符、空格或数字所组成的字串，定界符可以是单引号、双引号和方括号。当某一种定界符本身是字符型常量的组成部分，则应选择另一种定界符。例如，"副教授"、"boy"、[数据库系统]是合法常量，而 ""I am a boy"" 是非法常量。

（3）逻辑型常量

逻辑型常量只有两个逻辑值："真"与"假"。用.T.、.t.、.Y.、.y. 表示逻辑值"真"，用.F.、.f.、.N.、.n.

表示逻辑值"假"。在书写时应注意.T.或.F.两边的小圆点不能省略。

（4）货币型常量

在数字前加上货币符号"$"即为货币型常量，小数位系统固定为 4 位。如$1254.56，表示货币值 1 254.560 0。

（5）日期型常量

在 Visual FoxPro 9.0 中日期型常量用花括号"{ }"作为定界符括起来。如{^2015/07/18}或{^2015-07-18}。

（6）日期时间型常量

日期时间型常量也必须用花括号括起来，例如：{^2015/07/19 10:04am}和{^2015-07-21 11:32:14pm}。但必须注意日期和时间之间必须有空格。

（7）日期时间型常量的设置

日期时间型常量默认的格式为

```
{^ yyyy/mm/dd [hh:mm:ss[am|pm]}
```

Visual FoxPro 系统中与日期时间型常量格式有关的命令和设置操作如下：

① 日期格式中的世纪值

【格式】SET CENTURY ON | OFF | TO [nCentury]

【功能】设置日期格式的实际值。

【说明】

ON：日期数据显示 10 位，其中年份 4 位，即日期值输出时显示年份值。

OFF：默认值。日期数据显示 8 位，年份 2 位，即日期值输出时不显示年份值。

TO [nCentury]：指定日期数据所对应的世纪值。nCentury 是一个 1～99 的整数，代表世纪数。如果省略，表示恢复为当前系统日期所在的世纪数；即当前系统日期前后 50 年中的某一年份。

② 设置日期显示格式

【格式】SET DATE [TO] AMERICAN | ANSI | BRITISH | FRENCH | GERMAN | ITLIAN | JAPAN | USA | MDY | DMY | YMD | SHORT | LONG

【功能】设置日期型和日期时间型数据的显示输出格式。系统默认为 AMERICAN 美国格式。

各种日期格式设置所对应的日期显示输出格式如表 4-1 所示。

表 4-1　系统日期格式

设　置　值	日　期　格　式	设　置　值	日　期　格　式
AMERICAN	mm/dd/yy	USA	mm-dd-yy
ANSI	yy.mm.dd	MDY	mm/dd/yy
BRITISH / FRENCH	dd//mm/yy	DMY	dd//mm/yy
GERMAN	dd.mm.yy	YMD	yy/mm/dd
ITALIAN	dd-mm-yy	SHORT	Windows 短日期格式
JAPAN	yy/mm/dd	LONG	Windows 长日期格式

注：用菜单方式也可以设置日期格式。单击"工具" / "选项"命令，在弹出的对话框中选择"区域"选项卡进行设置。

③ 设置日期 2000 年兼容性

通常日期型和日期时间型数据的结果与 SET DATE 命令和 SET CENTURY 命令的设置状态及当前系统时间有关。由于系统时间与相应设置不同，同一数据的结果可能有不同的解释。这显然会导致系统混乱，而且还可能造成 2000 年兼容性错误。为避免上述问题，Visual FoxPro 系统增加了一种严格的日期格式。不论哪种设置，按严格日期格式表示的日期型和日期时间型数据，都具有相同的值和表示形式。严格的日期格式如下：

{^yyyy-mm-dd [,] [hh [:mm [:ss]] [a|p]] }

Visual FoxPro 系统默认采用严格的日期格式，并以此检测所有日期型和日期时间型数据的格式是否规范、合法。为与早期版本兼容，用户通过命令或菜单设置可以改变这一格式。

【格式】SET STRICTDATE [0 | 1 |2]

【功能】设置日期格式。

【说明】

0：关闭严格的日期格式检测，即设置日期格式按传统的日期格式。

1：设置严格的日期格式检测（默认值），要求所有日期型和日期时间型数据均按严格的格式。

2：设置与 1 相同，但如果程序代码中出现 CTOD ( )和 CTOT ( )函数时，会出现编译错误。这个设置最适合调试时使用，用来检测 2000 年兼容性错误。

注：菜单设置的方式为：单击"工具"/"选项"命令，在弹出的对话框中选择"常规"选项卡进行设置。

2．变量

变量是在操作过程中可以改变其取值或数据类型的数据项。在 Visual FoxPro 系统中，变量分为字段变量、内存变量、数组变量和系统变量 4 类。此外，作为面向对象的程序语言，Visual FoxPro 系统在进行面向对象的程序设计中引入了对象的概念，对象实质上也是一类变量。确定一个变量，需要确定其 3 个要素：变量名、数据类型和变量值。每个变量都必须有一个变量名，变量名由字母、汉字、数字和下画线组成，但必须以字母或汉字开头。

1）字段变量

字段变量是数据表结构中的任意一个数据项。在一个数据表中，一个字段就是一个字段变量。字段变量在建立表结构时定义，修改表结构时可重新定义或增删字段变量。字段变量的类型有 17 种。字段变量是一种多值变量，假设一个数据表中有 10 条记录，那么该数据表的每一字段就有 10 个取值，当用字段作变量时，它的当前值随着记录指针的移动而不断变化。

2）内存变量

内存变量是一般意义下的简单变量。每一个内存变量都必须有一个固定的名称，以标识该内存单元的存储位置。用户可以通过变量标识符向内存单元存取数据。内存变量是内存中的临时单元，可以用来在程序的执行过程中保留中间结果与最后结果，或用来保留对数据库进行某种分析处理后得到的结果。特别要注意，除非用内存变量文件来保存内存变量值，否则，当退出 Visual FoxPro 系统后，内存变量也会与系统一起消失。用户可以根据需要定义内存变量类型，它的类型取决于首次接受的数据的类型。也就是说，内存变量的定义是通过赋值语句来完成的。Visual FoxPro 中共定义了六种类型的内存变量，是数值型、浮点型、字符型、逻辑型、日期型、时间日期型六种。

（1）内存变量赋值命令

【格式 1】<内存变量>=<表达式>

【格式 2】 STORE <表达式> TO <内存变量表>

【功能】 计算<表达式>，然后将计算结果赋给内存变量。

【举例】 定义内存变量 Z 的值为 "Visual FoxPro 9.0"，s1、s2、s3 变量的值均为 4×7。用下面两条命令定义变量：

```
Z=" Visual FoxPro 9.0"      &&字符串 Visual FoxPro 9.0 赋给变量 Z，结果 Z 值为
                            &&Visual FoxPro 9.0，并成为字符型变量
STORE 4*7 TO s1,s2,s3       &&计算 4×7 得 28，结果 3 个变量值都是 28，都成为数值型变量
```

【说明】

① 内存变量的类型与所赋值的常量的类型相同。

② STORE 命令可包括多个内存变量，但变量与变量之间须用逗号分隔。该命令可将同值常量赋值给多个变量，而 "=" 命令仅可为一个内存变量赋值。

③ 符号 "&&" 是本命令行的注解，它与命令执行无关，常用来解释命令功能。

（2）表达式值显示命令

【格式】 ?/?? <表达式表>

【功能】 将表达式的值显示在屏幕上。

【说明】

① 命令格式中的 "?" 和 "??" 可任选一个，它们的输出格式不同。"?" 表示从屏幕下一行的第一列起显示结果，"??" 表示从当前行的当前列起显示结果。例如：

```
?  Z                        &&在 Visual FoxPro 主窗口中显示 Visual FoxPro 9.0
?  s1                       &&换一行后显示 28
?? "数据库应用"             &&接着上一个命令显示结果 28 的后面显示 "数据库应用"
```

② "<表达式表>" 是表示用逗号隔开的多个表达式组，命令执行时遇逗号就空一格。例如：

```
? "Z=",Z                    &&显示 Z= Visual FoxPro 9.0
```

（3）数组变量

数组是一组有序内存变量的集合。或者说，数组是由同一个名字组织起来的简单内存变量的集合，其中每一个内存变量都是这个数组的一个元素，它是由一个以行和列形式表示的数组元素的矩阵。所谓的数组元素是用一个变量名命名的一个集合体，而且每一个数组元素在内存中独占一个内存单元。为了区分不同的数组元素，每一个数组元素都是通过数组名和下标来访问的。在 Visual FoxPro 系统环境下，同一个数组元素在不同时刻可以存放不同类型的数据，在同一个数组中，每个元素的值可以是不同的数据类型。数组在使用前必须要通过 DIMENSION 或 DECLARE 定义。这两个命令完全相同，都是用于建立一维或二维数组。在 Visual FoxPro 中，同一个数组元素在不同时刻可以存储不同类型的数据，在同一数组中，每个数组元素可以被赋予不同数据类型的值。例如：

```
DIME SZ(7)                  &&建立包含 7 个元素的一维数组 SZ
DECL DA(9),SB(2,3)          &&建立一维数组 DA 和二维数组 SB
```

定义数组后，可以用 STORE 命令或赋值语句为数组的每个元素赋值。例如：

```
SZ(1)="ABCD"               &&给 SZ(1)赋值，字符型，值：ABCD
SZ(2)=23.45                &&给 SZ(2)赋值，数值型，值：23.45
SZ(3)={^2015-03-02}        &&给 SZ(3)赋值，日期型，值：2015 年 3 月 2 日
SZ(4)={^2015-03-02 9:00am} &&给 SZ(4)赋值，日期时间型，值：2015 年 3 月 2 日上午 9 点
BZ(5)=.T.                  &&给 SZ(5)赋值，逻辑型，值：真
```

（4）系统变量

系统变量是 Visual FoxPro 系统特有的内存变量，由 Visual FoxPro 系统定义、维护。系统变量的变量名均以下画线 "_" 开始，如：_WINDOWS、_CLIPTEXT 等。因此在定义内存变量和数组变量名时，不要以下画线开始，以免与系统变量名冲突。系统变量设置、保存了很多系统的状态、特性，了解、熟悉并充分地运用系统变量，会给数据库系统的操作和管理带来很多方便，特别是开发应用程序时更为突出。

4.1.2 数据类型

与其他程序设计语言相比，Visual FoxPro 9.0 提供了更多的数据类型。适用于变量和数组的数据类型主要有九种，包括：字符型、数值型、货币型、日期型、日期时间型和逻辑型等。表 4-2 介绍了这些基本数据类型。

表 4-2　基本数据类型

数据类型	中文名字	占用内存	用　　途	示　　　例
Character	字符型（C）	每个字符占 1 字节	任何字符	书名、人名、地名等
Numeric	数值型（N）	8 字节(内存中)，1~20 字节（表中）	记录中的整数或者小数	从 -.999 999 999 9E+19 至 .999 999 999 9E+20
Currency	货币型（Y）	8 字节	存储货币量	从 -$922 337 203 685 477.5807 至 $922 337 203 685 477.580 7
Date	日期型（D）	8 字节	设置月/日/年	使用严格日期格式时，{^0001-01-01}，公元前 1 年 1 月 1 日 到 {^9999-12-31}，公元 9999 年 12 月 31 日
DateTime	日期时间型（T）	8 字节	设置月/日/年 时间	使用严格日期格式时，{^0001-01-01}，公元前 1 年 1 月 1 日 到 {^9999-12-31}，公元 9999 年 12 月 31 日，加上上午 00:00:00 到下午 11:59:59
Logical	逻辑型（L）	1 字节	真与假的布尔值	真 (.T.) 或假 (.F.)
BLOB	大二进制对象型（B）	表中 4 个字节	执行大二进制对象数据没有代码页转换	受可用内存或 2GB 文件大小范围的限制
varbinary	可变长二进制型（V）	每个十六进制值为 1~255 字节	执行的可变长二进制型	任何十六进制的值
variable	变量型	不定	参见其他的数据类型	任何 Visual FoxPro 数据类型和 null 值

4.1.3 操作符和表达式

操作符是表示数据之间运算方式的运算符号，一般根据所处理数据类型的不同可分为算术运算符、字符运算符、关系运算符和逻辑运算符 4 种。表达式是由常量、变量、函数、操作符及圆括号组成的算式。表达式中的操作对象必须具有相同的数据类型，如果表达式中有不同类型的操作对象，则必须将它们转换成同种数据类型。

1. 算术表达式

算术表达式是由数值型变量、常量、函数和数值操作符组成的，用于对数值型数据进行常规的算术运算，如表 4-3 所示。

表4-3　数值运算符

运　算　符	含　义	优　先　级
（　）	括号	高
^	乘方	
*　、/	乘、除	↓
%	取模（或取余），取两数相除的余数	
+　、 －	加、减	低

例如："3+12*3^2" 或 "33 % 2^3"。

2．字符表达式

字符表达式是由字符型变量、常量、函数和字符操作符组成的。用于字符串的连接或者比较。字符串操作符为：

"+"：连接两个字符串。

"–"：连接两个字符串，并将第一个字符串尾部的空格移到第二个字符串的尾部。

"$"：判断第一个字符串是否是第二个字符串的子字符串。

例如：

```
LEN1="Visual FoxPro 9.0 "
LEN2="数据库教程"
? LEN1+LEN2                    &&结果为: Visual FoxPro 9.0  数据库教程
? LEN1-LEN2                    &&结果为: Visual FoxPro 9.0数据库教程
? len(LEN1-LEN2)              &&结果为: 28
? "Fox" $ LEN1               &&结果为: .T.
```

3．日期时间表达式

日期时间表达式是由日期时间型变量、常量、函数和日期时间操作符组成的。

日期时间操作符有：

- "+"：添加一个天数或秒数。
- "–"：减少一个天数或秒数。

例如：

```
? {^2015-04-04}+10            &&结果为: 04/14/15
? {^2015-04-30}-15            &&结果为: 04/15/15
? {^2015-08-04 10:10a}+10     &&结果为: 08/04/15 10:10:10 AM
? {^2015-08-04 10:35p}-10     &&结果为: 08/04/15 10:34:50 PM
```

4．关系表达式

关系表达式用于数值、字符和日期型数据的比较运算。关系表达式的运算优先级相同，如表 4-4 所示。

表4-4　关系运算符

运　算　符	含　义	运　算　符	含　义
<	小于	<=	小于等于
>	大于	>=	大于等于
=	等于	<>	不等于

例如：

```
?  "xyz"="XYZ"            && 值为.T.
?  "abcd"="abc"           && 值为.F.
?  "abc"="abcd"           && 值为.F.
```

5．逻辑表达式

逻辑表达式是由逻辑型变量、常量、函数和字符运算符组成的，用来对逻辑型数据进行各种逻辑运算，形成各种简单的逻辑结果，如表 4-5 所示。

表 4-5　逻辑运算符

运　算　符	含　　义	优　先　级
（　）	分组符号	高
.Not.	逻辑非	↓
.And.	逻辑与	
.Or.	逻辑或	低

例如：

```
?  17>33 .And. 34>12                && 值为.F.
?  6<7.Or.8=9.AND.3<8               && 值为.T.
```

6．空值（NULL）

空值是一个重要的概念。空值就是没有任何值。对数值，它非零；对字符，它非空格串；对逻辑，它非真非假。在应用中，空值的概念是十分有意义的。如果年龄不知道时，不能填零；姓名不知道时，不能填空字串等。

（1）空值的表示

空值表示为".NULL."。

（2）变量中空值的表示

内存变量、数组变量和字段变量均可以赋以空值。变量赋以空值后，其类型不变。也就是说，空值不是一个数据类型。

例如：

```
a=" "                               &&a 为空格字串
b=""                                &&b 为空字串
c=.NULL.                            &&c 赋以空值，但不改变其类型
? EMPTY(a),EMPTY(b)                 &&结果为：.T.  .T.
? ISBLANK(a),ISBLANK(b)            &&结果为：.T.  .T.
? ISNULL(a),ISNULL(b),ISNULL(c)    &&结果为：.F.  .F.  .T.
? TYPE("c")                         &&结果为：L
```

（3）表达式中关于空值的处理

在函数参数中（ISNULL()等例外）或表达式中因空值而使结果未知时，其结果就为空值。

例如：

```
m=0
m=.NULL.
? m+.NULL.                          &&结果:.NULL.
x=.t.
? x AND .NULL.                      &&结果:.NULL.
```

```
? x OR .NULL.                              &&结果:.T.
? NOT .NULL.                               &&结果:.NULL.
```

7．表达式的优先级

将常量和变量用各种运算符连接在一起构成的式子就叫表达式。

当一个表达式由多个运算符连接在一起时，如果一个表达式中含有多种不同类型的运算符，运算进行的先后顺序由运算符的优先级决定。可见，运算进行的先后顺序是由运算符的优先级决定的。优先级高的运算先进性，优先级相同的运算依照从左向右的顺序进行，如表 4-6 所示。

表 4-6　运算符的优先级

优先级	高　　　　　　　　　　　　　➡　低			
	算术运算符	字符串运算符	关系运算符	逻辑运算符
高	括号( )		等于（=）	逻辑非（Not）
	指数运算(^)		不等于（<>）	逻辑与（And）
	负数(-)	+	小于（<）	逻辑或（Or）
	乘法和除法(*、/)	-	大于（>）	
↓	取模运算(%)	$	小于等于（<=）	
低	加法和减法(+、-)		大于等于（>=）	

4.1.4　输入、输出函数

1．输入函数

【格式】`InputBox(<提示信息>[,对话框标题][,默认][,X 坐标][,Y 坐标])`

【功能】该函数能产生一个对话框，并显示提示，等待用户输入正文或按下按钮。如果用户单击"OK"按钮或按下【Enter】键，则 InputBox 函数返回包含文本框中内容的字符串；单击"Cancel"按钮，则此函数返回一个长度为 0 的字符串（""）。

【举例】在立即窗口输入：

```
Y = "欢迎大家！"
Y = INPUTBOX("欢迎大家","Input ",Y,5000)
```

2．输出函数

输出函数也叫用户定义对话框 MESSAGEBOX()函数。MESSAGEBOX()函数用于显示短信息。虽然 MESSAGEBOX 显示的小窗口不具有什么功能，实际上它被认为是一个对话框。

对话框是用户与应用程序之间交换信息的最佳途径之一。使用对话框函数可以得到 Visual FoxPro 的内部对话框，这种方法具有操作简单及快速的特点。

MESSAGEBOX()函数在对话框中显示信息，等待用户单击按钮，并返回一个整数以标明用户单击了哪个按钮。

【格式】`MESSAGEBOX(CMessageText,[nDialogboxType[,CTitleBarText]])`

【功能】该函数用于显示一个信息框。

【说明】

① CMessageText：表示显示在信息框中的正文内容。

② nDialogboxType：确定信息框中要显示哪些按钮和图标，一般有三个参数。其取值和含义如下：

- 0~5：表示出现在信息框中的按钮，如表 4-7 所示。
- 16, 32, 48, 64：表示出现在消息框中的图标，如表 4-8 所示。

表 4-7　按钮类型和数目

值	按　　钮
0	只有"确定"按钮
1	具有"确定"和"取消"按钮
2	具有"终止"、"重试"和"忽略"按钮
3	具有"是"、"否"和"取消"按钮
4	具有"是"和"否"按钮
5	具有"重试"和"取消"按钮

表 4-8　图 标 类 型

值	图　　标
16	停止图标
32	问号图标
48	感叹号图标
64	信息图标

- 0, 256, 512：表示消息框中哪些是默认按钮，如表 4-9 所示。

例如：

1+32+256：表示消息框中有"确定""取消"按钮，有问号图标，"取消"按钮是默认按钮。

3+64+512：表示消息框中有"是"、"否"、"取消"按钮，有信息号图标，"取消"按钮是默认按钮。

表 4-9　默 认 按 钮

值	默 认 按 钮
0	第一个按钮
256	第二个按钮
512	第三个按钮

注意：如果默认 nDialogboxType，则消息框中只有"确定"按钮。

③ CTitleBarText：表示出现在消息框标题栏中的文本。若省略此项，系统给出默认标题为 Microsoft Visual FoxPro。

注意：

- 如果省略了某些可选项，必须加入相应的逗号分隔符。
- 在程序运行的过程中，有时要显示一些简单的信息如警告或错误等，此时可以利用"消息"对话框来显示这些内容。当用户接收到信息后，可以单击按钮关闭对话框，并返回单击的按钮值。
- MESSAGEBOX()函数的返回值是一个数值，用于确定在消息框中单击了哪个按钮。其值如表 4-10 所示。

表 4-10　MessageBox ()函数的返回值

返回值	图　　标	返回值	图　　标
1	"确定"按钮	5	"忽略"按钮
2	"取消"按钮	6	"是"按钮
3	"终止"按钮	7	"否"按钮
4	"重试"按钮		

【举例】用 MESSAGEBOX()函数显示一个消息框，正文为"这是一个教师档案管理系统的数据库！"；消息框中有"是"、"否"、"取消"按钮，有信息号图标，"取消"按钮是默认按钮，"消息框"对话框标题栏中的文本为"消息框"。通过窗口显示该信息，如图 4-1 所示。

? MESSAGEBOX("这是一个教师档案管理系统的数据库！",3+64+512,"消息框")

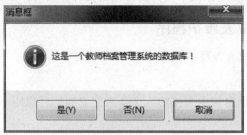

图 4-1　"消息框"对话框

4.2　程序的建立与维护

程序文件又称命令文件，它是由 Visual FoxPro 的各条命令（或语句）按照一定的顺序和规则组织起来，以文件的形式存储在磁盘中，执行时再调入内存。

由于 Visual FoxPro 系统本身提供了文本编辑器，因此可以直接在集成环境中编写程序。编写程序可以用菜单选择方式或在命令窗口中输入命令的方式建立。

4.2.1　用菜单选择方式建立及维护程序

1. 创建与修改程序文件

程序的建立与修改一般是通过 Visual FoxPro 系统提供的文本编辑器来进行编写完成的。

创建程序可以通过以下步骤进行：

① 在系统菜单中选择"文件"/"新建"命令，弹出"新建"对话框。在"新建"对话框中选择"程序"单选按钮，然后单击"新建文件"按钮。

② 打开文本编辑器"程序 1"窗口，用户可以在这个窗口中输入程序，如图 4-2 所示。

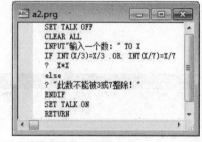

图 4-2　程序编辑窗口

③ 程序输入完后，可以从"文件"菜单中选择"保存"或"另存为"命令保存文件，或按【Ctrl+W】组合键保存文件。

2. 运行程序文件

程序存盘后，可以用多种方式、多次执行它。为提高运行速度，系统自动将.prg 格式文件生成.fxp 格式的文件，程序运行结果显示在主窗口中，如图 4-3 所示。

① 从菜单中选择"程序"/"运行"命令，弹出"运行"对话框。

② 从"运行"对话框中选择一个要运行的程序，并单击"运行"按钮。也可以在工具栏中单击"！"按钮。

3. 维护程序

修改程序文件时，可以从菜单中选择"文件"/"打

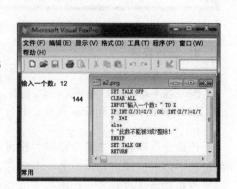

图 4-3　程序及运行结果

开"命令，从弹出的"打开"对话框中选择要修改的文件，在文件编辑器窗口中编辑修改程序。

4.2.2　用命令方式建立及维护程序

利用命令方式也可以建立及维护程序。

1．创建程序

在 Visual FoxPro 的命令窗口中直接输入命令来建立和运行程序，操作更方便简捷。在命令窗口中输入：

`MODIFY COMMAND <程序文件名>`
在打开的文本编辑器窗口中，用户可以输入新文件的内容。

2．保存程序

在编辑过程中，按【Ctrl+Q】组合键或【Esc】键，可中止程序的编辑，按【Ctrl+W】组合键，可保存编辑的程序，并返回到命令窗口中。程序文件默认的扩展为.prg。如果不设置"程序文件名"，系统会自动以"程序 1"为程序文件名保存，如图 4-4 所示。

3．维护程序

在编辑过程中，如果内存空间足够大，可以同时打开多个文本编辑窗口编辑多个文件，在一个文件或多个文件之间对文本进行剪切、复制、粘贴等操作。为了便于维护程序和提高编程效率，系统提供了可视化的编程环境。可以右击窗口，在弹出的快捷菜单中选择所需要的功能命令，如图 4-5 所示。

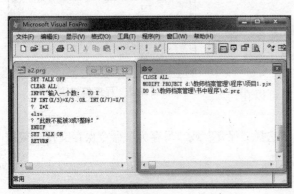

图 4-4　命令窗口及"程序 1"编辑窗口

图 4-5　程序的快捷菜单

4．运行程序

在命令窗口中输入：

`DO 程序文件路径\程序文件名.PRG`
执行一个 Visual FoxPro 程序，程序文件名前根据需要可以加上路径。例如：

`DO D:\VFP\程序 1.prg`
该命令可以在命令窗口设置，也可以出现在某个程序文件中，这样就使得一个程序在执行的过程中还可以调用并执行另一个程序。

当程序被执行时，文件中包含的命令被依次执行，直到程序执行完毕，或遇到以下情况：

① CANCEL：终止程序运行，清除所有私有变量，返回命令窗口。

② DO：转去执行另一个程序。

③ RETURN：结束当前执行的程序，返回到调用它的上级程序，若无上级程序则返回到命令窗口。

④ QUIT：退出 Visual FoxPro 系统，返回到操作系统。

Visual FoxPro 程序文件通过编译、连编，可以产生不同的目标代码文件。如果没有对程序进行编译，而且程序中存在错误，则在执行程序过程中 Visual FoxPro 会指出程序中存在的错误，出现错误提示对话框。此时，可以取消操作，中止程序的运行，修改后可再运行。

5．编译程序

（1）程序的编译方法

在运行程序时，系统提供了两种方式：先编译后执行和一边编译一边执行。

先编译后执行是在编辑窗口中打开要编译的程序，然后在菜单中选择"程序"/"编译"命令。

（2）编程时的一般规则

① 每行只能写一条命令，每条命令以回车换行作为结束标志。

② 若一个条命令一行写不下时，可以分多行输入，在未输入完的数据后加分号，然后按【Enter】键换行，系统会把此行作为前一行的续行。

③ "*"、"&&"、"NOTE" 用来作为程序说明的符号和命令；"*" 及 "NOTE" 只能放在一行的前面，而 "&&" 可以放在前面或后面。

4.2.3　程序中常用的简单命令

一个程序一般包括数据输入、数据处理、数据输出三部分。数据的输入和输出是编写程序时最常见的命令，所以在讲程序控制结构之前，先介绍几个常用的数据输入和输出命令。

1．键盘输入语句

键盘输入命令有 ACCEPT、INPUT、WAIT 三条命令，这三条命令都是等待用户从键盘输入数据，并存入指定的内存变量中。

（1）ACCEPT 命令

【格式】ACCEPT [<提示符表达式>] TO <内存变量>

【功能】等待用户从键盘上输入一个字符型数据，输入数据中不包含定界符，否则它将作为字符数据的一部分。

【例 4.1】输入 "Visual FoxPro" 到 M 变量中。

```
ACCEPT "请输入 M 变量的值: " TO M
请输入 M 变量的值: Visual FoxPro
? M
Visual FoxPro
```

（2）INPUT 命令

【格式】INPUT [<提示符表达式>] TO <内存变量>

【功能】等待用户从键盘上输入表达式，运算这个表达式，并将运算结果存入指定变量中。当输入常数时，常数必须有定界符，否则可能出错。

【例 4.2】输入 "Visual FoxPro" 到 N 变量中。

```
INPUT "请输入 N 变量的值: " TO N
请输入 M 变量的值: " Visual FoxPro "
? N
```

Visual FoxPro

【例 4.3】输入逻辑值到 T1 变量中表示婚姻状况。

```
INPUT "婚否: " TO  T1
婚否: .T.
? T1
.T.
```

（3）WAIT 命令

【格式】

```
WAIT [<提示符表达式>][TO <内存变量>][WINDOWS[NOWAIT]][CLEAR];
[TIMEOUT <数值表达式>]
```

【功能】等待用户从键盘上输入一个字符存入指定变量中。

【说明】

① WINDOWS[NOWAIT]：表示 WAIT 是一个单独的窗口，提供信息并放在该窗口中。

② CLEAR：清除显示内容。

③ TIMEOUT <数值表达式>：规定等待时间。

【例 4.4】将字符"S"输入到 BL 变量中。

```
WAIT "请输入字符: " TO BL
请输入字符: S
? BL
S
```

【例 4.5】在命令窗口输入下列命令：

```
WAIT "输入有误,请重新输入..." WINDOW TIMEOUT 5
```

该命令执行时，主窗口右上角出现一个提示窗口，显示"输入有误,请重新输入..."。此时，程序暂停执行。当用户按任意键或超过 5 s，提示窗口自动关闭，程序继续执行。

可见，这个命令在没有指定存储数据变量时，起到程序暂停运行的作用。一般用于程序的调试过程中。

2．输出语句

（1）非格式输出命令

【格式】? /? ? [<表达式表>][font<字体>][,<字号>][AT<列号>]

【功能】

① ?是计算表达式的值，并把表达式的值在当前行的下一行的首位输出。当无选择项时，输出一个空行。

② ??是计算表达式的值，并把表达式的值在当前行光标所在处输出。但该命令"??"不能输出空行。

【说明】<表达式表>可以是一个表达式，也可以是多个表达式，若有多个表达式时，表达式间以逗号分隔。表达式可以是常量、变量及函数，也可以是各种类型的表达式。

（2）格式输出命令

无论是内存变量还是字段变量都可以使用"?"或"??"命令输出，这种输出方式简单，但是不能按照用户指定的位置输出。格式输出语句可以按用户的要求来设计屏幕格式，使其美观、方便，如图 4-6 所示。下面介绍一个屏幕显示格式命令。

【格式】@ <行号,列号> SAY <表达式>

【功能】从指定的行、列号开始输出表达式的值。

【说明】

① <表达式>可以是常量、字段变量及由它们组成的表达式。

② 定位输出时，一次只能输出一个表达式。

【例 4.6】在第 2 行第 10 列处输出"碧天如水夜云轻"。

```
@ 2,10 SAY "碧天如水夜云轻"
&& 在窗口的第 2 行第 10 列处输出"碧天如水夜云轻"
```

3．画图命令

【格式】@<行 1，列 1>TO<行 2，列 2>[DOUBLE][PATTERN<填充图案>] [PEN<线宽代号>] [STYLE<角曲度>][颜色对]

【功能】画一个矩形，并通过矩形的四个角的曲度，使矩形变成椭圆或圆。

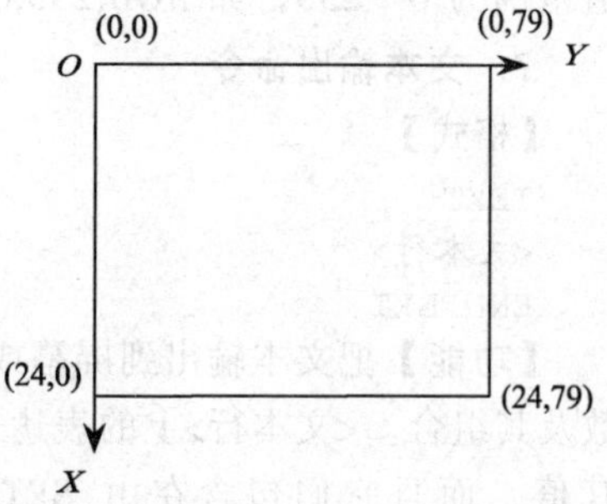

图 4-6　格式输出坐标示意图

【说明】

DOUBLE 表示双线的矩形；

PATTERN 后的图案代号：

0——白色；1——黑色；2——横线；3——竖线；4——左斜线；

5——右斜线；6——网格线；7——交叉线。

PEN 的线宽代号为 06，数字越大，线越宽。

STYLE 指定四角的曲度，值为 0～99。但必须写成字符形，99 曲度最大。

例如，画一个红色的椭圆图形：

```
@2,10 TO 12,29 COLOR R+ STYLE "99"
```

4．中止命令

【格式 1】CANCEL

【功能】结束程序运行，清除内存变量，返回命令窗口。

【格式 2】QUIT

【功能】结束本程序运行，退出 FoxPro 系统。

【格式 3】RETURN [to master/to <文件名>/<表达式>]

【功能】结束一个程序或自定义函数，返回调用程序或命令窗口。

5．状态设置命令

（1）会话状态设置命令

【格式】SET TALK ON/OFF

【功能】FoxPro 在执行命令时是否向用户提供返回信息，ON 表示向用户返回信息，OFF 表示否。

（2）设置状态栏状态命令

【格式】SET STATUSBAR ON/OFF

【功能】设置 FoxPro 屏幕底部状态栏是否显示，ON 为显示，OFF 为不显示。

6．设置屏幕颜色命令

【格式】SET COLOR TO [[<标准颜色对>][,<增强颜色对>]]

【功能】该命令设置标准色彩与增强色彩。其中，一个颜色对由两个颜色代码组成，第一个指定前景（文本）颜色，第二个指定背景颜色，两者之间用斜杠（/）分开。如：W/B 产生蓝底白字。

另外，可以用 RGB(红,绿,蓝)来指定一个色彩中红、绿、蓝三种颜色所占分量，一个颜色对可以用一个包含六个参数的 RGB()定义，前三个值为前景色，后三个值为背景色，各参数的取值范围为 0～255，如 RGB(255,0,0,0,0,255)是一个前景色为红色，背景色为蓝色的颜色对。

7. 文本输出命令

【格式】

```
TEXT
<文本行>
ENDTEXT
```

【功能】把文本输出到屏幕或活动窗口。其中<文本行>包括文本、内存变量、表达式、函数及其组合。<文本行>上的表达式、函数、内存变量只有在 TEXTMERGE 被设置为 ON 时计算其值，而且它们包含在由 SET TEXTMERGE DELIMITERS 指定的分界符内。如果 SET TEXTMERGE OFF，表达式、函数、内存变量作为字符一起输出。

8. 清屏命令

【格式】CLEAR
【功能】清除屏幕信息语句。

4.3 程序的流程控制

程序设计是通过对实际问题的分析，确定解题方法，并应用程序设计语言提供的命令或语句将解题算法描述为计算机处理的语句序列。结构化程序设计就是采用自顶向下逐步求精的设计方法和单入口单出口的控制结构，包括顺序结构、分支结构、循环结构。

4.3.1 顺序结构

在结构化程序设计中，程序的基本控制结构有三种，即顺序结构、分支结构和循环结构。顺序结构是一种线形结构，是最基本的程序结构，它是按照命令或语句的排列顺序，依次执行。

下面举一个简单的顺序结构程序的例子。

【例 4.7】从键盘输入圆的半径 R，通过计算圆面积公式 $S=\pi R^2$ 计算出圆的面积 S，最后输出该圆的面积 S。

程序如下：

```
*P7.7.PRG
CLEAR                        &&清除主窗口原来显示的内容
INPUT "圆的半径 R=" TO R      &&键盘输入一个数值，赋值给变量 R
S=3.1416*R*R                 &&将计算结果存储到变量 S 中
?  "圆的面积 S=",S           &&显示字符串及变量 S 的值
RETURN                       &&程序结束返回
```

运行程序：

```
DO a1
```

运行结果显示：

```
圆的半径 R=5
圆的面积 S=78.5400
```

【例 4.8】编写一个求梯形面积的程序。

程序如下：

```
* P7.8.PRG
CLEAR
Input "请输入梯形的上底:" To M
Input "请输入梯形的下底:" To N
Input "请输入梯形的高:" To H
? "梯形面积=",Str((M+N)*H/2,10,2)
Return
```

4.3.2　选择结构

描述较复杂的问题，除了用到顺序结构外，还要用到选择结构和循环结构。

选择结构根据给定的条件是否为真，决定执行不同的分支，完成相应的操作。例如，在求一元二次方程 $ax^2+bx+c=0$（$a \neq 0$）的根时，一般先求出 $\Delta=b^2-4ac$，再根据 Δ 大于、等于或小于零的情况，分别求出方程的根为不等实根、相等实根或虚根。Visual FoxPro 系统提供了单分支条件选择和多分支条件选择结构。

1. 单分支条件选择结构

【格式】

```
IF  <条件表达式>
    <语句命令序列 1>
    [ELSE
    [<语句命令序列 2>
ENDIF[注释]
```

【功能】如果<条件表达式>为真（.T.），则执行<语句命令序列 1>，否则执行<语句命令序列 2>。如果没有[ELSE <语句命令序列 2>]项，当<条件表达式>为假时，则执行 ENDIF 之后的语句。

【例 4.9】从键盘上输入一个数，若该数能被 3 或 7 整除，则输出该数的平方。

程序如下：

```
*P7.9.PRG
SET TALK OFF                          &&关闭会话方式
CLEAR ALL                            &&释放内存变量，关闭数据库等
    INPUT"输入一个数: " TO X
    IF INT(X/3)=X/3.OR.INT(X/7)=X/7   &&判断 x 能否被 3 或 7 整除
?  X*X
ELSE
? "此数不能被 3 或 7 整除! "
    ENDIF
    SET TALK ON                      &&打开会话方式
    RETURN
```

运行该程序时，输入 x 的值，根据 x 是否能被 3 或 7 整除决定是否显示 x 的平方。

下面来看一个 IF...ELSE...ENDIF 结构的例子。

【例 4.10】计算下列分段函数。

$$Y = \begin{cases} X^2+7 & X < 5 \\ 10X-2 & X \geqslant 5 \end{cases}$$

程序如下：

```
*P7.10.PRG
SET TALK OFF
  INPUT "X=" TO X
IF X<5
  Y=X*X+7
ELSE
  Y=10*X-2
ENDIF
  ? "Y=",Y
SET TALK ON
RETURN
```

在选择结构中允许多层嵌套，即在 IF...ENDIF 选择结构中可以包含多个 IF...ENDIF 结构。

【例 4.11】在成绩.dbf 文件中，查找并判断某学生的数学成绩是否及格。若及格则显示"及格"，不及格则显示"不及格"信息。

程序如下：

```
*P7.11.PRG
CLEAR
CLEAR ALL
USE D:\教师档案管理\成绩.dbf          &&打开成绩.dbf 表文件
ACCEPT  "输入姓名: " TO XM            &&键盘输入数据，存储到 XM 中（均为字符型）
LOCATE ALL FOR 姓名=XM                &&在表文件中顺序查找"姓名 XM"的记录
   IF NOT EOF()                      &&判断记录指针是否移到结束标志
      IF 数学成绩>=60                 &&内层 IF
         ? "及格"
      ELSE
         ? "不及格"
      ENDIF  内层                     &&内层 ENDIF
   ELSE
      ? "姓名输入错!"
ENDIF 外层                           &&外层 ENDIF
USE                                 &&关闭打开的表文件
RETURN
```

注意：在嵌套结构的程序设计中，要注意 IF 的出口语句 ENDIF 的个数及它所在的位置。IF 和 ENDIF 必须一一对应，外层的 IF、ENDIF 一定包含内层的 IF、ENDIF，位置不能交叉。另外，为使 IF 语句嵌套结构清晰，程序最好写成层层缩进形式。

2. 多分支条件选择结构

多分支条件选择结构如图 4-7 所示。当要判断的条件很多，又要根据不同的条件执行不同的操作时，应用 IF...ENDIF 来做多重判断时虽能解决问题，但并不方便，嵌套层数太多，容易出错。因此，可以使用 DO CASE...ENDCASE 多分支条件选择结构来取代。DO CASE 命令结构如下：

【格式】

```
DO CASE
```

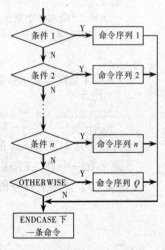

图 4-7 多分支选择结构

```
CASE<条件 1>
    <命令序列 1>
CASE<条件 2>
    <命令序列 2>
…
CASE<条件 n>
    <命令序列 n>
 [OTHERWISE
    <命令序列 Q>]
ENDCASE
```

【功能】当系统执行 DO CASE 语句时，将逐个判断 CASE 后面的条件是否为真。只要遇到一个条件为真的 CASE 时，就执行其后的语句序列，语句序列执行完毕后，跳到 ENDCASE 后面的语句去执行。如果所有的 CASE 后面的条件都为假时，则执行 OTHERWISE 后面的语句序列。如果没有 OTHRWISE 语句，则直接转去执行 ENDCASE 后面的语句。

【例 4.12】在成绩.dbf 文件中查找任一学生，根据其平均分判断该生的学习情况。分数段 90~100 分、75~89 分、60~74 分、0~59 分，分别用优、良、及格和不及格来表示。

程序如下：

```
*P7.12.PRG
SET TALK OFF
CLEAR
CLEAR ALL
USE D:\教师档案管理\成绩.dbf
ACCEPT "姓名: "  TO XM
LOCATE ALL for 姓名=XM
IF .NOT. EOF()
 DO CASE
    CASE  成绩<=100 AND  成绩>=90
    ?"成绩优秀"
    CASE  成绩>=75
    ? "成绩优良"
    CASE  成绩>=60
    ? "成绩及格"
    CASE  成绩>=0
    ? "成绩不及格"
    OTHERWISE
    ? "成绩计算错误"
    ENDCASE
ELSE
?  "学号输入错"
ENDIF
USE
RETURN
```

4.3.3　循环结构

循环结构是在给定的条件下，反复执行某些相同的操作。被反复执行的操作称为循环体。

Visual FoxPro 提供了三种循环语句：DO WHILE…ENDDO、FOR…ENDFOR 和 SCAN…ENDSCAN。

1．DO WHILE…ENDDO 循环

【格式】

```
DO WHILE<条件表达式>
     <语句序列 1>
     [LOOP]
     <语句序列 2>
     [EXIT]
     <语句序列 3>
ENDDO [注释]
```

【功能】当 DO WHILE 语句中<条件表达式>的值为真时，反复执引 DO WHILE 与 ENDDO 之间的语句，直到<条件表达式>的值为假时，结束循环，执引 ENDDO 后面的语句。

【说明】

① LOOP 语句直接转到 DO WHILE 子句，而不执行 LOOP 和 ENDDO 之间的命令。LOOP 只能在循环结构中使用。

② EXIT 语句直接跳转到循环体之外，执行 ENDDO 后面的语句。EXIT 只能在循环结构中使用，又称无条件结束循环语句。

【例 4.13】求 1～100 之间的奇数之和，要求在程序中使用 LOOP 语句。

程序如下：

```
*P7.13.PRG
 SET TALK OFF
 CLEAR
 S=1
 N=1
 DO WHILE  N<100
    N=N+1
    IF INT(N/2)=N/2              &&判断 N 是否整除
       LOOP
    ENDIF
   S=S+N                         &&累加求和
 ENDDO                           &&结束循环体
 ?  "1～100 之间的奇数和是",S
 SET TALK ON
```

为使程序最终跳出 DO WHILE 循环体，在程序循环过程中必须有修改循环条件的语句，否则程序将永远跳不出循环体，这种情况称为无限循环。

2．FOR…ENDFOR 循环

【格式】

```
FOR   <控制变量>=<初值>TO<终值>[STEP<步长>]
     <语句序列>
     [LOOP]
     [EXIT]
ENDFOR [注释]
```

【功能】根据设置的循环次数，重复执行语句序列。

【说明】执行 FOR 语句时，系统先把初值赋给循环控制变量，然后判断循环控制变量是否

大于（步长为正数）或小于（步长为负数）终值。若是，则结束循环，执行 ENDFOR 后面的语句；若不是，则执行循环体内的语句序列。执行到 ENDFOR 语句时，控制变量按步长递增或递减，根据循环控制变量和终值的大小，决定是否继续执行循环体。步长为 1 时可省略 STEP。

【例 4.14】使用 FOR…ENDFOR 循环语句求 1～100 之间的奇数之和。

```
*P7.14.PRG
S=0
FOR N=1 TO 100  STEP  2
    S=S+N
ENDFOR
? S
```

3. SCAN…ENDSCAN 循环

【格式】

```
SCAN [FOR <条件表达式1> [WHILE <条件表达式2>][<范围>]
    <语句序列>
    [LOOP]
    [EXIT]
ENDSCAN [注释]
```

【功能】对当前数据表文件中满足条件的记录进行加工处理。

这是 Visual FoxPro 系统专门用于数据处理的循环语句，它可以自动移动记录指针，当程序执行到 ENDSCAN 或 LOOP 语句时，会对条件表达式 1 或条件表达式 2 进行判断，如果条件成立，它会自动将指针移到下一条符合条件的记录上。

【例 4.15】显示成绩表文件中数学成绩在 80 分以上，英语成绩在 70 分以上的记录。

程序如下：

```
*P7.15.PRG
CLEAR
USE D:\教师档案管理\成绩.dbf
SCAN FOR 数学成绩>80 .AND. 英语成绩<70    &&扫描满足条件的记录
    DISPLAY
    WAIT                                &&显示当前记录
ENDSCAN
USE
```

执行该程序时，把成绩表文件中所有满足条件的记录显示在屏幕上。

以上介绍的三种循环结构的例子都是单层循环，有时根据解决问题的需要，要用到两层或多层循环结构，即在一个循环中又包含另一个循环，这种结构称为循环嵌套。

注意：

① 循环开始语句和结束语句必须成对出现。

② 循环结构只能嵌套，不能交叉，即内层循环必须包含在外循环之内。

③ 各层次的循环控制变量不要重名，以免混淆。

4．三种循环的比较

下面就循环次数 n 已知和循环次数 n 未知，对上述三种循环进行比较：

（1）循环次数 n 已知的情况如表 4-11 所示。

表 4-11　循环次数 n 已知

DO WHILE...ENDDO 循环	FOR...ENDFOR 循环
i=1	FOR i=1 TO n
DO WHILE i<=n	<命令序列>
<命令序列>	ENDFOR
i=i+1	
ENDDO	

（2）循环次数 n 未知（对数据库而言见表 4-12）。

表 4-12　循环次数 n 未知

DO WHILE...ENDDO 循环	FOR...ENDFOR 循环	SCAN...ENDSCAN 循环
USE 表名	USE 表名	USE 表名
DO WHILE !EOF()	FOR i=1 TO RECCOUNT()	SCAN
处理一个记录	GO i	处理一个记录
SKIP	处理一个记录	ENDSCAN
ENDDO	ENDFOR	

【例 4.16】下面分别用三种循环编写判断学生成绩"优、良、中、差"的程序。

① DO WHILE...ENDDO 循环

```
*P7.16(1).PRG
SET TALK OFF
CLEAR
USE D:\教师档案管理\学生成绩.dbf
STORE 0 TO N1,N2,N3,N4
DO WHILE NOT EOF( )
    CJ=平均分
    DO CASE
        CASE  CJ>=90
            REPLACE 等级 WITH "优"
            N1=N1+1
        CASE  CJ>=80
            REPLACE 等级 WITH "良"
            N2=N2+1
        CASE  CJ>=60
            REPLACE 等级 WITH "中"
            N3=N3+1
        CASE  CJ<60
            REPLACE 等级 WITH "差"
            N4=N4+1
    ENDCASE
    SKIP
ENDDO
? "优,良,中,差为: ",N1,N2,N3,N4
USE
SET TALK ON
RETURN
```

② FOR...ENDFOR 循环

```
*P7.16(2).PRG
```

```
SET TALK OFF
CLEAR
USE D:\教师档案管理\学生成绩.dbf
STORE  0  TO N1,N2,N3,N4
FOR  N=1 TO RECCOUNT( )
    CJ=平均分
    DO  CASE
            CASE   CJ>=90
                REPLACE 等级 WITH "优"
                N1=N1+1
            CASE   CJ>=80
                REPLACE 等级 WITH "良"
                N2=N2+1
            CASE   CJ>=60
                REPLACE 等级 WITH "中"
                N3=N3+1
            CASE   CJ<60
                REPLACE 等级 WITH "差"
                N4=N4+1
    ENDCASE
    SKIP
ENDFOR
? "优,良,中,差为: ",N1,N2,N3,N4
USE
SET TALK ON
RETURN
```

③ SCAN...ENDSCAN 循环

```
*P7.16(3).PRG
SET TALK OFF
USE D:\教师档案管理\学生成绩.dbf
STORE  0  TO  N1,N2,N3,N4
SCAN
    CJ=平均分
    DO  CASE
            CASE   CJ>=90
                REPLACE 等级 WITH "优"
                N1=N1+1
            CASE   CJ>=80
                REPLACE 等级 WITH "良"
                N2=N2+1
            CASE   CJ>=60
                REPLACE 等级 WITH "中"
                N3=N3+1
            CASE   CJ<60
                REPLACE 等级 WITH "差"
                N4=N4+1
    ENDCASE
ENDSCAN
? "优,良,中,差为: ",N1,N2,N3,N4
USE
SET TALK ON
RETURN
```

4.4 模块结构程序设计

应用程序一般都是多模块程序，可包含多个程序模块。模块是可以命名的一个程序段，可指主程序、子程序和自定义函数。

4.4.1 子程序的调用

1. 子程序的建立、调用与返回

对于两个具有调用关系的程序文件，常称调用程序为主程序，被调用程序为子程序。在 Visual FoxPro 中，子程序与主程序享有相同的"待遇"，即可以用 MODIFY COMMAND 命令来建立和修改，具有相同的扩展名.prg，并以同样的文件格式存储在磁盘上。所不同的是：在每个子程序中至少要有一个返回语句 RETURN（或 RETURN MASTER）。

已知，执行 DO 命令能运行 Visual FoxPro 程序，其实 DO 命令也可用来执行子程序模块。主程序执行时遇到 DO 命令，执行就转向子程序，称为调用子程序。子程序执行到 RETURN 语句，就会返回主程序中转出处的下一语句继续执行程序，称为从子程序返回，或者简称返主。

子程序的建立和调用可以使应用程序结构清晰、功能明确，便于编写、修改和调试，充分体现程序结构化、结构模块化、模块层次化的基本特征。

【例 4.17】试编写程序求解 $W=X!+Y!+Z!$（其中：X、Y、Z 的值均为一位正常数）。

程序如下：

主程序：

```
*P7.26.PRG
CLEA
SET TALK OFF
INPUT "X=" TO X
INPUT "Y=" TO Y
INPUT "Z=" TO Z
N=X
DO D:\教师档案管理\程序\SUB_2
A=T
N=Y
DO D:\教师档案管理\程序\SUB_2
B=T
N=Z
DO D:\教师档案管理\程序\SUB_2
W=A+B+T
?"W="+STR(W,7)
SET TALK ON
```

子程序：

```
*SUB_2.PRG
PUBLIC T
T=1                    &&给 T 赋初值 1
FOR I=1 TO N
T=T*I
ENDFOR
RETURN
```

由此例可以得出以下结论：

- 主程序在调用子程序之前，要先为子程序中的某些变量赋值，例如，N=X，N=Y，N=Z，以做好调用子程序的准备。
- 子程序执行完毕返回主程序时，要及时保存其运算结果，例如，A=T、B=T，以免再次调用子程序时将其破坏。

2. 子程序嵌套

主程序与子程序的概念是相对的，子程序还可调用自己的子程序，即子程序可以嵌套调用。Visual FoxPro 的返回命令包含了因嵌套而引出的多种返回方式。

【格式】RETURN [TO MASTER/TO <程序文件名>]

命令格式中的[TO MASTER]选项，可直接返回到最外层主程序；选项[TO <程序文件名>]可强制返回到指定的程序文件。

4.4.2　过程及过程调用

Visual FoxPro 与其他高级语言一样，支持结构化程序设计方法，允许将若干命令或语句组合在一起作为整体调用，这些可独立存在并可整体调用的命令语句组合称为过程。

1. 外部过程

外部过程也叫作子程序，和主程序一样是以程序文件（.prg）的形式单独存储在磁盘上。子程序是指能被其他程序调用的程序。通常情况下，被调用的程序称为子程序，调用它的程序称为主程序。子程序中必须使用的一条命令是返回命令 RETURN。

【格式】RETURN[<表达式>/TO MASTER/TO<程序文件名> =

【功能】返回到调用该子程序的上级程序。

【例 4.18】建立如下程序文件，理解如何调用子程序。

```
*P7.27.PRG
*正在执行主程序 MAIN.PRG
SET TALK OFF
CLEAR
DO PA11
SET TALK ON
*PA11.PRG
? "正在执行 PA11"
RETURN
```

2. 内部过程

把多个过程组织在一个文件中（这个文件称为过程文件），或者把过程放在调用它的程序文件的末尾。

Visual FoxPro 为了识别过程文件或者程序文件中的不同过程，规定过程文件或者程序文件中的过程必须用 PROCEDURE 语句说明，即过程文件的建立。

3. 过程文件的建立

【格式】

```
*过程文件名 1
PROCEDURE  <过程名 1>
<命令序列 1>
RETURN
…
```

```
PROCEDURE  <过程名 n>
<命令序列 n>
RETURN
```

过程文件中的每个子过程必须以 PROCEDURE 语句开头，后面是过程名，每个子过程以 RETURN 语句结束。

4．过程文件的打开

调用过程文件前，应先打开相应的过程文件。

【格式】SET PROCEDURE TO [<过程文件名 1>.PRG,[文件名 2…]] ADDITIVE

【功能】打开过程文件。

在调用过程前，过程文件如果被打开，过程文件中所有的子过程都会被打开，可以随时被调用。在 Visual FoxPro 中，如果要同时打开两个以上的过程文件，可以在过程文件名之间用逗号分开；如果分别打开多个过程文件，则后打开的过程文件将会关闭先前所打开的过程文件。为避免这种情况发生，在 SET PROCEDURE 命令中加入 ADDITIVE 参数。

调用过程和调用子程序一样，使用 DO<过程名>命令来调用指定的子过程。

5．过程文件的调用

【格式】DO <过程名> WITH <参数表>

【功能】执行以<过程名>为名的过程，即执行已有的过程。

6．过程文件的返回

【格式】RETURN[TO MASTER | TO<过程名>]

【功能】将控制返回到调用程序中调用命令的下一语句，即返回过程的调用处。

7．过程文件的关闭

当过程文件调用结束后，应及时关闭过程文件。可以使用下列命令关闭过程文件：

- SET PROCEDURE TO；
- CLOSE PROCEDURE。

【例 4.19】用过程文件分别计算圆的面积和球的体积。

过程文件：

```
PROCEDURE   圆面积                          &&过程
INPUT "圆的半径: "  TO R
S=3.1416*R^2
? "圆面积 = ",S
RETURN
PROCEDURE   球体积                          &&过程
INPUT "球的半径: "  TO  R
V=4/3*3.1416*R^3
? "球体积 = ",V
RETURN
```

主程序：

```
*P7.28.PRG
SET PROCEDURE TO D:\教师档案管理\程序\a21       &&打开过程文件
CLEAR
DO 圆面积.prg
DO 球体积.prg
SET PROCEDURE TO                              &&关闭过程文件
```

在磁盘上分别建立以上两个文件，运行主程序 CH7_21，则打开过程文件 P7_21，分别调用相应的子过程圆面积和球体积。

【例 4.20】建立如下程序文件，过程放在程序文件中。

主程序：

```
*P7.29.PRG
SET TALK OFF
? "正在执行主程序"
DO D:\vfp\SUB1
SET TALK ON
Procedure SUB1
? "正在执行 SUB1"
RETURN
```

【例 4.21】用过程文件实现对"学生管理"数据库的学生表进行查询、删除和插入操作。

主程序：

```
*P7.30.PRG                                      &&主程序文件名
SET TALK OFF
CLEAR
OPEN DATABASE D:\教师档案管理\学生管理
SET PROCEDURE TO D:\教师档案管理\程序\PROCE1.prg    &&打开过程文件
USE D:\教师档案管理\学生
INDEX ON 姓名 TO XM
DO  WHILE  .T.                                  &&显示菜单
CLEAR
@ 2,20 SAY      "学籍管理系统系统"
@ 4,20 SAY      "A:按姓名查询"
@ 6,20 SAY      "B:按记录号删除"
@ 8,20 SAY      "C:插入新的记录"
@ 10,20 SAY     "D:退出"
CH=" "
@ 12,20 SAY "请选择 A、B、C、D: " GET CH
READ
DO CASE
    CASE  CH="A"
      DO PROCE1
    CASE  CH="B"
      DO PROCE2
    CASE  CH="C"
      DO PROCE3
    CASE  CH="D"
    EXIT
ENDCASE
ENDDO
SET PROCEDURE  TO                               &&关闭过程文件
CLOSE DATABASE
SET TALK ON
```

过程文件：

```
*过程文件如下:
*PROCE.PRG                                      &&过程文件名
PROCEDURE PROCE1                                &&查询过程
CLEAR
```

```
ACCEPT  "请输入姓名: " TO  NAME
SEEK NAME
IF  FOUND()
DISPLAY
ELSE
?  "查无此人!"
ENDIF
WAIT
RETURN
PROCEDURE PROCE2                                     &&删除记录过程
CLEAR
INPUT "请输入要删除的记录号:"  TO N
GO N
DELETE
WAIT "物理删除吗 Y/N:"  TO FLAG
IF FLAG="Y" .OR. "y"
PACK
ENDIF
RETURN
PROCEDURE PROCE3                                     &&插入新的记录过程
CLEAR
APPEND
RETURN
```

4.4.3 过程调用中的参数传递

过程可以没有或有多个参数，其中多个参数由逗号隔开。

1. 有参过程中的形式参数定义

【格式】PARAMETERS <参数表>

【功能】该语句必须是过程中的第一条语句。<参数表>中的参数可以是任意合法的内存变量名。

2. 程序与被调用过程间的参数传递

程序与被调用过程间的参数传递是通过过程调用语句 DO <过程名> WITH <参数表>中 WITH <参数表>子句来实现的。

【格式】DO <文件名>/<过程名> WITH <参数表>

【说明】

① DO 命令<参数表>中参数称为实际参数，PARAMETERS 命令<参数表>中的参数称为形式参数。两个<参数表>中的参数必须相容，即个数相同，类型和位置一一对应。

② 实际参数可以是任意合法表达式，形式参数是过程中的局部变量，用来接收对应实际参数的值。

③ 参数的传递模式。

- 按值传递：按值传递时，传递给被调用过程（子过程）参数的是调用过程（父过程）调用时所使用的值。一般实参是一个变量或是一个表达式。

- 按地址传递：如果实参是一个变量（不是表达式），则传递给形参的是该变量的地址。这时形参和实参是同一个变量，在过程中改变形参的值，会同时改变实参的值。在默认模式下，变量按地址传递方式向过程传递，按值传递方式向函数传递。

【说明】

① 该命令必须放在本级程序的首行。

② 必须与 DO…WITH 配合使用。<内存变量表>中变量的个数要与上级程序中的 WITH <参数表>中的参数个数相同。各变量用逗号分隔，最多能传递 24 个参数。

③ 变量类型自动与上级程序中的参数相匹配。

④ 参数传递有两种方式：值传递和地址传递。如果使用值传递方式，则子程序中参数变化后的值不回传给上级调用程序；如果使用地址传递方式，则子程序中参数变化后的值要回传给上级调用程序。常量和表达式只能使用值传递方式，内存变量既可以使用值传递方式，又可以使用地址传递方式。使用值传递方式的变量要用括号括起来，使用地址传递方式的变量不加括号。如果不允许子程序改变传递参数变量的值，应该使用值传递方式；如果允许子程序改变传递参数变量的值，则要使用地址传递方式。

【例 4.22】写出下列程序的输出结果。

程序如下：

```
*P7.31. PRG
SET TALK OFF
x=1
y=3
DO sub WITH x,(y),5
? x,y
RETURN
PROCEDURE sub
PARAMETER a,b,c
a=a+b+c
b=a+b-c
RETURN
```

结果是：

```
9        3
```

【例 4.23】用参数传递编程，计算圆的面积。

程序如下：

```
*P7.32. PRG
SET TALK OFF
CLEAR
S=0
INPUT "请输入圆的半径:" TO R
DO AREA WITH R,S
? "圆的面积为:",S
SET TALK ON
?
PROCEDURE AREA                    &&计算面积的过程
PARA X,Y                         &&形参说明
Y=3.1416*X^2
RETURN
SET TALK ON
```

4.4.4　变量的作用域

程序设计离不开变量，如果以变量的作用来分，内存变量分为公共变量、私有变量和局部变量。

1．公共变量

公共变量是指在所有程序模块中都可以使用的内存变量。公共变量要先建立后再使用。

【格式】PUBLIC <内存变量表>

【功能】该命令的功能是建立公共的内存变量，并为它们赋初值逻辑假.F.。

【说明】

① 当定义多个变量时，各变量名之间用逗号隔开。

② 用 PUBLIC 语句定义内存变量，在程序执行期间可以在任何层次的程序模块中使用。

③ 变量定义语句要放在使用此变量的语句之前，否则会出错。

④ 任何已经定义为公共变量的变量，可以用 PUBLIC 语句再定义，但不允许重新定义为局部变量。

⑤ 使用公共变量可以增强模块间的通用性，但会降低模块间的独立性。

2．局部变量

局部变量是指在建立它的程序以及被此程序调用的程序中有效的内存变量。

【格式】LOCAL <内存变量表>

【功能】该命令的功能是建立指定的内存变量，并为它们赋初值逻辑假.F.。

【说明】

① 由于该命令 LOCAL 与 LOCATE 的前四个字母相同，所以这条命令的动词不能缩写。

② 在程序中没有被说明为公共变量的内存变量都被看作是局部变量。

在子程序中可以用 PRIVATE 命令隐藏主程序中可能存在的变量，使这些变量在子程序中暂时无效。命令格式为：

【格式 1】PRIVATE <内存变量表>

【格式 2】PRIVATE ALL [LIKE/EXCEPT <通配符>]

【说明】

① 用 PRIVATE 语句说明的内存变量，只能在本程序及其下属过程中使用，退出程序时，变量自动释放。

② 用 PRIVATE 语句在过程中说明的局部变量,可以与上层调用程序出现的内存变量同名,但它们是不同的变量，在执行被调用过程期间，上层过程中的同名变量将被隐藏。

3．私有变量

在程序中直接使用，并由系统自动隐藏建立的变量都是私有变量。私有变量的作用域是建立它的模块及其下属的各层模块。一旦建立它的模块程序运行结束，这些私有变量将自动清除。

【格式】PRIVATE [<内存变量表>] [ALL [LIKE/EXCEPT <通配符>]]

4.4.5　自定义函数

Visual FoxPro 为用户提供了几百个内部标准函数，但是并不能完全符合每个用户的需要，因此为了程序设计的需要，必须自行设计函数。用户按一定规则定义的函数，称为自定义函数。

【格式】

```
FUNCTION <函数名称> (变量名称)
    <语句序列>
    RETURN [<返回值>]
ENDFUNC
```

【功能】用户自定义一个函数。定义了函数之后，可将它保存在单独的程序文件中，也可放在一般程序的底部，但不能将可执行的主程序放在函数之后。调用自定义函数与一般内部函数相同，函数执行后返回一个数据给调用程序，<返回值>可以是常数、变量或表达式等。如果没在 RETURN 命令后加入返回值，Visual FoxPro 将自动返回.T.。当程序或用户自定义函数执行到 RETURN 命令就会立刻返回到调用程序中。

【例 4.24】利用自定义函数，求 $X!+ Y!$ 的结果。

程序如下：

```
*P7.33. PRG
CLEAR
INPUT "输入 X 的值: " TO X
U=JC(X)                         &&调用函数 JC
INPUT "输入 Y 的值: " TO Y
V=JC(Y)
?"SUM=",U+V
FUNCTION JC
PARAMETERS N
S=1
IF N>=1
FOR I=1 TO N
S=S*I
NEXT
ENDIF
RETURN (S)
ENDFUNC
```

在该例中定义了一个求阶乘的函数，函数名为 JC。$X!$ 的求法是在主程序内从键盘输入 X 的值，再调用 JC 函数求得 $X!$ 后将值带回主程序，最后将两个阶乘值相加。

调用函数可以使用以下几种方法：

```
? demof(7)                      &&打印函数的返回值
A=demof()                       &&使用变量接收函数的返回值
=demof()                        &&执行函数，不接收返回值
```

函数返回值可以有以下几种方式：

```
RETURNN  abcd                   &&返回变量
RETURN   xy/0.15                &&返回表达式
RETURN   .F.                    &&返回常数
RETURN   MYFUNC1()              &&返回自定义函数
RETURN   DAY(DATE())            &&返回内部函数
```

在程序设计时，什么时候该用子程序，什么时候该用函数，一般的做法是当程序代码比较多，工作重复且不需要返回值，使用子程序，而函数最重视其返回值，因此有没有返回值，经常是决定使用子程序或函数的关键。

4.5　程　序　调　试

程序调试就是确定程序出错的位置，然后加以改正，一直到达到预定的设计要求为止。程序调试往往是先分模块调试，当各模块都调试通过以后，再联合起来进行调试。通过联调后，便可试运行，试运行无误即可投入正常使用。

4.5.1　调试程序

程序的错误有两类：语法错误和逻辑错误。语法错误相对容易发现和修改，当程序运行遇到这类错误时，Visual FoxPro 会自动中断程序的执行，并弹出编辑窗口，显示出错的命令行，给出出错信息，这时可以方便地修改错误。逻辑错误不太容易发现，这类错误系统是无法确定的，只有由用户自己来查错。这时往往需要跟踪程序的执行，在动态执行过程中监视并找出程序中的错误。

没有人在写程序的时候不出错误。如果在编写程序时出现语法错误，那么在编译程序时 Visual FoxPro 就会指出，但 Visual FoxPro 的编译器对逻辑错误就无能为力了。逻辑错误不同于语法错误，程序可能是一系列语法正确的指令，但结果却是错误的。在长而复杂的程序中，逻辑错误可能会非常隐蔽和模糊。某些典型的情况包括：程序对一个没有预见到的变量的值错误地进行了处理，或计算的顺序错了，选择了错误的工作区或主索引，在使用了一系列的不同的表之后没有恢复先前的环境等。

当程序运行时产生错误或得到不正确的结果，往往需要跟踪程序的运行才能找出错误所在，为此 Visual FoxPro 提供了丰富的调试工具，帮助我们逐步发现代码中的错误，有效地解决问题。选择"工具"/"调试器"命令，就打开了调试器窗口，也可以使用下面的任意命令打开调试器：

- DEBUG；
- SET STEP ON；
- SET ECHO ON。

4.5.2　调用调试器

调用调试器的方法一般有两种：

① 选择"工具"/"调试器"命令。

② 在命令窗口输入 DEBUG 命令。

在 Visual FoxPro 中，打开调试器窗口后，可以打开五个子窗口：跟踪、监视、局部、调用堆栈、调试输出。系统默认显示：监视、局部和调用堆栈三个子窗口，如图 4-7 所示。

1. 跟踪窗口

在调试中，可以使用跟踪代码的方法，以此观察每一行代码的运行，同时检查所有的变量、属性和环境设置的值。

选择"窗口"/"跟踪"命令或单击工具栏中的"跟

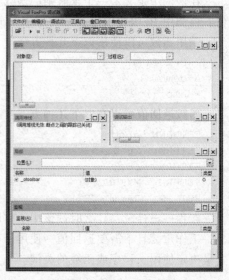

图 4-7　调试器窗口

踪"按钮可以打开跟踪窗口。选择"调试"/"运行"命令,在打开的"运行"对话框中,选择要跟踪的程序或表单,并在跟踪窗口中打开。

跟踪窗口左端的灰色区域会显示某些符号,常见的符号及其意义如下:

"→":指向调试中正在执行的代码行。

"●":断点。可以在某些代码行处设置断点,当程序执行到该代码行时,中断程序被执行。

控制跟踪窗口中的代码是否显示行号的方法是:在 Visual FoxPro 系统"选项"对话框的"调试"选项卡中选择"跟踪"单选按钮,然后选择"显示行号"复选框。

2. 监视窗口

监视窗口用于监视指定表达式在程序调试执行过程中的取值变化情况。要设置一个监视表达式,可在"监视"文本框中输入表达式的内容,按【Enter】键后表达式便添入文本框下方的列表框中。当程序调试执行时,列表框内将显示所有监视表达式的名称、当前值及类型。

双击列表框中的某个监视表式就可对它进行编辑。右击列表框中的某个监视表达式,然后在弹出的快捷菜单中选择"删除监视"命令可删除一个监视表达式。

在监视窗口中可以设置表达式类型的断点。

3. 局部窗口

局部窗口用于显示模块程序(程序、过程和方法程序)中的内存变量(简单变量、数组、对象),显示它们的名称、当前取值和类型。

可以从"位置"下拉列表框中选择指定一个模块程序,下方的列表框内将显示在该模块程序内有效(可视)的内存变量的当前情况。

单击局部窗口,然后在弹出的快捷菜单中选择"公共""局部""常用"或"对象"等命令,可以控制在列表框内显示的变量种类。

4. 调用堆栈窗口

调用堆栈窗口用于显示当前处于执行状态的程序、过程或方法程序。若正在执行的程序是一个子程序,那么主程序和子程序的名称都会显示在该窗口中。

模块程序名称的左侧往往会显示一些符号,常见的符号及其意义如下:

① 调用顺序序号:序号小的模块程序处于上层,是调用程序,序号大的模块程序处于下层,是被调用程序,序号最大的模块程序也就是当前正在执行的模块程序。

② 当前行指示器(→):指向当前正在执行的行所在的模块程序。

从快捷菜单中选择"原位置"和"当前过程"命令,可以控制上述两个符号是否显示。

5. 调试输出窗口

可以在模块程序中设置 DEBUGOUT 命令。

【格式】DEBUGOUT <表达式>

当模块程序调试执行到此命令时,会计算出表达式的值,并将计算结果送入调试输出窗口。

为了区别 DEBUG 命令,命令 DEBUGOUT 至少要写出六个字母。

若要把调试输出窗口中的内容保存到一个文本文件里,可以在调试器窗口中选择"文件"/"另存输出"命令,或选择快捷菜单中的"另存为"命令。要清除该窗口中的内容,可选择快捷菜单中的"清除"命令。

4.5.3 设置断点

在调试器窗口可以设置以下四种类型的断点：

- 类型一：在定位处中断。可以指定一个代码行，当程序调试执行到该代码时中断程序运行。
- 类型二：当表达式值为真时在定位处中断。指定一代码行以及一个表达式，当程序调试执行到该行代码时如果表达式的值为真，就中断程序运行。
- 类型三：当表达式值为真时中断。可以指定一个表达式，在程序调试执行过程中，当该表达式值为真时中断程序运行。
- 类型四：当表达式值改变时中断。指定一个表达式，在程序调试执行过程中，当该表达式值改变时中断程序运行。

不同类型断点的设置方法大致相同，但也有一些区别。

1．设置类型一断点

在跟踪窗口中找到要设置断点的那行代码，然后双击该行代码左端的灰色区域，或先将光标定位于该行代码中，然后按【F9】键。设置断点后，该代码行左端的灰色区域会显示一个实心圆点。用同样的方法可以取消已经设置的断点。

也可以在"断点"对话框中设置该类断点，其方法与设置类型二断点的方法类似。

2．设置类型二断点

在调试器窗口中，选择"工具"/"断点"命令，弹出"断点"对话框，从"类型"下拉列表框中选择相应的断点类型。在"定位"文本框中输入适当的断点位置，例如 A1pp，表示在模块程序 A1pp 的第 2 行处设置断点。在"文件"文本框中指定模块程序所在的文件。文件可以是程序文件、过程文件、表单文件等。在"表达式"文本框中输入相应的表达式。单击"添加"按钮，将该断点添加到"断点"列表框中，单击"确定"按钮。

与类型一断点相同，类型二断点在跟踪窗口的指定位置上也有一个实心点。要取消类型二断点，可以采用与取消类型一断点相同的方法，也可以先在"断点"对话框的"断点"列表框中选择断点，然后单击"删除"按钮。后者适合于所有类型断点的删除。

在设置该类断点时，如果觉得"定位"文本框和"文件"文本框的内容不好指定，也可以采用下面的方法进行设置：

在所需的位置上设置一个类型一断点，在"断点"对话框的"断点"列表框内选择该断点，重新设置类型并指定表达式。单击"添加"按钮，添加新的断点，选择原先设置的类型一断点，单击"删除"按钮。

3．设置类型三断点

在调试器窗口中，选择"工具"/"断点"命令，弹出"断点"对话框。从"类型"下拉列表框中选择相应的断点类型，在"表达式"文本框中输入相应的表达式，单击"添加"按钮，将该断点添加到"断点"列表框中。

4．设置类型四断点

如果所需的表达式已经作为监视表达式在监视窗口中指定，那么可在监视窗口的列表框中找到该表达式，然后双击表达式左端的灰色区域。这样就设置一个基于该表达式的类型四断点，灰色区域上会有一个实心圆点。

如果所需的表达式没有作为监视表达式在监视窗口中指定，那么可以采用与设置类型三断点相似的方法设置该类断点。

小　　结

通过本章的学习，读者应掌握以下内容：

- 程序的建立与维护。
- 程序的基本操作，如程序的运行、编译及编程时的一般规则等。
- 结构化程序设计的基本要点及顺序结构、选择结构和循环结构的编程概念和技巧。
- 子程序、过程文件、参数传递及自定义函数的概念和基本操作方法。
- 调用子程序或函数时数据的传递方法等。

思考与练习

一、思考题

1. 常用系统函数与表达式有何区别？

2. 在 Visual FoxPro 9.0 中，循环语句有哪几种？分别是什么？

3. 什么是外部过程？什么是内部过程？

4. 结构化程序设计的结构有哪几种？各自的特点是什么？

5. 什么是参数传递？

二、选择题

1. 下列关于属性、方法和事件的叙述中，（　　）是错误的。

A. 属性用于描述对象的状态，方法用于表示对象的行为

B. 基于同一个类产生的两个对象可以分别设置自己的属性值

C. 事件代码也可以像方法一样被显式调用

D. 在新建一个表单时，可以添加新的属性，方法和事件

2. 执行 WAIT 选择 TO ANS 命令后，内存变量 ANS 的类型是（　　）。

A. 字符型　　　　　　B. 数值型　　　　　　C. 日期型　　　　　　D. 逻辑型

3. FoxPro 的应用程序由三种基本结构组合而成，它们是（　　）。

A. 顺序结构、选择结构和循环结构

B. 顺序结构、循环结构和模块结构

C. 逻辑结构、物理结构和程序结构

D. 分支结构、重复结构和子程序结构

4. 下列关于 Visual FoxPro 输入输出指令的说法不正确的是（　　）。

A. INPUT 命令用来从键盘输入数据

B. 用 INPUT 命令输入数据时，若不输入任何数据，直接按【Enter】键，则系统会把空字符赋给指定的内存变量

C. ACCEPT 命令只能接收字符串

D. WAIT 命令能暂停程序执行，直到用户按任意键或单击鼠标时继续程序

5. 有如下 Visual FoxPro 程序：

```
SET TALK OFF
```

```
M=0
N=100
DO WHILE N>M
M=M+N
N=N-10
ENDDO
? M
RETURN
```

运行此程序显示 M 的值是（　　　）。

A. 0　　　　　　　　　B. 10　　　　　　　　　C. 100　　　　　　　　　D. 99

6. 有关 LOOP 语句和 EXIT 语句的叙述正确的是（　　　）。

A. LOOP 和 EXIT 语句可以写在循环体的外面

B. LOOP 语句的作用是把控制转到 ENDDO 语句

C. EXIT 语句的作用是把控制转到 ENDDO 语句

D. LOOP 和 EXIT 语句一般写在循环结构里面嵌套的分支结构中

7. 执行如下程序：

```
SET TALK OFF
S=0
I=2
INPUT "N=?" TO N
DO WHILE S<=N
   S=S+I
   I=I+1
ENDDO
? S
SET TALK ON
```

如果输入值为 5，则最后 S 的显示值是（　　　）。

A. 4　　　　　　　　　B. 5　　　　　　　　　C. 7　　　　　　　　　D. 9

8. 有如下程序：

```
USE CJ
M.ZF=0
SCAN
M.ZF=M.ZF+ZF
ENDSCAN
?M.ZF
RETURN
```

其中数据库文件 CJ.dbf 中有两条记录，内容如下：

	XM	ZF
1	林平	1100.00
2	赵钢	1000.00

运行该程序的结果应当是（　　　）。

A. 2100.00　　　　　　B. 1000.00　　　　　　C. 1100.00　　　　　　D. 1200.00

9. 下面关于过程调用的描述中，（　　　）是正确的。

A. 实参与形参的数量必须相等

B. 当实参的数量多于形参的数量时，多余的实参被忽略

C. 当形参的数量多于实参的数量时，多余的形参取逻辑假

D. B 和 C 都对

10. 如果一个过程不包含 RETURN 语句，或者 RETURN 语句中没有指定表达式，那么该过程（　　）。

A. 没有返回值　　　　B. 返回 0　　　　　　　　C. 返回.T.　　　　　D. 返回.F.

三、填空题

1. 定义公共变量用命令_____，定义私有变量用命令_____，定义局部变量用命令_____。

2.
```
N=6
S=1
DO WHILE N>1
   N=N-1
   S=S*N
ENDDO
? "S=",S
```
运行结果是_____。

3.
```
SET TALK OFF
  CLEAR ALL
  X=9
  IF INT(X/3)=X/3
    ? X*X
  ENDIF
  SET TALK ON
RETURN
```
运行结果是_____。

4.
```
SET TALK OFF
  CLEAR
  FOR K=1 TO 4
  FOR I=1 TO 2*K-1
    ?? "*"
   NEXT
    ?
   NEXT
   SET TALK ON
RETURN
```
运行结果是_____。

5.
```
LOCAL NVAR
NVAR=MYFUNC1(16)
WAIT WINDOWS "16算术平方根为:"+STR(M.NVAR)
FUNCTION MYFUNC1
* 该程序是计算数据的算术平方根
PARA X
RETURN SQRT(X)
```
运行结果是_____。

6. 在 Visual FoxPro 中，_____语句实现一种扩展的选择结构，它可以根据条件从多组代码中选择一组执行。

7. 假设主过程和子程序中都建立同一个变量，为了避免子程序的运行在无意间改变主程序中的变量的取值，可以用_____使此变量在子程序中暂时无效。

8. 在 Visual FoxPro 中，打开过程文件的命令格式是_____ [<过程文件 1>[,<过程序文件 2>,...]][ADDITIVE]。

9. 执行 FOR...ENDFOR 语句时，若步长为_____值，则循环条件为(循环变量)<=(终值)；若步长为_____值，则循环条件为(循环变量)>=(终值)。

10. 在程序中没有通过 PUBLIC 和 LOCAL 命令声明，而由系统自动隐含建立的变量都是____变量。

第 5 章 表 单 设 计

Visual FoxPro 9.0 中通过 "查询""视图""表单"可以实现数据的显示和编辑。后面章节要讲到的 "报表"和 "标签"可以实现数据的打印输出。Visual FoxPro 9.0 为用户提供了一个功能强大、操作方便的界面设计工具——表单设计器。与 "查询"和 "视图"相比,表单具有更大的灵活性,功能也更为强大。利用表单设计器可以方便、快捷地设计出美观、友好的界面,同时也为用户进行数据操作提供了方便。表单是 Visual FoxPro 9.0 中最为常见的数据显示及编辑界面。

本章重点介绍 Visual FoxPro 9.0 中表单的基本设计方法,通过向导创建表单和利用设计器创建表单。重点讲述了向表单中添加对象以及常用控件的使用方法。此外,还介绍了表单对象的管理等。

主要内容
- 面向对象程序设计基础。
- 创建和管理表单。
- 常用表单控件的使用。
- 表单控件的高级应用。

5.1 面向对象程序设计的基本概念

Visual FoxPro 支持面向对象程序设计(object-oriented programming, OOP)。面向对象的程序设计方法与编程技术不同于面向过程程序设计,用户在程序设计时,主要考虑如何创建对象,并利用对象来简化程序设计。

5.1.1 面向对象的概念

当今的计算机大型应用软件开发领域,面向对象技术正在逐步取代面向过程的程序设计技术。下面就面向对象的基本概念进行简单介绍。

1. 什么是面向对象程序设计

面向对象程序设计是目前程序设计方法的主流,也是程序设计在思维和方法上的一次巨大进步。面向对象程序设计实际上是在 "组装"程序,每个对象中的代码对于许多编程人员来说是透明的,编程人员更为关心的是功能和接口,也就是对象所具有的属性和方法程序。

2. 面向对象的程序设计的新特性

Visual FoxPro 完全支持面向对象的设计方法,但同时又提供对面向过程的支持,从而为程序设计带来巨大的方便。可以使用户的程序具有以下特点:
- 代码更为精练。
- 对象可以很容易地组装成为应用程序,而不必把太多的精力用于关心每一个对象的细节。
- 代码的维护和代码的复用更为方便,大型程序的构造更为简单。

- 通过抽象思维的方式，把日常生活中常见的问题简化成人们易于理解的模型，然后再在此模型之间建立关系，从而最终形成一个完整的系统。

3．基本术语

下面简单介绍常见的几个有关面向对象程序设计的术语。

（1）对象（object）

生活中的对象是指各种大大小小的具体的客观事物。但在程序设计中，对象是私有数据和对这些数据进行处理的操作（方法程序）相结合的程序单元（实体）。一个"表单"可以看作一个对象，"表单"中的一个"命令按钮"、一张图片也可以看作对象。

（2）属性（property）

属性定义了对象所具有的数据，它是对象所有特征数据的集合。每个对象都具有"属性"，"属性"值可以在设计阶段设置，也可以在运行阶段更改，但有些"属性"是只读属性，不可改变。

（3）方法程序（method）

方法程序是指对象为实现一定功能而编写的代码。

（4）事件（event）

事件是用户或系统的动作所引发的事情，由用户或者系统的操作而激活。Visual FoxPro 中的事件通常包括键盘"事件"和鼠标"事件"，如单击鼠标就发生了一个 Click 事件。为了响应事件，可以为事件加入相应的代码，也可以执行某个方法。

（5）类（class）

类是一组具有相同特性的对象的抽象定义。类是具有相同或相似特征的对象的抽象，对象是类的具体的实例。类可以具有子类（subclass），子类可以继承父类所有的属性和方法，也可以根据需要加入新属性和方法。

（6）类与对象运算符

专门用于实现面向对象的程序设计。

- "."点运算符：确定对象与类的关系，以及属性、事件和方法与其对象的从属关系。
- "::"作用域运算符：用于在子类中调用父类的方法。

5.1.2　Visual FoxPro 中的类

1．类的概念

（1）类与对象

在面向对象程序设计中，类与对象都是应用程序的组装模块。

类是已经定义的关于对象的特征和行为的模板。在表单控件工具栏中，每个控件按钮都代表一个类，用其中某个按钮在表单上创建的一个控件就是一个对象。从上可以看出：

- 类是对象的定义。类规定并提供了对象具有的属性、事件和方法程序。
- 对象通过类来产生。对象是类的实例。

（2）基类（base class）

基类是 Visual FoxPro 预先定义的类，在"新建类"对话框的"派生于"下拉列表中，包含全部基类，例如表单（Form）、表单集（FormSet）等。基类可作为用户定义类的基础。用户可以基类为基础创建新类，并增添自己需要的新功能。

（3）子类（subclass）

以某个类的定义为起点创建的新类称为子类，前者称为父类。例如，从基类来创建新类时，基类是父类，新类是子类。

新类将继承父类的全部特征，包括对父类所做的任何修改。

一个子类可以拥有其父类的全部功能，但也可以增加自己的属性和方法，使其具有与父类不同的特殊性。

如果创建一个合适的子类，并在多处创建它的实例，就能使代码得到重复使用，因此定义子类是减少代码的途径之一。

2．类的特征

类是模板，它规定了各类对象的属性、事件和方法程序。此外，类还具有类的封装性、继承性、多态性、抽象性四大特征。

这些特征有利于提高代码的可重用性和易维护性。

（1）封装性

封装指包含并隐藏对象信息，如内部数据结构、对象的方法程序和属性代码。

封装隐藏了对象内部的细节，如对一个命令按钮设置 Caption 属性时，不必了解标题字符串是如何存储的。隐藏对象信息的优点有：

- 有利于对复杂对象的管理。由于隐藏了对象内部细节，使用户能集中精力来使用对象的特性。
- 有利于程序的安全性。隐藏对象信息能防止代码不慎受到破坏。

（2）继承性

继承性包括以下内容：

- 对象能自动继承创建它的类的功能。
- 子类能自动继承父类的功能。
- 对一个类的改动能自动反映到它的所有子类中。

继承性不仅节省了用户的时间和精力，同时也减少了维护代码的难度。所以，继承性是合理地进行代码维护的重要措施。

（3）多态性

多态性指一些关联的类包含同名的方法程序，但方法程序的内容可以不同，具体调用在运行时根据对象的类确定。

（4）抽象性

抽象性指提取一个类或对象与众不同的特征，而不对该类的所有信息进行封装处理。

3．Visual FoxPro 的基类

Visual FoxPro 中的基类又可以分为容器类和控件类。

（1）容器类

可以包含其他对象的类称为容器类。容器对象可作为父对象，其包含的对象称为子对象。例如，表单对象作为容器，可以包含命令按钮、文本框、复选框等子对象。容器内还可以包含容器类对象，如表单容器内包含表格、页框、命令按钮组等容器对象。而子容器中还可以包含命令按钮、选择按钮等控件对象。表 5-1 列出了基类中主要的容器类。

表 5-1　Visual FoxPro 中的容器类

容器类名称	说　明
列（Column）	可以容纳表头等对象，但不能容纳表单、表单集、工具栏和计时器
命令按钮组（Command Button Group）	只能容纳命令按钮
表单（Form）	可以容纳页框、容器控件、容器或自定义对象
表单集（FormSet）	可以容纳表单、工具栏
表格（Grid）	只能容纳表格列
选项按钮组（Option Button Group）	只能容纳选项按钮
页面（Page）	只能容纳控件、容器和自定义对象
页框（PageFrame）	只能容纳页框
工具栏（ToolBar）	可容纳任意控件、页框和容器

（2）控件类

不允许包含其他对象的类称做控件类，换句话说，控件对象不能作为父对象。例如，命令按钮、选择按钮、复选框、文本框、标签等控件对象，就不能包含其他对象。表 5-2 所示为 Visual FoxPro 中常用的控件类。

表 5-2　Visual FoxPro 中的控件类

控件类名称	说　明
复选框（CheckBox）	创建一个复选框
组合框（ComboBox）	创建一个组合框
命令按钮（Command-Button）	创建一个单一的命令按钮
编辑框（EditBox）	创建一个编辑框
图像（Image）	创建一个显示.bmp 文件的图像控件
标签（Label）	创建一个用于显示正文内容的标号
线条（Line）	创建一个能够显示水平线、垂直线或斜线的控件
列表框（ListBox）	创建一个列表框
选项按钮（Option-Button）	创建一个单一的选项按钮
形状（Shape）	创建一个显示方框、圆或者椭圆的形状控件
微调（Spinner）	创建一个微调按钮
文本框（TextBox）	创建一个文本框
计时器（Timer）	创建一个能够规则地执行代码的计时器

5.1.3　Visual FoxPro 中的对象及其概念

面向对象的设计方法是按照人们习惯的思维方式建立模型，模拟客观世界。客观是由一系列的具有动作的对象构成的，一个复杂的对象还可能包含若干个简单的对象，每个对象都具有一定的性质，并且执行一些操作和对应的动作。对象所具有的性质称为对象的属性；对象所执行的一些操作被称为对象的方法；对象所对应的动作称为对象的事件。下面介绍对象的基本概念。

1．对象

在 Visual FoxPro 中，对象是构成程序的基本单位和运行实体。在面向对象程序设计中，现实世界的事物均可抽象为对象。例如，表单上的命令按钮是对象，表单本身也是对象。在 Visual FoxPro 中，对象又可区分为控件和容器两种。

① 控件：控件是表单上显示数据和执行操作的基本对象。

② 容器：容器是可以容纳其他对象的对象，表 5-1 列出了 Visual FoxPro 的容器及其可能包含的对象。

表单控件工具栏上的按钮中，有的能创建控件，如命令按钮、文本框和列表框等按钮；有的能创建容器，如命令按钮组、表格、页框等按钮。

任何对象都具有自己的特征和行为。对象的特征由它的各种属性来描绘，对象的行为则由它的事件和方法程序来表达。

2．属性

对象的属性用来表示它的特征，以命令按钮为例，其位置、大小、颜色以及该按钮上显示文字还是图形等状态，都可用属性来表示。例如，命令按钮控件的常用属性设置如表 5-3 所示。

表 5-3　命令按钮控件的常用属性

属　　性	说　　明
Name	命令按钮名称，编程时用
Caption	命令按钮上显示的文本
FontName	命令按钮上文本的字体
FontSize	命令按钮上文本的尺寸
ForeColor	命令按钮上文本的颜色
BackColor	命令按钮上文本的背景
Top	命令按钮顶边的位置
Height	命令按钮的高度
Width	命令按钮的宽度

3．对象引用

在面向对象的程序设计中常常要引用对象，或引用对象的属性、事件与调用方法程序。

（1）对象引用规则

① 通常用以下引用关键字开头。

● THISFORMSET：表示当前表单集。

● THISFORM：表示当前表单。

● THIS：表示当前对象。

● PARENT：当前对象的直接容器对象。

② 引用格式：引用关键字后跟一个点号 "."，再写出被引用对象或者对象的属性、事件或方法程序。例如：

```
THIS.Caption                    && 本对象（表单或控件）的 Caption 属性
THISFORM.Cls                    && 本表单的 Cls 方法程序，清除表单中的图形和文本
```

③ 允许多级引用，但要逐级引用。例如：

```
THISFORM.Command1.Caption     &&本表单的 Command1 命令按钮的 Caption 属性
THIS.Command1.Click           &&本对象的 Command1 命令按钮的 Click 事件
```

（2）几种常用的引用格式

```
THISFORMSET.PropertyName/Event/Method/ObjectName
THISFORM.PropertyName/Event/Method/ObjectName
THIS.PorpertyName/Event/Method/ObjectName
ObjectName.PropertyName/Event/Method/ObjectName
```

其中，PropertyName 表示属性名，Event 表示事件，Method 表示方法程序，ObjectName 表示对象名。

（3）控件也可引用包含它的容器

【格式】`Control.Parent`

其中，Control 表示控件，Parent 表示容器。

例如，THIS.Parent.Command1.Caption 表示引用本对象的容器的 Command1 命令按钮的 Caption 属性。

（4）设置对象的属性

设置对象的属性可以在属性窗口中进行可视化设置，可以在程序中用如下格式进行设置：

【格式】引用对象.属性 = 值

例如：

```
thisform .text1.value="只要功夫深，铁棒磨成针。"
```

想一次设置多个属性时，可以采用 WITH … ENDWITH 语句。如：

```
WITH form1.text1
Value="书山有路勤为径"
ForeColor=rgb(255,0,0)
FontSize=18
FontName="隶书"
FontBold=.T.
ENDWITH
```

总之，类是生成对象的模具，而对象是按类在应用程序中生成的实例。Visual FoxPro 系统提供了 30 余个基类，并为每个基类规定了可使用的属性、方法和事件。用户可按基类定义自己使用的类，并同时创建应用中的对象。也可以说，对象就是具有具体属性并指派了方法和事件的类的实例。例如，命令按钮基类具有系统规定的属性、方法和事件。如果在应用中选用命令按钮，就应按命令按钮基类中规定的属性，按需要设置具体的属性值；选用命令按钮基类中所规定的方法和事件，并添加事件程序代码，构建出命令按钮类的实例，即命令按钮对象。

5.1.4　Visual FoxPro 中的事件和事件过程

1. 事件

事件（event）泛指由用户或系统触发的一个特定的操作。例如，若用鼠标单击命令按钮，将会触发一个 Click 事件。一个对象可以有多个事件，但每个事件都是由系统预先规定的。一个事件对应于一个程序，称为事件过程。表 5-4 列出了 Visual FoxPro 常见的部分事件。

表 5-4 Visual FoxPro 部分常见事件

事 件	触 发 时 机	事 件	触 发 时 机
Load	创建对象前	MouseUP	释放鼠标键时
Init	创建对象时	MouseDown	按下鼠标键时
Activate	对象激活时	KeyPress	按下并释放某键盘键时
GotFocus	对象得到焦点时	Valid	对象失去焦点前
Click	单击鼠标左键时	LostFocus	对象失去焦点时
DblClick	双击鼠标左键时	Unload	释放对象时

2．事件驱动工作方式

事件一旦被触发，系统马上就去执行与该事件对应的过程。待事件过程执行完毕后，系统又处于等待某事件发生的状态，这种程序执行方式明显地不同于面向过程的程序设计，称为应用程序的事件驱动工作方式。

由上可知，事件包括事件过程和事件触发方式两方面。事件过程的代码应该事先编写好。事件触发方式可细分为三种：由用户触发，如单击命令按钮事件；由系统触发，如计时器事件，将自动按设置的时间间隔发生；由代码引发，如用代码来调用事件过程。

3．为事件（或事件过程）编写代码

编写代码先要打开代码编辑窗口，打开某对象代码编辑窗口的方法有多种：

① 双击该对象。

② 选定该对象的快捷菜单中的代码命令。

③ 选定显示菜单的代码命令。

如果没有为对象的某些事件编写程序代码，当事件发生时系统将不会发生任何操作。如果未给命令按钮的 Click 事件编写程序代码，用户即使单击该按钮，也不会产生任何操作。

4．方法程序

（1）基本概念

方法程序这个名词与方法一词的概念完全不同，后者仅含通常意义，前者则是一个关于对象的概念。

方法程序是 Visual FoxPro 为对象内定的通用过程，能使对象执行一个操作。方法程序过程代码由 Visual FoxPro 定义，对用户是不可见的。下面举两个例子加以说明：

① Cls 方法程序。

【格式】`Object.Cls`

【功能】清除表单中的图形和文本。

格式中的前缀 Object 表明方法程序的所有者，如某个指定的表单。Cls 是方法程序名，相当于过程名。

② Refresh 方法程序。

【格式】`[Form.]Object.Refresh`

【功能】重新绘制表单或控件，并刷新所有的值。

表单的 Refresh 方法程序除可在事件代码中调用外，当移动表的记录指针时，Visual FoxPro 会自动调用它，并将表单所含控件的 Refresh 方法程序全都执行一遍。

尽管方法程序的过程代码不可见，但还是可以修改的。但要注意，用户在代码编辑窗口写入的代码相当于为该方法程序增加了功能，而 Visual FoxPro 为该方法程序定义的原有功能并不清除。打开代码编辑窗口的方法则与事件相同。

属性或方法程序的设置与修改，可分在设计（交互方式操作）和运行（执行代码）两个阶段进行。对于某个属性或方法程序，须要了解允许在哪个阶段进行。"设计时可用"表示可通过交互操作进行设置，"运行时可用"表示可由代码来实现。一般在属性列表中显示的属性设计时均可更改，还有些属性，如 Caption 在设计时和运行时均可修改。

由此可知，对象的属性、事件和方法程序数量较多，而且一个应用程序将会包含多个对象。但是用户不须担心，因为多数属性、事件和方法程序不需用户设置，只要使用默认值便可以了。

（2）方法程序的调用

方法程序一般在事件代码中调用，调用时须遵循对象引用规则。下面以画图程序为例。

Circle 方法程序：

【格式】`Object.Circle (nRadius[,nXCoord,nYCoord[,nAspect]])`

【说明】

① Object 表示指定的表单。

② nRadius 表示半径。

③ nXCoord、nYCoord 分别表示圆心的横坐标和纵坐标。

④ nAspect 表示圆的纵横尺寸比，取 1.0（默认值）时产生一个标准圆，大于 1.0 产生一个垂直椭圆，小于 1.0 产生一个水平椭圆。

⑤ Object 的 ScaleMode 属性决定度量单位。

从 Circle 方法程序格式可知，这是带参数的方法程序，调用时须给出参数的实际值。如：

`thisform.Circle (50,100,50,0.5)`

（3）Visual FoxPro 常用的方法

Visual FoxPro 常用的方法如表 5-5 所示。

表 5-5　Visual FoxPro 常见方法

方法名称	调用语法	功　能
AddObject	Object. AddObject (cName, cClass[, ...])	在运行时向容器对象中添加对象
Clear	Object.Clear	清除组合框或列表框控件中的内容
Hide	Object.Hide	通过把 Visible 属性设置为.F. 来隐藏表单、表单集或工具栏
Show	Object.Show	把 Visible 属性设置为.T. 显示并激活一个表单或表单集，并确定表单的显示模式
Refresh	Object.Refresh	重画表单或控件，并刷新所有值
Release	Object.Release	从内存中释放表单或表单集
Quit	Object.Quit	结束一个 Visual FoxPro 9.0 实例，返回到创建它的应用程序

5.2　创　建　表　单

创建表单的方式有两种：一是使用表单向导创建表单；二是使用表单设计器创建、设计新的表单或修改已有的表单。下面从表单向导开始，逐步由浅入深地介绍创建表单的方法，使读者对表单有一个初步的了解。

5.2.1 使用表单向导创建表单

1. 创建单表表单

利用表单向导可以快速地创建一个表单，但它是为单个表或视图创建操作数据的表单。如果要使用该表单向导为多个表或视图创建操作数据的表单，须要先创建一个视图，把分布在多个表或视图中的有关字段搜集到一起，然后再利用该向导功能创建表单。

【例 5.1】使用表单向导创建一个教师基本情况的表单。

操作步骤如下：

① 在项目管理器窗口中，选择"文档"选项卡，并选择"表单"选项，然后单击"新建"按钮，出现"新建表单"对话框，如图 5-1 所示。

② 在"新建表单"对话框中，单击"表单向导"按钮，进入"向导选取"对话框。"向导选取"对话框中列出了系统提供的两种向导：表单向导和一对多表单向导，如图 5-2 所示。这里选择"表单向导"选项，然后单击"确定"按钮，这时启动表单向导，弹出表单向导中的字段选取对话框。

图 5-1 "新建表单"对话框

图 5-2 "向导选取"对话框

③ 在字段选取对话框中，选择"教师档案管理系统"数据库中的"教师基本情况表"，"可用字段"列表框列出了选定表中的所有字段，单击所需字段，然后单击右箭头按钮，将其添加到"选定字段"列表框中。本例选择教师基本情况表中的部分字段，如图 5-3 所示。

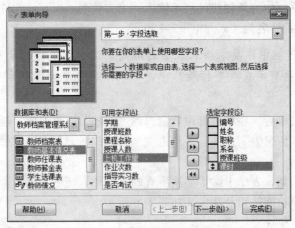

图 5-3 字段选取

注意： 由于"表单向导"只能创建基于一个表或视图的表单，所以在选定字段后，如果再选择另外的数据表，则原来选定的字段将全部取消。

④ 在选择表单样式对话框中，向导提供了九种表单样式供用户选择。这九种样式分别是标准式、凹陷式、阴影式、边框式、浮雕式、新奇式、石墙式、亚麻式和彩色式。当用户选择一种样式后，在对话框左上角的放大镜中显示出该样式的效果。按钮类型决定了表单中按钮的样式，这里提供了四种方式供用户选择，分别是文件按钮、图片按钮、无按钮和定制。选择表单的"样式"为彩色式，"按钮类型"为文件按钮。确定后单击"下一步"按钮，如图 5-4 所示。

⑤ 在排序次序对话框中可以确定表单中记录的排列顺序，其设置方法与前面学习过的查询和视图向导中的完全一样。如果选定的字段包含有重复值，则最多选择三个字段来进行排序，也可以选择一个索引标识来排序记录。本例选择"编号"字段，按升序排序表单记录，如图 5-5 所示。

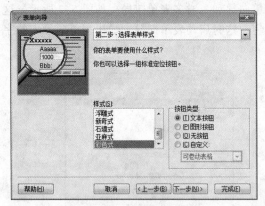 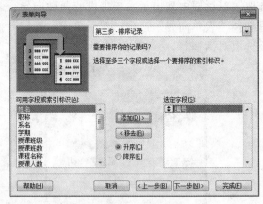

图 5-4　选择表单样式　　　　　　　图 5-5　排序次序

⑥ 在完成对话框中向导为用户提供了三种表单保存方式，可以根据自己的需要选择一种方式保存单表。在单击"完成"按钮前，用户可以先单击"预览"按钮，来观察以上所创建的表单是否满意。如果对设计不满意，可单击"上一步"按钮来进行修改；如果对设计满意，可单击"完成"按钮，如图 5-6 所示。

在"另存为"对话框中为新创建的表单输入一个文件名，保存该文件，如"教师基本情况表"，表单文件默认的扩展名为.scx，如图 5-7 所示。

注意： 在完成对话框中，要求输入表单的标题，这里表单的标题与保存表单输入的文件名不一样。表单标题显示在表单标题栏中，而表单文件名是保存表单文件的，两者是不同的。

保存好新创建的表单后，在项目管理器窗口的"文档"选项卡中，展开"表单"选项，选择新创建的"教师基本情况表"文件，并单击"运行"按钮，运行"教师基本情况表"表单，运行结果如图 5-8 所示。

从运行结果可以看到，表单中除了显示所有的字段外，还创建了多个功能按钮，这些按钮由向导自动提供，表单功能按钮及其含义如表 5-6 所示。

图 5-6 完成

图 5-7 "另存为"对话框

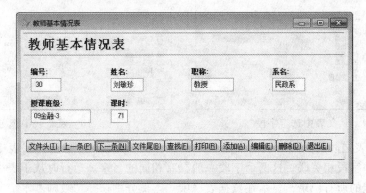

图 5-8 创建的教师基本情况表单

表 5-6 表单功能按钮及其含义

按 钮 名 称	含 义	按 钮 名 称	含 义
第一个	移到第一条记录	打印	打印记录
前一个	移到上一条记录	添加	在数据表的末尾添加一条记录
下一个	移到下一条记录	编辑	编辑当前记录
最后一个	移到最后一条记录	删除	删除当前记录
查找	打开"搜索"对话框,查找满足条件的记录	退出	关闭并退出运行表单

2．创建一对多表单

前面创建的表单是基于一个表或视图的简单表单。在实际应用中,表与表之间往往存在某种关系,其中最常见的是一对多的表间关系,即父表中的一条记录在子表中有多条记录与它相对应,它们之间通过某一字段相连接。

【例 5.2】在"教师档案管理系统"数据库中,创建教师基本情况表和教师任课表之间一对多的关系。

操作步骤如下:

① 在项目管理器窗口中,选择"文档"选项卡,选择"表单"选项,然后再单击"新建"按钮,在弹出的"新建表单"对话框中,单击"表单向导"按钮,进入向导选择对话框。

② 在向导选择对话框中选择"一对多表单向导"选项,单击"确定"按钮,这时弹出"一

对多表单向导"的第一个对话框——从父表中选定字段。

③ 从父表中选定字段对话框中选择父表"教师基本情况表"，将表中"编号""姓名""职称"三个字段添加到"选定字段"列表框中，如图 5-9 所示。父表字段选定以后，单击"下一步"按钮，弹出从子表中选定字段对话框。

④ 从子表中选定字段对话框中选择子表"教师任课表"，将全部字段添加到"选定字段"列表框中，如图 5-10 所示。子表字段选定以后，单击"下一步"按钮，弹出建立表之间的关系对话框。

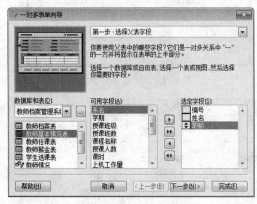

图 5-9　从父表中选定字段

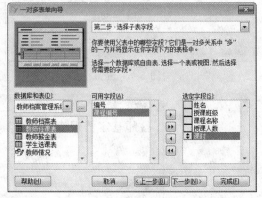

图 5-10　从子表中选定字段

⑤ 在建立表之间的关系对话框中建立父表和子表的关联。一般选择父表中的主关键字段和子表中的某一字段相关联，这两个字段一般具有相同的名字。运行时从子表中检索与父表主关键字段相匹配的所有记录，显示在数据表格中。本例分别选择"教师基本情况表"和"教师任课表"中的编号字段，如图 5-11 所示。

⑥ 在选择表单样式对话框的"样式"列表框中选择"浮雕式"选项，如图 5-12 所示。

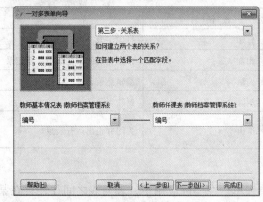

图 5-11　建立表之间的关系

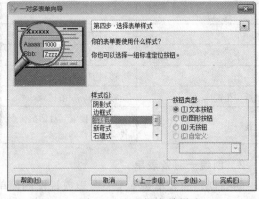

图 5-12　选择表单样式

⑦ 在"排序记录"对话框中选择"编号"字段，并设置按升序排序，如图 5-13 所示。

⑧ 在完成对话框中输入表单标题；制定表单存储后，单击"完成"按钮，如图 5-14 所示。

在项目管理器窗口中，选择"文档"选项卡，选择"表单"中新创建的教师代课情况查询表单，单击"运行"按钮查看运行结果，如图 5-15 所示。

从运行结果可以看到，表单上半部分显示的是父表教师基本情况表中的记录，下半部分显示子表教师任课表中与父表相匹配的记录。当父表中的记录变化时，子表中的记录也相应随之变化。同时，利用定位按钮来编辑父表和子表中的记录也是非常方便的。

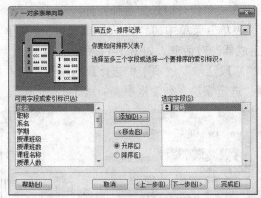

图 5-13 排序记录

图 5-14 完成

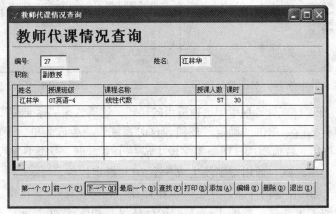

图 5-15 教师代课情况查询表单

5.2.2 使用表单设计器创建表单

由向导创建的表单格式单一，定位按钮统一。有时用户希望根据自己的需要设计表单，相应的控件和样式由自己设置，生成一个更完美、功能更强大的表单。下面介绍如何使用表单设计器创建表单。

1. 创建快速表单

使用表单生成器可以快速创建表单，用户只须选择字段和表单样式就可快速创建一个表单。在使用表单生成器前，必须先启动表单设计器，再创建表单。

【例 5.3】使用表单生成器快速创建基于教师基本情况表的一个表单。

操作步骤如下：

① 启动表单设计器：在项目管理器窗口中，选择"文档"选项卡，选择"表单"选项，然后再单击"新建"按钮，弹出"新建表单"对话框，单击"新建表单"按钮，打开表单设计器窗口，显示空白表单，如图 5-16 所示。表单设计器窗

图 5-16 表单设计器窗口

口中还显示了一个"表单控件"工具栏，主要用来在表单设计时添加各种控件。

② 启动表单生成器：在系统菜单中，选择"表单"菜单中的"快速表单"命令，或单击"表单控件"工具栏中的按钮，即可弹出"表单生成器"对话框，如图 5-17 所示。

③ 字段选择：在"表单生成器"对话框的"字段选取"选项卡中选择数据库和表，本例选择教师基本情况表，并将它的部分字段添加到"选定字段"列表框中，如图 5-18 所示。

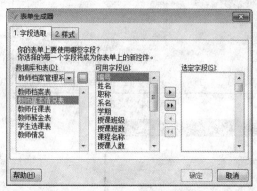

图 5-17 "表单生成器"对话框

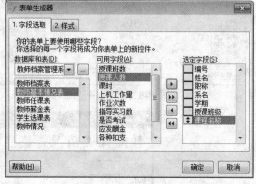

图 5-18 字段选取

④ 选择样式：在"样式"选项卡中选择适当的样式，这里选择"标准式"，如图 5-19 所示。

在选择字段和样式后，单击"确定"按钮，这时系统快速生成表单，表单中各字段都生成一个标签，其中字符型、数值型、日期型等字段生成一个文本框，逻辑型字段生成一个复选框，备注型字段生成一个编辑框，通用型字段生成一个 OLE 绑定控件。

⑤ 保存表单：关闭表单设计器，并把表单保存在"教师 1.scx"文件中。

浏览刚刚创建的表单文件"教师 1.scx"的运行结果，如图 5-20 所示。在运行的结果中可以编辑修改表单中的记录，但快速生成的表单形式单一，缺少各种定位按钮，操作非常不便，因此可以使用表单设计器来弥补它的不足。

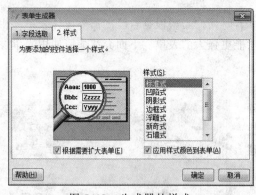

图 5-19 生成器的样式

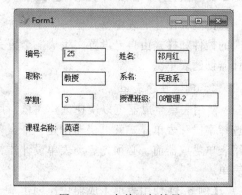

图 5-20 表单运行结果

2. 使用表单设计器创建表单

使用表单向导或表单生成器能快速、简捷、方便地创建表单，设计过程简单，但这种方法并不灵活，所创建表单的外观及功能也受到了限制。使用表单设计器，用户可以按照自己的要求，在一张空白表上设计出外表美观、功能齐全实用的表单。使用表单设计器，不仅可以创建基于一个表或视图的表单，还可以创建基于多个表或视图的表单，这些表或视图之间必须建立一种关联。

【例 5.4】利用"教师基本情况表"和"教师任课表"，设计一个表单，表单中含有两个表中的部分字段。

操作步骤如下：

① 启动表单设计器：具体操作同例 5.3 中的步骤①。

② 设置数据环境：在表单设计器窗口中，有一个标题为 Forml 的空白表单（其大小可以改变）。选择"显示"/"数据环境"命令或单击"表单设计"工具栏中的"数据环境"按钮，系统启动数据环境设计器窗口，并显示"添加表或视图"对话框，如图 5-21 所示。

如果"添加表或视图"对话框已关闭，选择"数据环境"/"添加"命令可以将它打开。

③ 建立表的关联：将教师情况中的"教师基本情况表"和"教师任课表"分别添加到数据环境设计器窗口中，并设置两个表之间的关联，将"教师基本情况表"中的主关键字段"编号"拖到"教师任课表"中"编号"字段上，如图 5-22 所示。

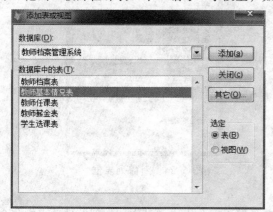
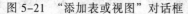
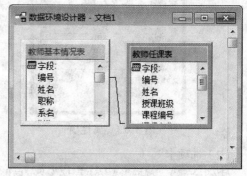

图 5-21　"添加表或视图"对话框　　　　　　图 5-22　建立表的关联

④ 添加字段：将数据环境设计器窗口的数据表中的相关字段拖到表单设计器空白表格中。在添加字段过程中，可以一次拖动多个字段（按【Ctrl】键，依次单击要拖动的字段，再把字段拖到表单相应的位置上），这些字段内容以表格的形式显示出来。

对于拖到表单中的字段，右击可以对它进行剪切或复制等操作。

如前所述，添加到表单中的字段都有一个标签，它显示字段的名字。如果添加的是字符型、数值型、日期型等字段，系统生成一个文本框，逻辑型字段生成一个复选框，备注型字段生成一个编辑框，通用型字段生成一个 OLE 绑定型控件。这种字段映像关系是系统默认的关系，用户可以通过选择菜单栏中的"工具"/"选项"命令进行操作，在打开的"选项"对话框中选择"字段映像"选项卡，设置映像字段的类型，改变这种映像关系，创建指定类型的控件。利用表单设计器，还可以修改和完善使用表单向导所创建的表单。

5.2.3　表单属性

在表单设计器中，有一个"属性"窗口，用来显示选择对象的属性。表单由许多控件（又称为对象）组成，这些控件彼此独立，每个对象都具有自己的属性，如颜色、尺寸大小、标题、名字及在屏幕上的位置等都是它的属性，可以通过"属性"窗口来定义或修改对象的各种属性。

打开属性窗口的方法是选择系统菜单栏中的"显示"/"属性"命令，或单击表单设计工具栏中的"属性窗口"按钮，屏幕显示属性窗口，如图 5-23 所示。

属性窗口由对象列表、选项卡、属性设置框和属性列表及属性值四部分组成。各组成部分的含义如下：

（1）对象列表

用于显示当前选择对象的名称。单击其右侧的下拉按钮，列表框中将列出当前表单及表单中所包含的控件的名称，如图 5-24 所示。

图 5-23　属性窗口

图 5-24　对象列表框

（2）选项卡

由"全部""数据""方法程序""布局""其他"五部分组成。其中"全部"选项卡中包含了其他四个选项卡中的所有属性、方法程序。

- 全部：用于显示选择对象的全部属性、事件和方法代码。
- 数据：显示对象的数据属性。
- 方法程序：显示对象的方法程序。
- 布局：显示对象的外观属性。
- 其他：用户自定义对象属性。

（3）属性设置框

设置或更新所选择属性列表的属性值。其中：

- √ 接受按钮：表示确认所更改的属性值。
- × 取消按钮：表示取消更改，返回原来的属性值。
- fx 函数按钮：表示可以打开一个表达式生成器生成一个表达式。

（4）属性列表及属性值

显示所选对象的相应属性及当前值。

（5）快捷菜单

右击属性窗口，可以打开其快捷菜单。

5.2.4　修饰表单

前面利用表单向导和表单设计器创建了一些表单，在创建表单以后，有时需要对表单上的各个控件进行适当地调整和修改，从而达到美化表单的目的。如调整控件的大小、重新编排位置、设置字体和颜色等。下面就介绍这几个方面的内容。

1．调整大小

在调整表单控件大小之前，必须先选择要调整的控件，选择控件的方法是：

① 打开修改的表单。

② 将鼠标指向要调整的控件并单击，这时在该控件周围出现八个控点。例如，调整 5.3 节中创建的数量表单中控件的大小，单击 Spinnerl 控件，出现八个控点。

③ 调整控件大小还可以通过设置该控件属性窗口中的 Height（高度）和 Width（宽度）值来进行调整，特别适合于对控件进行微调。

2．移动位置

在修改表单时，有时需要对表单控件中的位置进行调整移动。移动控件的方法是：

① 选择要移动的一个控件。

② 按下鼠标左键并拖动鼠标，把控件移到一个适合的位置上；或用键盘上的方向键来移动。

③ 在移动控件前，如果选择菜单栏中的"显示"/"显示位置"命令，则在移动控件时，屏幕底部精确地将移动控件的坐标显示出来。

④ 移动控件时，还可以将多个控件一起移动。移动操作前需要先选择多个要移动的控件，方法是按【Shift】键，然后单击要选择的每一个控件，这时多个控件被同时选中。移动时，只要鼠标操作其中任何一个控件，这时其他控件可以随之做相对移动。

另外，在移动控件时，还可以通过设置该控件属性窗口中的 Left 和 Top 值来进行移动，这种方式特别适合对控件进行精确移动。

3．设置字体和字号

在表单中，可以为不同的控件设置不同的字体和字号，如表单标题一般要比其他控件字号大一些，字体设置黑体等。设置字体和字号分别使用属性窗口中的 FontName 和 FontSize 选项，通过单击属性设置框右边的下拉按钮来选择合适的字体和字号。

4．设置颜色

要达到美化表单的目的，还可以设置表单和控件的前景颜色和背景颜色。设置的方法如下：

① 选择要设置颜色的表单和控件。

② 在属性窗口中，ForeColor 选项用于设置控件中文本和图像的前景颜色；BackColor 选项用于设置表单或控件中文本和图像的背景颜色。设置颜色时，可以单击属性设置框右边的颜色选择按钮，弹出"颜色"对话框，选择所需的颜色。

另外，在设置表单和控件的前景和背景颜色时，还可以直接通过调色板来设置颜色。设置的方法是单击"表单"工具栏中的"调色板"按钮，打开"调色板"工具栏，如图 5-25 所示。

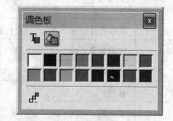

图 5-25　"调色板"工具栏

这时便可以比较方便地设置表单和控件的前景和背景颜色了。

5．布局排列

在创建表单时，有时需要使多个控件按某一行（或列）对齐，各控件之间有相同的间距，这就需要进行布局排列。布局排列的方法如下：

① 选择要布局排列的多个控件。

② 选择菜单栏中的"格式"/"对齐"命令，选择适当的对齐方式；也可以打开表单设计工具栏中的布局窗口，选择适当的布局方式。

③ 用同样的方法，可以设置控件的大小及各控件之间的水平（或垂直）间距，使之具有相同的大小或相同的高度等。

通过以上操作，用户可以根据自己的需要，创建一个比较满意的表单。

5.3　表单控件的使用

控件是表单中用于显示数据、执行操作命令或修饰表单的一种对象。使用"表单控件"工具栏可以在表单上创建控件，"表单控件"工具栏中包括各种控件按钮（见图 5-26），主要包括标签、文本框、组合框、列表框、编辑框、复选框、命令按钮、图像控件、OLE 容器控件、OLE 绑定控件及线条等。

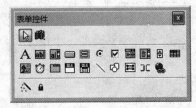

图 5-26　"表单控件"工具栏

5.3.1　表单控件

1．控件的分类

打开表单设计器后，选择菜单栏中的"显示"/"表单控件工具栏"命令，或在"表单设计"工具栏中单击"表单控件"按钮，便可打开或关闭"表单控件"工具栏。表单控件包括以下三类：

（1）常用控件

表单设计器窗口的"表单控件"工具栏显示的便是常用控件。这些常用控件的功能和使用方法，将在下面进行详细介绍。

（2）ActiveX 控件

ActiveX 控件是 OLE 绑定控件，用于 32 位的开发工具和平台，功能强大，应用较复杂。

（3）自定义控件

用户还可以自己定义控件，可以选择一个可视类库作为控件添加到工具栏中。表单控件工具栏中各控件的功能如表 5-7 所示。

表 5-7　"表单控件"工具栏中的各控件及功能

序号	表单控件按钮名称	快捷按钮图标	窗体控件按钮作用
1	选定对象		移动或改变控件大小
2	查看类		选择添加可视类库
3	标签		创建一个标签控件
4	文本框		创建一个文本框控件，用于单行文本
5	编辑框		创建一个编辑框控件，用于多行文本

序号	表单控件按钮名称	快捷按钮图标	窗体控件按钮作用
6	命令按钮		创建一个执行命令按钮
7	命令按钮组		创建一个包含多个执行命令按钮的按钮组
8	选项按钮组		创建一个包含多个选项的按钮组
9	复选框		创建一个供选择开/关状态的复选框控件
10	组合框		创建一个下拉式列表框或组合框，供选择或输入数值
11	列表框		创建一个上下波动的列表框
12	微调控件		创建一个指定数值范围内的微调控件
13	表格		创建一个显示数据的表格
14	图像		用来向窗体中加载具有"对象链接嵌入"功能的图像、声音等数据
15	计时器		创建一个在指定时间或间隔后发生事件
16	页框		创建一个包含多个页面的控件
17	未绑定对象框		添加一个不随记录变化的 OLE 对象
18	绑定对象框		添加一个随记录变化的 OLE 对象
19	线条		在表单上面添加线条
20	形状		在表单上面添加各种形状图形，如矩形、四角矩形、椭圆或圆
21	容器		在表单上添加一个容器控件
22	分隔符		在工具栏的控件之间加上分隔
23	超链接		创建超链接对象
24	生成器锁定		添加控件时与生成器相关联，从而可以自动打开生成器
25	按钮锁定		添加多个同类型的控件时锁定该控件，从而无须多次选择

在使用"表单控件"工具栏添加控件时，如果单击"生成器锁定"按钮，则在添加有关控件时，屏幕会出现相应的生成器对话框，系统要求设置一些与控件有关的属性。如添加列表框时，列表框生成器要求用户选择数据表和字段、显示样式、布局等内容。如果没有单击"生成器锁定"按钮，则在添加控件时，有关控件属性需要用户自己来设置，系统不显示生成器对话框。

2．控件的使用方法

（1）选定控件

- 选定一个控件：可单击表单中的一个控件，其四周会出现一个由八个黑点组成的黑框，表示该控件被选中。
- 选定多个控件：按住【Shift】键，同时单击所选控件，可同时选定多个控件。
- 选定多个相邻控件：在空白处单击并拖动，在表单设计器中画出一个虚线框，即可同时选定相邻的多个控件。

（2）分组控件

有时需要将表单上的多个控件看作一个整体，进行统一操作。这时可以对控件进行分组，方法如下：

- 同时选定多个控件。在系统菜单中，选择"格式"/"分组"命令，使多个控件形成一个整体。
- 取消分组时，只需在系统菜单中，选择"格式"/"取消分组"命令。

（3）移动控件

选定控件后，单击并拖动，可将选定的控件移到表单中的任何位置。

（4）改变控件大小

将控件添加到表单时，其大小是固定的。用户可以根据需要随意改变控件的大小。

选定某一控件，移动鼠标指向某一黑点，使其变成左右箭头、上下箭头或上下左右箭头，并进行拖动，可改变控件的宽度、高度，或同时改变其高度和宽度。

（5）删除控件

选定要删除的控件，按【Delete】键，或在系统菜单中选择"编辑"/"清除"命令，即可删除选定的控件。

（6）取消网格线

表单中显示的网格线是为了方便用户在表单上添加控件使用的。如想取消网格线，可在系统菜单中，选择"显示"/"网格线"命令，如图 5-27 所示。若想显示网格线，只要再选择该命令即可。

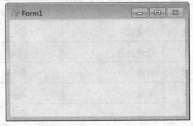

图 5-27　去掉网格线的表单设计器

5.3.2　标签

标签是表单中应用最广泛的一种控件之一，它可以单独使用，也可以与其他控件结合使用，描述其信息。

1．功能

标签控件用于显示文本信息，为表单提供信息说明。它没有数据源，用户只能通过表单中的代码改变标签控件中的内容，而不能直接对其内容进行交互式编辑。因此，标签控件无法作为输入信息的界面。

2．常用属性

① AutoSize：选择标签是否会根据标题的长度自动调整其大小，默认值为.F.。

② BackColor：设置标签的背景颜色。

③ BackStyle：选择标签是否为透明的，默认值为假，即不透明。

④ Caption：设置标签控件显示的文本内容，最大长度为 256 个字符。

⑤ FontSize：设置标签中字体的大小。

⑥ ForeColor：设置标签中标题的颜色。

⑦ Visible：设置是否显示标签控件。

⑧ WordWrap：选择标签控件中显示的文本是否换行，默认值为.F.。

【例 5.5】在空白表单上设置标题为"教师代课情况查询"的表单。

操作步骤如下：

① 单击表单控件工具栏中"标签"按钮，再将鼠标指针拖到表单上单击，就会在表单上产生一个默认大小的标签。按下鼠标左键并"拖动"，可产生任意大小的标签。

② 在属性窗口的 Caption 属性中，输入标签内容，如"教师代课情况查询"。用同样的方法可以添加其他几个标签（用户自己设置），添加后的标签在选择后（标签出现八个控点），可以移动它的位置，改变它的大小等。在表单上添加一个标签控件，并拖动成为适当的大小，如图 5-28 所示。

③ 选择"教师代课情况查询"标签，设置 FontSize 为 24。

选择 BackColor 属性设置背景颜色。单击文本框右侧的按钮，打开"颜色"对话框，从中选择"蓝色"，单击"确定"按钮。选择 ForeColor 属性设置前景颜色。单击文本框右侧的按钮，打开"颜色"对话框，从中选择"白色"，单击"确定"按钮。

④ 在系统菜单中，选择"格式"/"大小"/"恰好容纳"命令。再选择"格式"/"对齐"/"水平居中"命令。最后结果如图 5-29 所示。

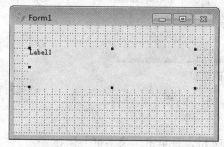

图 5-28　添加的标签控件

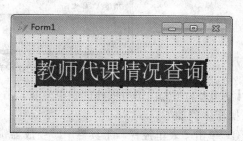

图 5-29　显示结果

5.3.3　文本框

文本框控件用于在表单中创建一个文本框，是用来显示和编辑数据的控件，一般用它来显示一个非备注型字段值。当记录指针变化时，文本框中显示的内容也随之变化。文本框是表单中最常用的控件之一。

1. 功能

（1）输入/输出

文本框不仅可以输入/输出除备注类型以外的各种类型的数据，还可以设置输入/输出格式。如将其 InputMask 属性设置为 99.9，则它决定了输入的数据必须小于 100，且只保留一位小数。

（2）编辑

在文本框中可以进行剪切、复制和粘贴等操作。如果设置了文本框的 Control1Source 属性，那么文本框中显示的内容除了保存在它的 Value 属性中，同时也保存在 ControlSource 属性指定的表字段或变量中。

（3）数据验证

在文本框的 Valid 事件中输入相应的检验代码，可以检验文本框中的数据是否符合规则。如果不符合规则，系统会给出提示信息，并返回值.F.。

（4）控制显示

通常，使用密码来保证应用程序的安全性。为了不使用户输入的密码显示在屏幕上，可以设置其 PasswordChar 属性，通常将该属性的值设置为"*"。这样用户在输入密码时，屏幕上只显示"*"，而实际值则保存在文本框的 Value 属性中。

2. 常用属性

① ControlSource：设置控件数据的来源。

② FontName：设置文本框中字体的类型。

③ Format：设置文本框中值的显示方式。

④ InputMask：设置文本框中值的输入格式及范围。

⑤ Name：设置文本框的名称。

⑥ PasswordChar：设置文本框中显示的字符。

⑦ Valid：双击选定的文本框，或在属性窗口选择方法代码中的 Valid 事件，均可打开图 5-30 所示的窗口，在该窗口中可输入事件代码。

⑧ Value：用于保存文本框中的值。

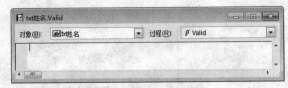

图 5-30　方法代码窗口

【例 5.6】在上例中所创建的表单标签之后，添加相应的文本框控件。

操作步骤如下：

① 单击"表单控件"工具栏中"生成器锁定"按钮，再单击"文本框"按钮。

② 将鼠标拖动到学生学号标签右侧，单击添加一个文本框 Text1，并启动"文本框生成器"。

③ "文本框生成器"包括三个选项卡，分别为"格式""样式"和"值"。

- 格式：文本框格式界面设计，这里数据类型选择字符型。
- 样式：文本框排列方式设计。
- 值：选择保存文本框值的一个字段。这里选择"教师基本情况表.姓名"字段。单击"确定"按钮，完成文本框控件的添加操作。

用同样的方法可以在姓名和职称标签的右侧添加文本框，并设置相应的数据类型和字段。

5.3.4　编辑框

编辑框与文本框类似，但其只能接受字符类型的数据。

1．功能

编辑框是编辑备注型字段的常用控件，因为它的最大容量为 2 147 483 646 个字符，而且具有 Visual FoxPro 9.0 中所有标准的编辑功能。

2．常用属性

① ScrollBars：选择编辑框是否具有垂直滚动条。

② ReadOnly：选择是否可以修改编辑框中的文本。

③ SelLength：设置选择文本的长度。

④ SelStart：设置选择文本的开始位置。

⑤ SelText：设置选定的文本。

【例 5.7】为上例添加一个编辑个人简历的编辑框。

操作步骤如下：

① 在表单上添加一个标签控件和一个编辑框，并调整好控件的大小，如图 5-31 所示。

打开标签控件的属性窗口，修改标签的 Caption 属性为"备注"，FontSize 属性为"18"，并在系统菜单中，选择"格式"/"大小"命令，从其子菜单中选择"恰好容纳"命令。

② 打开编辑框的属性窗口，设置编辑框的数据来源。修改其 ControlSource 属性为"简历"，FontSize 属性为"10"。

③ 运行表单，结果如图 5-32 所示。可以看到编辑框中显示了"教师基本情况表"中第一个记录"备注"的内容。

图 5-31　添加编辑框

图 5-32　运行结果

5.3.5　列表框

1. 功能

用于在表单中创建列表框，以列的形式显示一系列数据供用户选择，用户也可在此直接输入文本。

2. 常用属性

① ColumnCount：设置列表框的列数，默认值为 0。

② ControlSource：设置用于保存用户从列表框中选择的值的名称，如字段、变量等。

③ MoveBar：选择是否在列表项左侧显示用于对列表项进行重新排列的移动按钮，默认为.F.。

④ Picture：指定在列表项前显示的图形文件。

⑤ MultiSelect：指定是否允许用户可以一次从列表框中选择多项，默认为.F.。

【例 5.8】在"教师基本情况表"中添加一个"毕业学校"字段，利用列表框从学校表（已建立）中读取数据，并填充到"教师基本情况表.毕业学校"字段中。

操作步骤如下：

① 在上例中所创建的表单上添加一个"毕业学校"标签，再单击"列表框"按钮，在"毕业学校"标签右侧添加一个列表框，并弹出"列表框生成器"对话框（如果没单击"生成器锁定"按钮，可将鼠标指向列表框，右击并在弹出的快捷菜单中选择"生成器"命令）。

② "列表框生成器"中包含"列表项""样式""布局""值"四个选项卡。

- "列表项"选项卡：在"数据库和表"列表框中添加数据的来源，这里选择"教师基本情况表"，选定字段为"毕业学校"。
- "样式"选项卡：在其中进行列表框排列方式设计。
- "布局"选项卡：调整列表框中数据的行宽。
- "值"选项卡：在对话框上方的下拉列表框中选定数据的来源，这里选择"毕业学校"。"字段名"下拉列表框指定用来存储数值的表或视图的字段，这里选择"教师基本情况.毕业学校"字段。

③ 单击工具栏中的"!"按钮，保存后运行该表单，从下拉列表框中选择相应的学校。通过浏览学籍表，观察到选择的学校已添加到相应的记录中。

列表框能够提供数据列表，用户从下拉列表中选择并返回数据。可以上下移动列表，操作非常方便。

5.3.6 命令按钮

1. 功能

用于在表单上创建单个命令按钮，当单击该命令按钮时，可以触发该命令按钮的事件，执行一个特定的操作，如添加、编辑、保存、退出等。

2. 常用属性

① Caption：设置命令按钮的标题，如添加、编辑、保存、退出等。

② Picture：设置在命令按钮上显示的图形文件（.bmp 或 .icon）。如果在选择该属性的同时也选择了 Caption 属性，则图形在命令按钮的上半部分显示。此时，命令按钮要足够大，否则图形无法全部显示出来，因为图形部分不能强占标题部分的内容。

③ DownPicture：设置当命令按钮按下后显示的图形文件。

④ Default：当该属性的值为.T.时，可以用【Enter】键指定该命令按钮。

⑤ Cancel：当该属性的值为.T.时，可以用【Esc】键指定该命令按钮。

⑥ Enabled：指定命令按钮是否有效。为了避免误操作，如果当前表单不能执行某些操作时，可将其相应的命令按钮设置为无效，所以这是一个非常重要的属性。

⑦ DisablePicture：设置当按钮无效时要显示的图形。

⑧ Click：双击选定的命令按钮，打开 Click 编辑窗口，用户可在此窗口中输入事件代码。

【例 5.9】创建一个命令按钮，运行 Form1 表单。

操作步骤如下：

① 单击"表单控件"工具栏中的"命令按钮"，将鼠标指针移到表单中单击，系统在表单上添加了一个命令按钮 Command1。

② 在属性窗口的"全部"选项卡中，将 Caption 属性值改为"运行 Form1 表单"，这时命令按钮中的 Command1 改为"运行 Form1 表单"。双击 Click Event 属性框，在弹出的 Command1.Click 编辑窗口中输入命令执行代码 DO FORM D:\12\Form1.scx。

③ 结束代码输入并单击工具栏中的"！"按钮，再单击表单中的"运行 Form1 表单"按钮，则将前面建立的表单运行结果显示在屏幕上。

5.3.7 命令按钮组

在使用表单向导创建表单时，系统提供了一些标准的定位、浏览及编辑等按钮，便于表单操作。用户已经注意到，本书前面创建的表单中没有定位、浏览等按钮，下面介绍创建命令按钮组控件，并将许多命令按钮设计成一组。

1. 功能

用于在表单上创建一组命令按钮。

2. 常用属性

① ButtonCount：设置命令按钮组中命令按钮的个数。

② Enabled：指定命令按钮或命令按钮组是否有效。如果同时设置了命令按钮组和命令按钮组中某个命令按钮 Enabled 的属性，且它们的属性不相同，则以命令按钮组的 Enabled 属性值为准。

【例 5.10】建立一个命令按钮组，它包括上一记录、下一记录和退出按钮，并分别完成相应的功能。

操作步骤如下：

① 打开学生档案管理表单，单击工具栏中的"表单控件"命令按钮组，将鼠标指针移到表单下方，单击在表单上添加了一个命令按钮组 Commandl 和 Command2，并启动"命令组生成器"。

② 在"命令组生成器"窗口的"按钮"选项卡中，设置按钮数目为 3，标题分别为上一记录、下一记录和退出。在"布局"选项卡中设置按钮布局为"水平"。

③ 设置每个命令按钮的属性。例如，设置"上一记录"命令按钮属性，在属性窗口的"对象"列表框中选择 Commandgroup1 中的 Command1 选项，再双击 Click Event 属性框，在打开的 Command1.Click 编辑窗口中输入相应的程序代码。用同样的方法可设置输入下一记录和退出按钮的程序代码。

④ 保存表单，并运行该表单，验证这三个命令按钮所完成的功能。

5.3.8 表格

1. 功能

表格控件是表单中最常用的控件之一，用于在表单中创建一个表格。表格一般用来对指定表或视图中的记录进行维护和显示。在表格中包含列，列中又包含列标头，它们都有各自的属性、事件和方法，通过修改它们的属性、事件和方法，可以指定表格中显示的内容。另外，在表格的列中还可以添加文本框、复选框、微调框等控件，从而使表格中数据的输入更加方便。

2. 常用属性

（1）表格

① ColumnCount：指定表格所包含的列数，默认值为 –1，即表格中包含与它关联的表中的所有字段。

② DataSource：设置在列中显示的数据源。

③ ScrollBars：指定表格中滚动条的显示方式。其中包含：

● 0：表格中不显示滚动条。

● 1：表格中显示一个水平滚动条。

● 2：表格中显示一个垂直滚动条。

● 3：表格中显示一个水平和垂直滚动条。

（2）列

● ControlSource：设置列中要显示的数据，通常是表中的一个字段。

● CurrentControl：指定表格中的活动控件，默认值为 Text1，即第一个文本框。

● Width：设置列的宽度。

（3）列标头

Caption：设置列标头显示的内容。

【例 5.11】在 Form1 表单中添加一个表格控件，表格内容是"教师任课表"中的记录，使之与"教师基本情况表"之间建立一对多的关系。

操作步骤如下：

① 单击"表单控件"工具栏中的"生成器锁定"按钮，再单击"表格"控件按钮。

② 在表单上要放置表格处单击，这时在表单上添加一个表格，同时启动表格生成器。

③ 表格生成器窗口中包含四个选项卡，它们分别是"表格项""样式""布局"和"关系"。

- 表格项：选择表格中要显示的字段名称，本例选择"教师任课表"中的全部字段。
- 样式：为表格选择一种显示样式。
- 布局：指定一个列标题和控件类型。
- 关系：若创建一个一对多表单，须定义父表和子表之间的关系。本例父表的关键字段为"教师基本情况表.姓名"，子表中的相关索引为姓名。

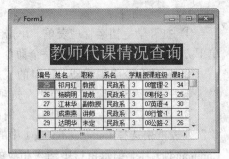

图 5-33　添加表格后的运行结果

④ 单击工具栏中的"!"按钮，保存后运行该表单，结果如图 5-33 所示。

5.3.9　计时器

1. 功能

用于在表单中创建一个计时器，计时器会以一定的时间间隔执行事先编写的事件代码。在 Timer 事件中，放入需要重复执行的事件代码，如检索系统时钟、定时完成后处理等。在表单设计器中，计时器是可见的，便于设计者选择该控件，设置其属性和编写事件过程。而运行表单后，计时器就不可见了，因此它的大小和位置不会对表单的界面有任何影响。

2. 常用属性

① Enabled：设置计时器是否工作。该属性值为.T.时，计时器开始工作；否则，计时器将被挂起。另外，该属性也可以通过触发其他控件的事件来设置。

② Interval：设置两次计时器事件（Timer 事件）的时间间隔，单位为 ms（毫秒）。该属性的值不要设置得太小，否则占用处理器的时间太多，会降低整个程序的性能。

【例 5.12】在表单上添加一个计时器控件。

操作步骤如下：

① 在表单中添加一个标签控件和一个计时器控件。

② 修改标签控件的 Caption 属性值为"时间"，FontSize 属性值为"28"，Name 属性值为 LABEL2。

③ 修改计时器的 Enabled 属性值为.T.，Interval 属性值为 600ms，如图 5-34 所示。

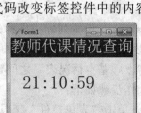

图 5-34　在表单中添加控件

④ 双击计时器控件，打开其事件代码窗口，设计代码如图 5-35 所示。

⑤ 运行表单，其结果如图 5-36 所示，这时标签显示的是系统时间。正如前面介绍的，标签不能在表单上交互式编辑其文本内容，但可以通过表单中的代码改变标签控件中的内容。

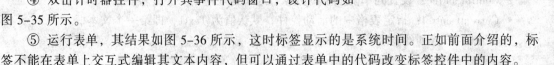

图 5-35　计时控件的事件代码

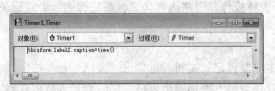

图 5-36　运行结果

5.3.10　OLE 绑定控件

1．功能

OLE 绑定控件常用来在表单上显示与通用型字段有关的 OLE 对象，显示内容随着记录的变化而变化。因此，它与数据表中的通用型字段相连接。

2．常用属性

① ControlSource：设置 OLE 对象与数据表中某一通用型字段相连接。

② Stretch：设置 OLE 对象与显示区域的大小比例。它包括如下三种情况：

- "0"剪裁（默认值）：超过显示区域部分的图像被剪去。
- "1"等比填充：OLE 对象等比例放大或缩小显示。
- "2"变比填充：以显示区域为前提，显示整个 OLE 对象。

【例 5.13】在学生档案管理表单中，添加一个 OLE 绑定控件，使其与"教师档案表.照片"字段相连接。

操作步骤如下：

① 打开 Form1 表单，单击"表单控制"工具栏中的"OLE 绑定控件"按钮，在表单的右上方添加一个 OLE 绑定控件。

② 设置 OLE 绑定控件属性。将 ControlSource 属性设置为与教师档案表的通用型字段相连接的"教师档案表.照片"字段。将 Stretch 属性的值设置为"0"（剪裁）。

③ 保存并运行该表单。

5.3.11　图像

1．功能

图像控件用于在表单上添加一个.bmp 图像文件，可以美化表单界面的设计，但该图片不能直接修改。

2．常用属性

① Picture：指定该控件要显示的.bmp 图像文件。

② BorderStyle：选择是否显示边框，默认状态为无边框。

③ Stretch：设置图像的填充方式。它包括如下三种情况：

- "0"剪裁：系统会自动地剪裁图像的大小，可能会导致图像无法全部显示出来，该选项是默认值。
- "1"等比填充：按原图像的比例进行缩放，在不改变图像原来比例的条件下，根据控件的大小自动调整图像，使其尽量填满控件。
- "2"变比填充：根据控件的大小，自动调整图像，但为了填满控件，也许无法保留图像原有的比例从而使图像失真。

【例 5.14】在表单上添加三个图像控件，其大小和形状如图 5-37 所示。

操作步骤如下：

① 设置这三个图像控件的属性分别为 2、0 和 1。

② 设置这三个图像控件的 Picture 属性：单击文本框右侧的按钮，在"打开"对话框中选择海宝 1.jpg、海宝 2.jpg、海宝 3.jpg 三个文件，可以在预览区域预览图像内容，然后单击"确定"按钮。

③ 属性设置完后运行表单，其结果如图 5-38 所示。从表单中可以看到三个图像控件由于 Stretch 属性值设置的不同，所示显示的图像的形状也不尽相同。

图 5-37　添加图像控件　　　　　　　　　图 5-38　运行结果

5.4　表单控件的综合应用

本节所介绍的例题，主要是表单的综合应用，希望通过本节的实例使读者熟练掌握表单设计知识。

5.4.1　用表单实现求水仙花数

创建一个表单，添加控件，要求设置控件代码来实现相应功能，进而得到如图 5-39 所示的结果。

操作步骤如下：

① 选择"文件"/"新建"命令，在"新建"对话框中选择"表单"单选按钮，单击"新建文件"按钮。

② 单击"表单控件"工具栏上的"标签"按钮，在表单中拖动鼠标，添加一个标签控件。

设置标签的属性：

```
Caption ：  显示 100 到 999 间的水仙花数
AutoSize ： .t.
FontSize ： 12
FontName ： 宋体
BackStyle ： 0—透明
```

图 5-39　求水仙花数的结果

③ 表单中添加两个命令按钮 Command1 和 Command2 控件。并将它们的 Caption 属性值分别设置为"开始"和"清除"。

④ 添加一个编辑框控件 Edit1，属性值均采用默认的。

⑤ 双击"清除"按钮，出现代码窗口，在代码窗口的"过程"列表中选择 Click 事件，在编辑界面中输入：

```
thisform.edit1.value=""
thisform.refresh
```

⑥ 双击"清除"按钮，出现代码窗口，在代码窗口的"过程"列表中选择 Click 事件，在编辑界面中输入：

```
local i,a,b,c
for i=100 to 999
  a=int(i/100)                    &&百位的值等于这个三位数除以 100 后取整
```

```
b=int((i-100*a)/10)          &&用这个三位数减去它的百位数字与 100 乘积,
                             &&对得到的差除以 10 后进行取整,结果就是十位的值
c=i-int(i/10)*10             &&与上面原理相同,这是求个位的值
if i=a^3+b^3+c^3             &&成立说明是水仙花数并输出
thisform.edit1.value=thisform.edit1.value+str(i,5)+chr(13)
                             &&用 chr(13) 换行
endif
endfor
```

5.4.2 制作一个会移出屏幕的欢迎界面

创建一个表单,添加控件,要求设置控件属性,利用控件代码来实现相应功能,完成效果如图 5-40 所示。

操作步骤如下:

① 选择"文件"/"新建"命令,在"新建"对话框中选择"表单"单选按钮,单击"新建文件"按钮。

② 新建表单 Form1,autocenter 属性设置为.T.。

③ 用 Image 控件或者 Shockwa Flash Object 控件覆盖表单,依用户目的选择欢迎图像。

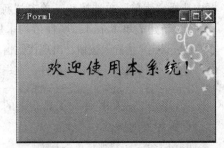

图 5-40 会移出屏幕的界面

④ 单击"表单控件"工具栏上的"标签"按钮,在表单中拖动鼠标,添加一个标签控件。

⑤ 设置标签的属性:

```
Caption :  欢迎使用本系统!
AutoSize : .t.
FontSize : 32
FontName : 华文新魏
Fontbold : .t.
FontColor : 0, 0, 255
BackStyle : 0—透明
```

⑥ 表单中添加两个 Timer 控件。将 Timer2 的 Enabled 属性均设置为.F.,Interval 设置为 5。将 Timer1 的 Interval 属性设置成用户希望界面在屏幕正中间停留的时间,1000 代表 1 s;

⑦ 双击 Timer1 控件,出现代码窗口,在代码窗口的"过程"列表中选择 Timer 事件,在编辑界面中输入:

```
thisform.timer2.Enabled= .T.
```

⑧ 双击 Timer2 控件,出现代码窗口,在代码窗口的"过程"列表中选择 Timer 事件,在编辑界面中输入:

```
IF thisform.left<1400
thisform.left=thisform.left+3
ELSE
thisform.release
PUBLIC main
DO FORM main.scx NAME main
READ events
ENDIF
```

注意：这里的 main 为欢迎界面结束之后进入的主表单。1400 代表表单的 Left 属性大于 400 的时候欢迎表单关闭，您可以根据显示器分辨率做修改。

5.4.3　制作一个会移动的欢迎字幕

创建一个表单，添加控件，要求设置控件属性，利用控件代码来实现相应功能，完成效果如图 5-41 所示。

操作步骤如下：

① 选择"文件"/"新建"命令，在"新建"对话框中选择"表单"单选按钮，单击"新建文件"按钮。

② 新建表单 Form1，属性值均采用默认的。

③ 双击"清除"按钮，出现代码窗口，在代码窗口的"过程"列表中选择 Click 事件，在编辑界面中输入：

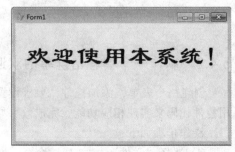

图 5-41　文字移动的字幕界面

```
Thisform.Label1.Left=Thisform.Width+0.5
```

④ 单击"表单控件"工具栏上的"标签"按钮，在表单中拖动鼠标，添加一个标签控件。设置标签的属性：

```
Caption :  欢迎使用本系统!
FontSize :  36
FontName :  隶书
Fontbold :  .t.
FontColor :  0, 0, 255
BackStyle :  0—透明
```

⑤ 表单中添加 1 个 Timer 控件。将 Timer1 的属性 Interval 设置为 200。

⑥ 双击 Timer1，出现代码窗口，在代码窗口的"过程"列表中选择 Timer 事件，在编辑界面中写入：

```
If Thisform.Label1.Left<0 - Thisform.Label1.Width
    Thisform.Label1.Left=Thisform.Width + 0.5
    Thisform.Label1.Left=Thisform.Label1.Left - 5
Else
    Thisform.Label1.Left=Thisform.Label1.Left - 5
EndIf
```

5.4.4　利用列表框制作弹出菜单

创建一个表单，添加控件，要求设置控件属性，利用控件代码来实现相应功能，完成效果如图 5-42 所示。

操作步骤如下：

① 向表单中添加一个按钮、一个列表框。将列表框的 Visible 属性设置为.F.，按钮的 Caption 属性设置为"开始"。

② 双击表单，出现代码窗口，在代码窗口的"过程"列表中选择 Activate 事件，在编辑界面中输入：

图 5-42　自制弹出式菜单的界面

```
this.list1.additem("学生信息")
this.list1.additem("教师信息")
this.list1.additem("课程信息")
this.list1.additem("考试信息")
```

③ 双击"开始"按钮，出现代码窗口，在代码窗口的"过程"列表中选择 Click 事件，在编辑界面中输入：

```
DO case
CASE thisform.list1.visible=.f.
 thisform.list1.visible=.t.
case thisform.list1.visible=.t.
 thisform.list1.visible=.f.
ENDCASE
```

④ 双击列表框，出现代码窗口，在代码窗口的"过程"列表中选择 Click 事件，在编辑界面中输入：

```
do case this.listindex
  case this.selected(4)
  DO FORM 学生信息.scx
  thisform.list1.Visible=.F.
  case this.selected(3)
  DO FORM 教师信息.scx
  thisform.list1.Visible=.F.
  case this.selected(2)
  DO FORM 课程信息.scx
  thisform.list1.Visible=.F.
  case this.selected(1)
  DO FORM 考试信息.scx
  thisform.list1.Visible=.F.
endcase
```

注意：在这个例子中，列表框中弹出的目录可以在表单的 Activate 事件中修改，单击发生的事件可以在列表框的 Click 事件中修改。

5.4.5 在表单中制作一个 baidu 搜索器

在表单中制作一个 baidu 搜索器，可以利用超链接控件实现，步骤如下：

① 选择"文件"/"新建"命令，在"新建"对话框中选择"表单"单选按钮，单击"新建文件"按钮，新建表单 Form1。

② 向表单中添加一个文本框 Text1，一个超链接控件，一个按钮 Command1。将按钮的 Caption 更改为搜索，Click 事件的代码如下：

```
ThisForm.HyperLink1.NavigateTo("http://www.baidu.com/"+allt(thisform.text1.
value))
```

运行结果如图 5-43 所示。

图 5-43 baidu 搜索器界面

5.4.6 播放 Flash 动画

在表单中播放多媒体，如 Flash 动画是我们经常遇到的，现在就以播放 Flash 为例，介绍如何在表单中播放多媒体对象。创建一个表单，添加控件，要求设置控件属性，利用控件代码来实现相应功能，完成效果如图 5-44 所示。

图 5-44　播放 Flash 界面

操作步骤如下：

① 选择"文件"/"新建"命令，在"新建"对话框中选择"表单"单选按钮，单击"新建文件"按钮，新建表单 Form1，将其 Caption 属性设为"Flash 动画播放器"。

② 在菜单栏中选择"工具"/"选项"/"控件"命令，选中 Shockwave Flash Object 控件前的复选框，然后选择"应用"并单击"确定"按钮。这样就为"表单控件"添加了 Shockwave Flash Object 控件。

③ 将 Shockwave Flash Object 控件（名为 Olecontrol1）放置在表单 Form1 中，设置其适当的大小、位置，并设置其 Quality 属性为 1，Scale model 属性为 2（Flash 动画缩放至控件大小）。

④ 向表单 Form1 中添加四个命令按钮 Command1、Command2、Command3、Command4，将它们的 Caption 属性分别设为"打开""播放""暂停"和"退出"，并放置于 Shockwave Flash Object 控件下方的适当位置。

⑤ 写入如下代码：

- Command1.click Event:

```
Thisform.Olecontrol1.movie=getfile("SWF")   &&确定扩展名为 SWF
Thisform.refresh
```

- Command2.click Event:

```
Thisform.Olecontrol1.playing=.T.             &&播放 Flash 动画
Thisform.refresh
```

- Command3.click Event:

```
Thisform.Olecontrol1.playing=.F.             &&暂停当前动画的播放
Thisform.refresh
```

- Command4.click Event:

```
a=Message Box("你真的要退出吗?", 1 + 32 + 0, "提示信息")
if a=1
Thisform.release                             &&选择"确定"按钮，则退出
Endif
```

⑥ 运行表单，结果如图 5-44 所示。

5.4.7 添加背景音乐

各种音乐播放器现在都非常流行，可以播放像 MP3、WMA 等多种类型的声音文件，我们可以用 OLE 方式将其加入到表单中，当打开表单时就可听到优美的音乐或歌曲，使得操作界面显得更加活泼友好。

操作步骤如下：

① 首先将准备播放的音乐文件以及播放器 WMPLAYER.exe 应用程序文件集中放在某个子目录中，例如名为"背景音乐"的文件夹中。

② 选择一首当表单打开时自动播放的音乐，假设为童年.mp3。双击童年.mp3，将弹出"打开方式"窗口，在"选择要使用的程序"中选择"背景音乐"文件夹下的 WMPLAYER.exe，同时还要设定"始终用此程序打开此文件"，这样，只要双击 Music.mp3，就会弹出 MP3 播放器，并自动开始播放选定的音乐。

③ 在主表单 Form1 中创建 OLE 容器对象 Olecontrol1，随后将弹出 OLE 对象窗口，在左边的单选项中选"由文件创建"，单击"浏览"按钮，选择"背景音乐\童年.mp3"，同时，设定为"链接方式"。最后，单击"确定"按钮退出。

④ 用鼠标右击 Olecontrol1 对象，选择"编辑包"对 OLE 对象的图标进行修改，可从 VFP Samples Graphics Icons 中选一个合适的图标，选好图标后，单击"插入图标"按钮，选择所需要的图标后，单击"确定"按钮，最后关闭窗口。

⑤ 打开主表单 Form1 的属性窗口，在 Init Event 方法中输入：
`this.olecontrol1.DoVerb`

⑥ 运行表单，双击表单上的背景音乐图标，开始播放背景音乐，如图 5-45 所示。

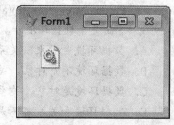

图 5-45　播放背景音乐界面

注意：运行 Form1 时，在表单上可看到正在播放音乐的 MP3 播放器，可以将其最小化，或移到合适的位置，以免 MP3 播放器遮挡表单上的内容。若要停止播放，可关闭 MP3 播放器窗口，若想再进行播放，可双击背景音乐图标。如果想换一首曲子，可单击 MP3 播放器的 File 菜单项，打开其他 MP3 文件。也可以选定 MP3 播放器的 Repeat 项，以进行不间断的重复播放。

小　　结

通过学习本章，读者应了解和掌握以下内容：
- 面向对象程序设计的基本概念。
- 表单向导和表单设计器的使用方法。
- 在表单设计器中设置表单及表单中对象的属性和方法。
- 在表单设计器中编辑表单及表单中对象的事件处理程序代码和方法程序代码。
- 常用控件的属性、事件、方法及其应用。

思考与练习

一、思考题

1. 利用"表单向导"创建表单的基本步骤是什么？
2. 怎样在表单设计器中为表单或表单集创建新属性和新方法？
3. 如何利用表单设计器在表单中或各种容器中添加或删除各种控件？
4. 简述对象的属性、方法和事件的基本概念。
5. 简述基类、子类和父类的概念，类的类型是什么？

二、选择题

1. 下列关于属性、方法和事件的叙述中，（　　　）是错误的。

A. 属性用于描述对象的状态，方法用于表示对象的行为

B. 基于同一个类产生的两个对象可以分别设置自己的属性值

C. 事件代码也可以像方法一样被显式调用

D. 在新建一个表单时，可以添加新的属性、方法和事件

2. 假定一个表单中有一个文本框 Text1 和一个命令按钮组 CommandGroup1，命令按钮组是一个容器对象，其中包含 Command1 和 Command2 两个命令按钮，如果要在 Command1 命令按钮的某个方法中访问文本框 Value 属性值，下面（　　　）是正确的。

A. This.Thisform.Text1.Value

B. This.Parent.Parent.Text1.Value

C. Parent.Parent.Text1.Value

D. This.Parent.Text1.Value

3. 下面关于数据环境和数据环境中两个表之间关系的描述中，（　　　）是正确的。

A. 数据环境是对象，关系不是对象

B. 数据环境不是对象，关系是对象

C. 数据环境是对象，关系是数据环境中的对象

D. 数据环境和关系都不是对象

4. 在表单设计器环境下，要选定表单中某选项组里的某个选项按钮，可以（　　　）。

A. 单击选项按钮

B. 双击选项按钮

C. 先单击选项组，并选择"编辑"命令，然后再单击选项按钮

D. 以上 B 和 C 都可以

5. DblClick 事件是（　　　）时触发的基本事件。

A. 当创建对象

B. 当从内存中释放对象

C. 当表单或表单集装入内存

D. 当用户双击对象

6. 在命令按钮组中，通过修改（　　　）属性，可把按钮个数设为五个。

A. Caption　　　　　　B. PageCount　　　　C. ButtonCount　　　　D. Value

7. 在对象的引用中，Thisform 表示（　　　）。

A. 当前对象

B. 当前表单

C. 当前表单集

D. 当前对象的上一级对象

8. 当一个复选框变为灰色（不可用）时，此时 Value 的值为（　　　）。

A. 1　　　　　　　　B. 0　　　　　　　　C. 2 或 NULL　　　　D. 不确定

9. 在下列对象中，不属于控件类的为（　　　）。

A. 文本框　　　　　　B. 组合框　　　　　　C. 表格　　　　　　　D. 命令按钮

10. 为表单 MyForm 添加事件或方法代码，改变该表单中控件 cmd1 的 Caption 属性的正确命令是（　　　）。

A. MyForm.cmd1.Caption="最后一个"

B. This.cmd1.Caption="最后一个"

C. ThisForm.cmd1.Caption="最后一个"

D. ThisFormset.cmd1.Caption="最后一个"

三、填空题

1. _____是面向对象程序设计中程序运行的最基本实体。

2. 若要实现表单中的控件与某一数据表中的字段的绑定，则在设计时应先在_____中设置表单的数据源为该数据表。

3. Caption 是对象的_____属性。

4. 在表单运行时，要求单击某一对象时释放表单，应_____。

5. 在对象的引用中，Thisform 表示_____。

6. 一对多表的表单中表格显示的是_____的数据。

7. 数据源通常是数据库中的表，也可以是自由表、视图或_____。

8. 默认情况下，通过表单向导设计的表单中，出现的定位按钮有_____个移动记录指针的按钮。

9. "表单" 菜单在_____时出现在 Visual FoxPro 9.0 主菜单中。

10. 使用表单设计器设计表单时，要对表单添加控件，应打开_____工具栏。

第6章　报表和标签设计

前面介绍的 Visual FoxPro 9.0 的操作目的都是想从数据中筛选出所需要的数据，但如何将这些数据方便、美观地输出呢？使用 Visual FoxPro 9.0 的报表功能就可实现。报表是 Visual FoxPro 9.0 数据库管理系统中常用的功能之一，是应用程序设计中的重要环节，用户可以根据需要来设计数据输出格式，形成报表文件。标签是一种特殊类型的报表，它主要用来设计，如各种物品标签、邮政标签等。本章主要介绍报表和标签的基本概念，创建报表和标签的基本方法，重点介绍怎样通过报表向导和报表设计器创建报表的过程，以及报表的页面布局和报表控件的使用方法等。

主要内容
- 报表的基本概念。
- 创建和设计报表。
- 创建和设计标签。

6.1　创　建　报　表

报表和标签由数据源和布局两个基本部分组成。数据源通常是数据表、查询文件、视图文件和临时表等。由此可见，报表和标签中的记录既可以是数据表的全部记录，也可以是数据表的部分记录，既可以是数据表中的全部字段，也可以是数据表的部分字段。报表布局用来定义报表和标签的打印格式。

6.1.1　利用报表向导创建报表

使用向导创建报表比较简单，用户只要按照向导提供的步骤，回答向导提出的问题，就能正确地建立报表。在建立报表过程中，如果对前面的设计不满意，可以返回上一步，进行修改，直到满意为止。Visual FoxPro 9.0 为用户提供了两种类型的报表向导：报表向导和一对多报表向导。下面以教师基本情况表为例，介绍如何使用报表向导创建报表。

1. 创建单表报表
创建单表报表就是使用向导中的报表向导，快速地创建基于一个表或视图的报表。

【例 6.1】使用报表向导，创建一个教师基本情况表的简单报表。

操作步骤如下：

① 打开项目管理器，选择"文档"选项卡，选择"报表"选项，并单击"新建"按钮，这时屏幕出现一个"新建报表"对话框，如图 6-1 所示。

② 单击"新建报表"对话框中的"报表向导"按钮，弹出"向导选取"对话框，如图 6-2 所示。

③ 选择"向导选取"对话框中的"报表向导"选项，单击"确定"按钮，打开报表向导对话框，可进行字段选取，如图 6-3 所示。

图 6-1　"新建报表"对话框

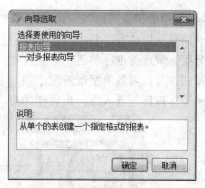

图 6-2　"向导选取"对话框

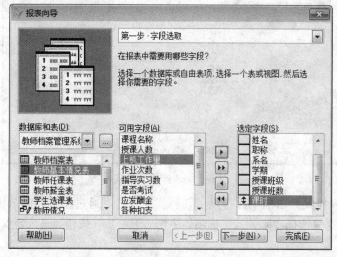

图 6-3　选取字段

④ 首先要求用户确定报表中所需字段。这里选择教师基本情况表中的部分字段，单击"下一步"按钮，进入分组记录对话框，如图 6-4 所示。

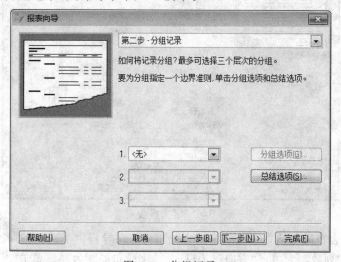

图 6-4　分组记录

⑤ 报表中的记录可以按一定的条件进行分组，向导提供了三个条件，这三个条件不是并列关系，而是分层关系。分组时，先按第一个条件进行分组，再将多个组中的记录按第二个条件进行分组，依此类推。单击"分组选项"按钮，可以确定分组字段的字段间隔。单击"总结选项"按钮，可以对数值字段进行求和、求平均值，以及报表中是否包含有小计和总计等。单击"下一步"按钮，进入选择报表样式对话框，如图 6-5 所示。

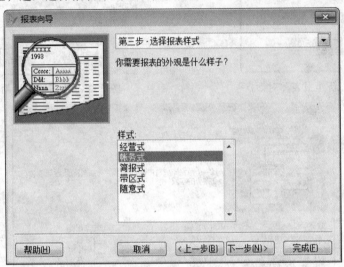

图 6-5 选择报表样式

⑥ 在选择报表样式对话框中，提供了几种报表样式。通过左上角的放大镜可以观看选取的样式是否满意，这里选择"账务式"选项，单击"下一步"按钮，进入定义报表布局对话框，如图 6-6 所示。

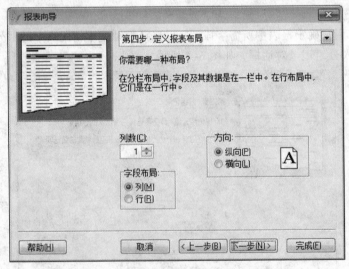

图 6-6 定义报表布局

⑦ 在定义报表布局对话框中，确定报表的布局。向导提供了两种布局方式：列布局和行布局。这里选择"列数"为 1，"方向"为纵向，"字段布局"为列。单击"下一步"按钮，进入排序记录对话框，如图 6-7 所示。

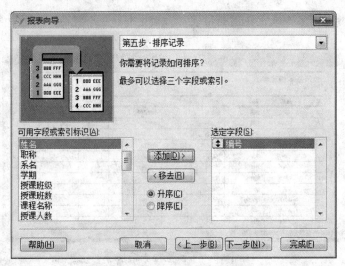

图 6-7 排序记录

⑧ 在排序记录对话框中，用于确定报表中记录的输出次序，最多设置三个用于排序的字段，按"选定字段"列表框中字段的先后顺序进行排序，排在前面的优先排序。这里按"编号"升序排序。单击"下一步"按钮，进入完成对话框，如图 6-8 所示。

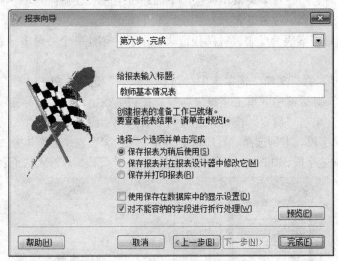

图 6-8 完成

⑨ 在完成对话框中，要求用户为所创建的报表输入一个标题，该标题出现在报表的顶部，并选择适应的方式保存报表。在完成报表前，可以先单击"预览"按钮，观察报表结果，如果对其不满意，可单击"上一步"按钮进行修改。

在"另存为"对话框中，以"教师基本情况表.frx"为文件名保存新创建的报表。选定该报表，单击"预览"按钮，就可以观察到报表格式及数据，如图 6-9 所示。

注意：

① 利用报表向导虽然可以设计出所需要的报表，但其显示方式并不美观，所以一般情况下都要在报表设计器中进行进一步的修改。

② 如果要创建基于多个表或视图的报表，必须先创建一个视图，视图中包含所需的字段，再创建报表。

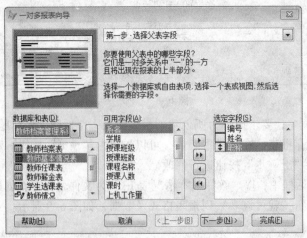

图 6-9　预览报表结果

2．创建一对多报表

设计与使用一对多报表是将父表和子表的记录分组并产生一个新的报表，即将建立关系的两个数据表中的记录打印在一个报表中。该报表上半部分内容来自父表，下半部分内容来自子表，两部分数据之间通过一对多关系相连接。下面通过主表"教师档案表"和子表"教师任课表"来介绍如何创建一个一对多报表。

【例 6.2】以教师档案表为父表，教师任课表为子表，创建一个一对多报表。

操作步骤如下：

① 在项目管理器的"文档"选项卡中，选择"报表"选项，单击"确定"按钮，在屏幕出现的"新建报表"对话框中，单击"报表向导"按钮，在出现的"向导选项"对话框中选择"一对多报表向导"。单击"确定"按钮，进入从父表选择字段对话框。

② 从父表选择字段。本例选择"教师基本情况表"为父表，并选择其中的"编号""姓名"和"职称"字段为父表字段，如图 6-10 所示。单击"下一步"按钮，进入从子表选择字段对话框。

图 6-10　从父表中选择字段

③ 从子表选择字段。选择"教师任课表"为子表，并选择其中的"姓名""授课班级""授课名称""授课人数"和"课时"字段为子表字段，如图 6-11 所示。单击"下一步"按钮，进

入为表建立关系对话框。

④ 为表建立关系。为两表建立两表之间的关联表达式。这里建立的关联表达式为"教师档案表.编号=教师任课表.编号",如图 6-12 所示。单击"下一步"按钮,进入排序记录对话框。

⑤ 排序记录。排序记录是确定父表中记录的输出次序。本例按教师基本情况表.编号升序排序,如图 6-13 所示。单击"下一步"按钮,进入选择报表样式对话框。

⑥ 选择报表样式。此步可以确定报表样式及总结选项。本例选择"账务式"报表样式,如图 6-14 所示。单击"下一步"按钮,进入完成对话框。

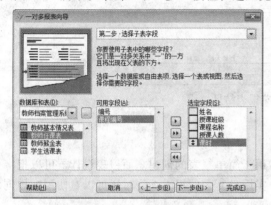

图 6-11 从子表选择字段

图 6-12 为表建立关系

图 6-13 排序记录

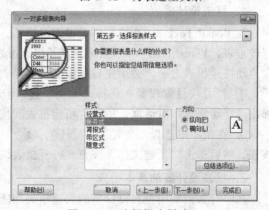

图 6-14 选择报表样式

⑦ 完成。要求用户输入报表标题及保存报表方式等。本例报表标题设为"教师代课情况一览表",如图 6-15 所示。在单击"完成"按钮之前,可以先单击"预览"按钮,观察报表样式及内容是否满足要求。如果对报表结果不满意,单击"上一步"按钮,修改相关内容,直到满意为止。单击"完成"按钮,输入报表文件名"教师代课表.frx"保存以上创建的一对多报表文件,预览结果如图 6-16 所示。

从报表结果可以看出,上半部分内容来自父表教师档案表,下半部分内容来自子表教师

图 6-15 完成

任课表，两个表之间通过字段建立关联。使用报表向导所创建的报表，可以通过后面将要学到的报表设计器进行修改。

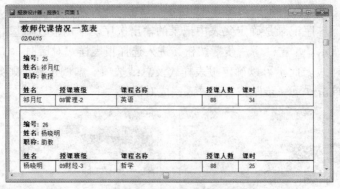

图 6-16　预览报表结果

6.1.2　使用报表设计器创建报表

利用报表向导创建报表比较方便、快捷，常用于简单报表的创建。而报表设计器可以把字段和控件添加到空白报表中，设计出美观大方、实用且复杂的报表，同时还可以对使用向导创建的报表进行修改和完善。

1．报表设计器

在 Visual FoxPro 9.0 中提供了报表设计器，允许用户通过直观的操作来直接设计报表，或修改报表。Visual FoxPro 9.0 虽然提供了快速报表的功能，但它不能像报表向导那样单独使用，在启动快速报表之前，必须先打开报表设计器。打开报表设计器主要有以下方法：

①　打开项目管理器，选择"文档"选项卡，选择"报表"选项，并单击"新建"按钮，弹出"新建报表"对话框，单击"新建报表"按钮，打开报表设计器窗口。

②　在菜单中选择"文件"/"新建"命令，在弹出的"新建"对话框中选择"报表"单选按钮，然后单击"新建文件"按钮，打开报表设计器窗口。

2．报表设计器的基本组成

在学习如何利用报表设计器的快速报表功能之前，首先熟悉一下报表设计器的基本组成。报表设计器中的空白区域称为带区，首次启动报表设计器时，报表布局中默认有三个带区：页标头、细节和页注脚，如图 6-17 所示。

- 页标头：在每一页报表的上方，常用来放置字段名标题和日期等信息。
- 细节：报表的内容。
- 页注脚：在每一页报表的下方，常用来放置页码和日期等信息。

每个带区的大小是可以改变的，将鼠标指向带区分隔条，此时鼠标指针变成垂直双箭头形状，拖动鼠标就可以改变带区的大小。改变大小后的带区，反映在报表上，其页标头、页注脚区域和记录的行间距也随之发生改变。

3．创建快速报表

快速报表顾名思义就是能够根据用户的要求生成一个报表文件。快速报表自动把用户指定的字段加到空白报表设计器中，并自动建立一个简单报表布局。这种设计报表的方法简单而又迅速。

（1）启动快速报表

选择系统菜单"报表"/"快速报表"命令，屏幕出现"打开"对话框，用户确定创建报表所需的数据及数据表。这里选择教师任课表，并单击"确定"按钮，弹出"快速报表"对话框，如图 6-18 所示。

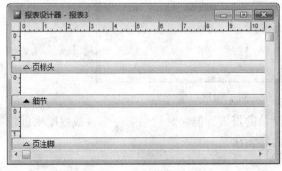

图 6-17　报表设计器窗口

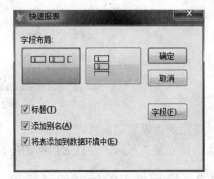

图 6-18　"快速报表"对话框

（2）设置字段布局

在"快速报表"对话框中，需要用户确定报表中字段布局方式是行布局还是列布局。

- 行布局：字段名在字段内容的左侧，字段从上到下排列，一行一个字段，一条记录占用多行。
- 列布局：字段名在字段内容的上方，字段从左到右排列，一列一个字段，每行一条记录。

（3）设置复选框

"快速报表"对话框中有三个复选框："标题""添加别名"和"将表添加到数据环境中"。

- 标题：是否将字段名作为页标头（列布局）或放在左侧（行布局）。
- 添加别名：是否为报表中的字段添加别名。
- 将表添加到数据环境中：是否自动将表添加到数据环境中。

（4）设置字段

通过单击"快速报表"对话框中的"字段"按钮，可以为新创建的报表选择部分字段。单击"字段"按钮，打开"字段选择器"对话框，选择报表需要的字段，如图 6-19 所示。这里选取教师基本情况表的部分字段，并选择列布局。单击"快速报表"对话框中的"确定"按钮，建立的快速报表显示在报表设计器窗口中，如图 6-20 所示。

（5）预览快速报表

在保存报表之前，可以通过工具栏上的"打印预览"按钮，预览由快速报表创建的报表，每页报表的页注脚区域显示报表当天的日期和页码。运行报表，结果如图 6-21 所示。

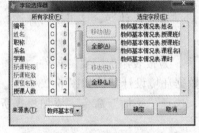

图 6-19　快速报表中的字段选取

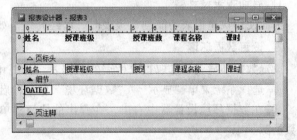

图 6-20　列布局生成的快速报表

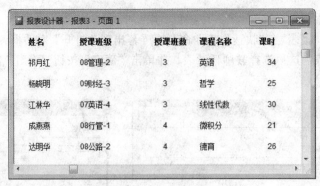

图 6-21　快速报表浏览结果

使用快速报表功能可以快速生成一个简单的报表，但它只能基于一个表或视图来创建报表而无法建立复杂布局，并且通用型的字段内容无法显示。

6.1.3　使用报表设计器设计报表

使用报表向导和快速报表能够方便、迅速地创建一个报表，但所创建的报表单一，使用起来不够灵活。为满足用户创建报表的各种需要，Visual FoxPro 9.0 提供了使用报表设计器创建报表，用户不仅可从空白报表开始设计出图文并茂、美观大方的报表，还可以在报表向导和快速报表设计的基础上，对已有的报表进行修改和完善。下面介绍如何使用报表设计器创建报表。

【例 6.3】下面以教师基本情况表为例，介绍如何创建一个如图 6-22 所示的报表。

教师基本情况一览表

编　号	姓　名	职　称	系　名	学　期
民政系				
25	祁月红	教授	民政系	3
26	杨晓明	助教	民政系	3
27	江林华	副教授	民政系	3
28	成燕燕	讲师	民政系	3
29	达明华	未定	民政系	3
30	刘敏珍	教授	民政系	3

图 6-22　教师基本情况一览表

操作步骤如下：

1. 启动报表设计器

前面使用快速报表功能创建报表时，已经介绍了如何启动报表设计器，这里不再详述。

2. 设置数据环境

设置数据环境就是选取报表所需的数据表、视图和关系，为报表添加需要的控件。

① 选择系统菜单"显示"/"数据环境"命令，启动数据环境设计器，如图 6-23 所示。

② 在数据环境设计器中右击，在弹出的快捷菜单中，选择"添加"命令，添加报表所需的数据源。

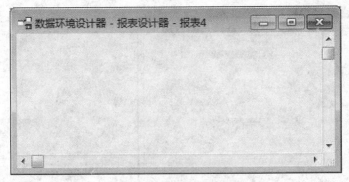

图 6-23　数据环境设计器

③ 在打开的"添加表和视图"对话框中，选择数据表和视图，如图 6-24（a）所示。

单击"添加表和视图"对话框中的"添加"按钮，把"教师基本情况表"添加到数据环境设计器中，如图 6-24（b）所示。如果需要还可以添加多个数据表或视图。

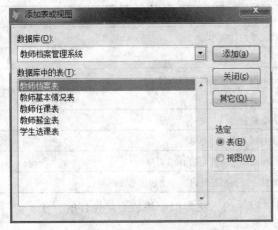

（a）"添加表或视图"对话框

（b）添加数据表

图 6-24　添加数据

3．设置报表设计器界面

在新建报表时，报表设计器默认的窗口包含有三个带区：页标头、细节和页注脚。

添加标题和总结带区。选择系统菜单"可选带区"命令，在弹出的"报表属性"对话框中，设置报表标题或总结带区。这里选择"报表有标题带区"和"报表有总结带"复选框，如图 6-25 所示。单击"确定"按钮，在报表设计器窗口上添加了标题和总结两个带区。

4．添加控件

报表是由各种控件组成，用控件来定义页面上显示的数据。图 6-22 中的标题、图标、页标头等，都需要用添加控件的方法来实现。Visual FoxPro 9.0 为用户提供的报表控件有标签、域控件、线条、矩形、圆角矩形、图片/OLE 绑定控件等，"报表控件"工具栏如图 6-26 所示。

如果屏幕上没有显示"报表控件"工具栏，则可以在报表设计器窗口中，选择菜单中"显示"/"报表控件工具栏"命令，在该选项前出现标记"√"，屏幕上显示"报表控件"工具栏。"报表控件"工具栏中各控件及其功能如表 6-1 所示。

图 6-25 "报表属性"对话框

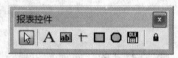

图 6-26 "报表控件"工具栏

表 6-1 "报表控件"工具栏中各控件及其功能

序号	表单控件按钮名称	快捷按钮图标	窗体控件按钮作用
1	选定对象		移动或改变控件大小
2	标签		创建一个标签控件
3	字段		创建一个用于显示字段等内容的控件
4	线条		在报表上画各种线条
5	矩形		在报表上画矩形
6	圆角矩形		在报表上画圆角矩形
7	图片/OLE 绑定控件		添加图片或随记录变化的 OLE 对象
8	按钮锁定		在添加多个同类型控件时，不需要多次选择

下面介绍如何添加各种报表控件，添加报表控件的方法类似于添加表单控件的方法。

（1）标签

在报表中，标签控件是常用的一种控件，它可以单独使用，也可以和其他控件结合使用，在报表中显示文本内容。这里设置标题为"教师基本情况一览表"。另外页标头如"编号""姓名""职称""系名"和"学期"，都需要用添加标签控件的方法来创建。创建的基本步骤如下：

在报表设计器窗口中，单击"报表控件"工具栏中的"标签"按钮，然后将鼠标指针指向标题带区，并单击在光标处输入标签文本内容"教师基本情况一览表"。用同样的方法，在页标头带区输入"编号""姓名""职称""系名""学期"，页标头内的这些文本最好分别使用标签控件，不要使用一个文本控件，这样便于调整它们之间的间距。

（2）字段

报表设计中的字段控件用于显示表字段、变量和表达式的内容。添加域控件有两种方法：

① 从数据环境中添加。在数据环境设计器窗口中，选择要添加的数据表中的字段，按下鼠标左键，将该字段拖到报表区域。本例中将数据环境教师基本情况表中的"编号""姓名""职称""系名""学期"字段分别拖到细节带区内，并与页标头带区内相应的标头对齐，结果如图 6-27 所示。

② 从"报表控件"工具栏中添加。单击"报表控件"工具栏中的"字段"按钮,将鼠标指针指向要放置字段控件的位置并单击,这时屏幕会弹出"字段属性"对话框,如图 6-28 所示。

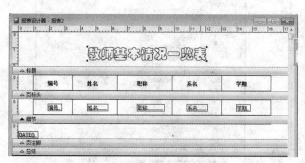

图 6-27 在报表设计器中添加域控件

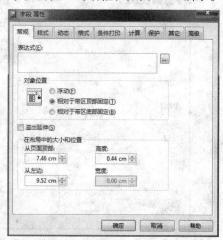

图 6-28 "字段属性"对话框

在"字段属性"对话框的"表达式"文本框中,可以直接输入一个字段表达式"教师基本情况表.编号",也可以单击表达式文本框右面的按钮,打开"表达式生成器"对话框。在"表达式生成器"对话框中,双击选择的字段名,如果是表达式则输入相应的表达式。如本例中选择相应的表达式为"教师基本情况表.编号"、"教师基本情况表.姓名"、"教师基本情况表.职称"、"教师基本情况表.系名"、"教师基本情况表.学期",如图 6-29 所示。依次单击"确定"按钮,返回报表设计器窗口。此时,这几个域控件已添加在报表中,输出时可将它们的值显示出来。

(3)图形控件

在报表中添加线条、矩形框等控件可以使报表更为清晰、美观。例如,在例题中标题与页标头之间用线条分隔开来。可以按照以下操作步骤完成:

① 单击"报表控件"工具栏中的线条按钮,分别将鼠标指针指向标题带区和总结带区,按住鼠标左键并拖动鼠标,画出一条直线。利用同样的方法,可以画出矩形或圆角矩形。

② 如果要修改线条的粗细或形状,选择菜单中"格式"/"绘图笔"命令,在其子菜单中选择适当粗细的线条或形状。

(4)图片/OLE 绑定控件

在报表的细节中添加 OLE 绑定控件,如在报表中添加图片、公司的标志、学校的校徽以及随着显示记录的不同显示每个学生的照片等。这些会使设计的报表图文并茂,更加美观。下面介绍如何添加图片。

① 单击"报表控件"工具栏中的"图片/OLE 绑定控件"按钮,将鼠标指针指向标题带区的合适位置上,单击则弹出"报表图片"对话框,如图 6-30 所示。

② 在"报表图片"对话框中,选择"图片来源"选项区域中的"文件"单选按钮,单击右侧的浏览按钮,在弹出的对话框中指定图片的文件名。可根据要求进行相应的设置,这里选择"缩放图片,保留形状"单选按钮。

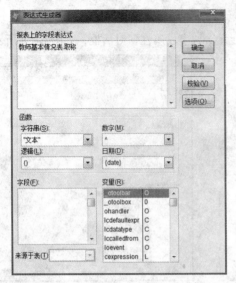
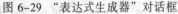
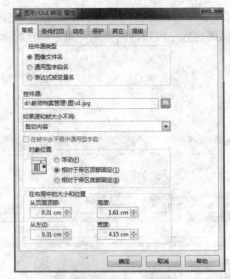

图 6-29　"表达式生成器"对话框　　　　图 6-30　"报表图片"对话框

设置报表图片各项内容后，单击"确定"按钮，则在报表设计器中显示选择的图片，如图 6-31 所示。

图 6-31　添加图片后的报表设计器

5．数据分组

前面以教师基本情况表为基表，使用报表向导创建了按系名分组的报表。使用报表设计器也可以根据一定的条件对记录进行分组输出，使具有相同条件的记录在一组中。如果对报表中的记录进行分组的话，在报表设计器窗口还将出现组标头、组注脚和总结三个带区。

- 组标头带区：放置分组的标题字段，每组打印一次。
- 组注脚带区：放置分组的小计，每组打印一次。
- 总结带区：放置各分组的总计，在报表的结尾打印一次。

设置这三个带区的方法：选择系统菜单"报表" / "数据分组"命令，在弹出的"数据分组"对话框中，按要求进行设置。这里设置分组表达式为"教师基本情况表.系名"，如图 6-32 所示。

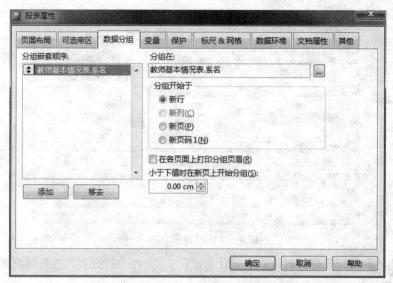

图 6-32　"数据分组"对话框

6．设置页面

选择系统菜单中"文件"/"页面设置"命令，弹出"页面设置"对话框。包括设置页面的列数、每列的宽度、打印记录的顺序（指列数大于 1 时）、"打印设置"中的打印机驱动程序、纸张大小及方向等，如图 6-33 所示。这里页面设置时，设置列数为 1 列输出。

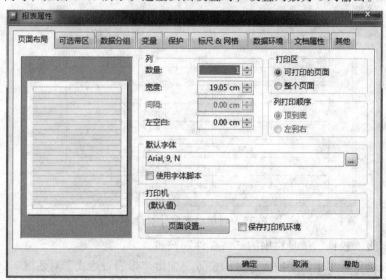

图 6-33　"页面设置"对话框

7．调整带区大小

在报表设计器中，带区用来放置报表所需的各个控件。有时需要根据控件的多少、字体的大小及报表中各部分内容之间的间距来调整带区的大小。调整时，只要将鼠标指针指向要调整带区的分隔条，这时鼠标指针变成上下双向箭头形状，按住鼠标左键并上下拖动鼠标，带区的大小就会随之调整。也可以双击带区分隔条，设置带区的精确高度，如图 6-34 所示。

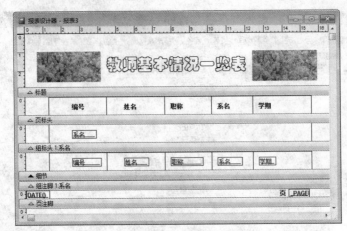

图 6-34　调整带区大小

到此为止，利用报表设计器，基本设计完成图 6-22 所示的报表，效果如图 6-35 所示。

8．设置页标头和页注脚

页标头和页注脚带区中的控件将在每个报表页中出现一次。在多页报表中，页标头和页注脚带区一般包含标签、页号和日期等。例如，假定在页注脚带区中插入一个打印页号的域控件，操作步骤如下：

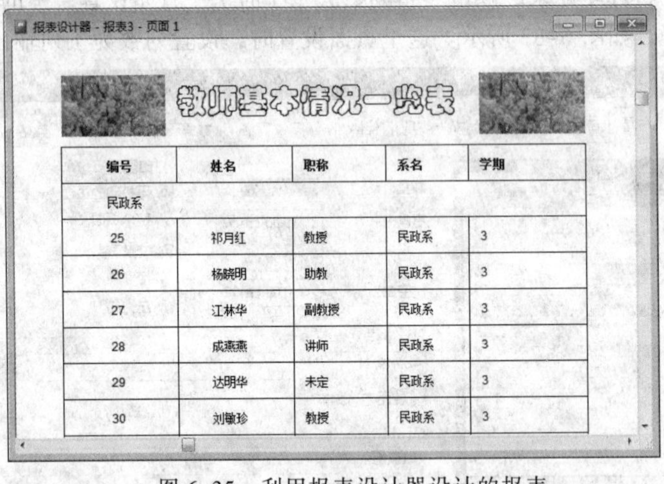

图 6-35　利用报表设计器设计的报表

① 单击"报表控件"工具栏中的"域控件"按钮。

② 在页注脚带区中单击要插入页号的位置，弹出"报表表达式"对话框。

③ 单击"表达式"文本框右侧的按钮，启动表达式生成器。

④ 在"变量"列表框中，双击系统内存变量_pageno 选项，使其出现在"报表字段的表达式"文本框中。

⑤ 单击"确定"按钮，返回"报表表达式"对话框。

⑥ 单击"确定"按钮，报表设计器的页注脚带区中将出现系统内存变量_pageno，用"调色板"工具栏将其背景色设为红色，如图 6-36 所示。

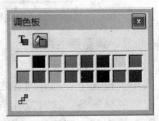

图 6-36　"调色板"工具栏

按类似的方法，也可以插入一个打印当前日期的域控件，在启动表达式生成器后，在"日期"下拉列表框中双击"DATE()函数"选项即可。

注意：插入系统内存变量或日期函数后，如果想进行修改，请双击域控件，打开"报表表达式"对话框，再进行更改。此外，系统内存变量或日期函数也可以添加到报表的其他带区中。

6.1.4 完善报表

创建好的报表如何进一步修饰和完善是报表操作中非常重要的一个环节。当创建报表后，许多细节是不够完善的，这就需要我们对报表中各控件进行适当的修饰，达到美化报表的目的。主要包括选择、移动、删除控件、设置字体和字号、设置颜色、控件布局排序等。

1．选择、移动、删除控件

在完善报表的操作中，必须遵循"先选择，后操作"的原则。选择一个控件时，将鼠标指针指向要调整的控件并单击，这时在控件的周围出现控点，可以对它进行相应的操作。也可以同时选择多个控件，对多个控件进行操作，操作方法：按【Shift】键，然后单击每一个要选择的控件，这样就可以依次选择多个控件，将它们作为一组执行相应的操作。

选择一个控件或一组控件后就可以进行移动操作了，按下鼠标左键并拖动，则被选择的控件移到另一个位置，如果是一组控件也同时被移动，它们的相对位置保持不变。

控件的删除操作同移动操作类似，首先选择要删除的单个控件或一组控件，然后在键盘上按【Delete】键，这时选择的控件被一起删除。

2．设置字体和字号

在报表设计器中可以对不同栏目中的文字属性进行设置。设置控件字体和字号的方法：在报表设计器窗口中选择控件，选择"格式"|"字体"命令，弹出"字体"对话框，选择合适的文字属性进行设置，然后单击"确定"按钮。

3．设置颜色

对报表中的控件，特别是图片和标题，需要设置控件的前景和背景颜色，使设计的报表更漂亮。设置颜色的方法是首先选中要设置颜色的控件，然后选择"显示"|"调色板工具栏"命令，打开"调色板"工具栏，对控件进行相应的设置。

4．布局排列

创建的报表往往需要调整各个控件的布局排列，包括控件间距、文本对齐方式等。首先选择要调整布局的一个或一组控件，然后单击菜单中的"格式"，选择一种布局，然后选择一种"对齐"方式。如选择"顶边对齐"，系统会使选中的一组控件以最上边的一个为参照控件，其余控件全部和它顶边对齐。

6.2 创 建 标 签

Visual FoxPro 9.0 还可以利用标签文件作为输出格式。标签是一种特殊类型的报表，所以标签文件与报表文件在形式和设计方法上都非常相似，用户可以根据自己的需要，设计诸如邮寄标签、物品标签、个人名片、磁盘标签等。下面简要介绍利用标签向导和标签设计器创建标签。

6.2.1　使用标签向导创建标签

标签向导可以使用户迅速、方便地创建出美观、实用的标签。

【例 6.4】下面以教师基本情况表为例介绍如何使用标签向导设计标签。

操作步骤如下：

① 在项目管理器的"文档"选项卡中选择"标签"选项，再单击"新建"按钮，弹出"新建标签"对话框。在"新建标签"对话框中，单击"标签向导"按钮。进入选择表对话框。

② 选择表。在屏幕显示的标签向导对话框中选择数据库和数据表，这里选择"教师档案管理系统"数据库中的"教师基本情况表"，如图 6-37 所示。单击"下一步"按钮，进入选择标签类型对话框。

③ 选择标签类型。在选择标签类型对话框中选择"英制"或"公制"单选按钮，并确定标签的型号、大小和列数，单击"新建标签"按钮，还可以自定义一个标签。这里选择"英制"及 4144 型号的标签，如图 6-38 所示。单击"下一步"按钮，进入定义布局对话框。

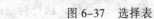
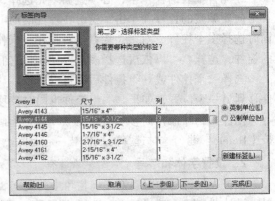

| 图 6-37　选择表 | 图 6-38　选择标签类型 |

④ 定义布局。在定义布局对话框中，用来确定标签的布局。标签中包括文本、字段内容、标点符号、空格、换行等内容。假定本例标签中包含"编号""姓名""职称""系名"四个字段内容，标签之间用虚线分隔。为使标签美观，可以选择适当的字体，如图 6-39 所示。单击"下一步"按钮，进入排序记录对话框。

⑤ 排序记录。在"排序记录"对话框中可确定记录的输出顺序。这里选择"编号"为排序字段，如图 6-40 所示。单击"下一步"按钮，进入完成对话框。

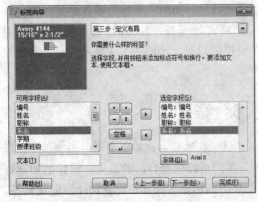

| 图 6-39　定义布局 | 图 6-40　排序记录 |

⑥ 完成。在保存标签之前，可以先预览标签内容，如果设计不理想，可返回上一步，进行修改，如图 6-41 所示。

⑦ 保存。单击"完成"按钮，在弹出的"另存为"对话框中，将创建的标签保存为"教师标签.lbx"文件。此时可以看到在"标签"选项前多了一个"+"按钮，单击"+"按钮，可以看到刚建立的标签文件"教师标签"。按上述操作步骤，建立一个简单的标签，效果如图 6-42 所示。

图 6-41 完成

图 6-42 标签预览结果

6.2.2 利用标签设计器创建标签

标签向导可以根据用户的设置自动生成标签文件，但是由标签向导生成的标签文件形式过于简单，很难满足用户的特殊要求。系统提供的标签设计器却可以弥补这个不足。

标签设计器和报表设计器在设计过程中有很多相似之处，在这里通过一个设计实例来说明如何利用标签设计器设计标签。

【例 6.5】利用标签设计器创建一个以教师基本情况表为基础，包括编号、姓名、职称和系名四个字段的标签。

设计步骤如下：

1．打开标签设计器

打开标签设计器的方法主要有以下两种：

① 利用"新建"命令启动标签设计器。在系统菜单中选择"文件"/"新建"命令，在"新建"对话框中选择"标签"单选按钮，并单击对话框右侧的"新标签"按钮，进入标签设计器。

② 在项目管理器中启动标签设计器。打开项目管理器，选择"文档"选项卡中的"标签"选项，单击"新建"按钮，在"新建标签"对话框中，单击"新建标签"按钮，进入标签设计器。

2．使用标签设计器

① 进入标签设计器后，首先弹出"新建标签"对话框，要求用户选择标签布局，这里选择 Avery 4144，然后单击"确定"按钮，如图 6-43 所示。如果在标签设计器中没有所需的标签规格，可以在"新建标签"对话框中加入新的标签规格，标签的新规格将被保存在相应的资源文件中。

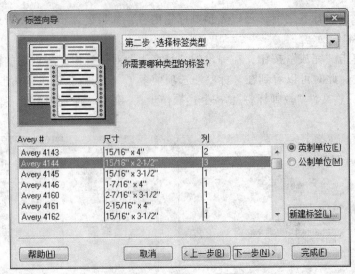

图 6-43　"新建标签"对话框

②　按照之前介绍过的方法启动数据环境设计器，在数据环境设计器中右击，在弹出的快捷菜单中选择"添加"命令，在弹出的"添加表或视图"对话框中，选择"教师基本情况表"选项，把"教师基本情况表"添加到数据环境设计器中，如图 6-44 所示。

③　选择系统菜单中的"显示"/"工具栏"命令，在弹出的"工具栏"对话框中，选择"报表控件"复选框并单击"确定"按钮，这样"报表控件"工具栏就显示在窗口中了。

④　选定字段并拖动它到标签设计窗口中的适当位置。窗口背景中的网格线可以帮助确定位置。另外，在带区中设有标尺，可以更精确地定位对象的水平和垂直位置。在本例中，拖动"教师基本情况表"中的四个字段到标签设计窗口中，作为标签中出现的字段。单击字段周围的框将出现几个控点，可以通过它们调节字段的位置。

⑤　利用报表控件中的"标签"工具为每个字段添加说明标签，如图 6-45 所示。

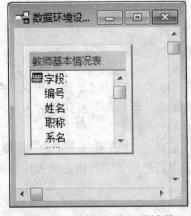

图 6-44　"数据环境"设计器

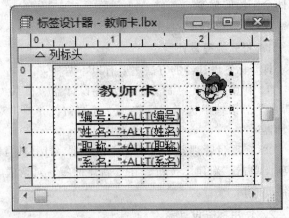

图 6-45　添加控件后的标签设计器

⑥　单击"报表控件"工具栏中的"图片/OLE 绑定控件"按钮，可以在报表的相应的位置上画出图片放置区域，如图 6-46 所示。

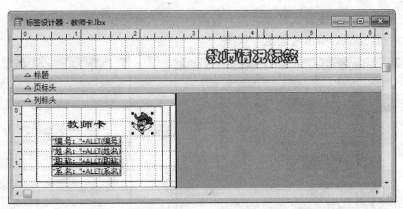

图 6-46　添加图片/OLE 绑定控件后的标签设计器

⑦ 选择系统菜单中的"显示"|"浏览"命令，则可以浏览利用标签设计器设计的结果，如图 6-47 所示。

图 6-47　预览标签设计的结果

6.3　报表和标签的布局

报表和标签是数据的最终输出格式，它们将被定位于打印机，在前面的各节中也已经学习了不少关于报表和标签的知识，现在来看看如何打印报表或标签。

6.3.1　页面设置

在打印之前，应考虑页面的外观，例如页边距、纸张类型和所需的布局等。如果改变了纸张大小和方向设置，就应考虑该文字方向是否适应于所选择的纸张大小。页面设置包括纸张的选择、版式、页边距等。

1．设置左边距

启动 Visual FoxPro 9.0，选择"文件"/"打开"命令。在"打开"对话框中选择要打开的报表或标签文档。选择"文件"/"页面设置"命令，打开"页面设置"对话框，如图 6-48 和图 6-49 所示。在此对话框中的"左页边距"微调框中输入边距数值，页面布局将按新的边距显示。

2．选择纸型和方向

在"页面设置"对话框中，单击"打印设置"按钮，打开"打印设置"对话框。在"大小"

列表中选择纸张大小。系统默认打印方向为纵向，如果改变了纸张方向，可从"方向"选项组中选择横向，设置完毕后单击"确定"按钮。

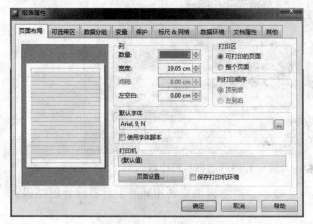

图 6-48　报表的页面设置

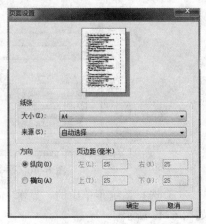

图 6-49　标签的页面设置

6.3.2　打印输出报表和标签

要打印报表和标签文件，必须将该文件在设计器中打开，即在项目管理器中选取该文件后，单击"修改"按钮。

1．打印输出报表和标签的方法

有三种方式可以执行报表和标签的打印：

① 在系统菜单条中选择"文件"/"打印"命令。

② 在系统菜单条中选择"报表"/"运行报表"命令。

③ 在报表和标签设计器中右击，在弹出的快捷菜单中选择"打印"命令。

2．打印输出报表和标签的步骤

① 无论采用上述哪种方法，都将弹出"打印"对话框，如图 6-50 所示。

② 单击对话框中的"选项"按钮，进入"打印选项"对话框，如图 6-51 所示。

在"打印内容"选项区域中可以设置要打印文件的类型和文件名。

- "类型"下拉列表框中包括以下选项：报表、标签、命令窗口、ASCII 码、文件和剪贴板。鼠标单击其中的某一选项，将选定该项。

- 在"文件"文本框中可以直接输入要打印文件的名字，也可以单击该文本框右侧的按钮，进入"打开"对话框中进行选择。

- 单击"打印选项"对话框中的"选项"按钮，可以在弹出的"报表和标签打印选项"

图 6-50　"打印"对话框

对话框中设置筛选条件，用来筛选符合条件与范围的记录数据，如图 6-52 所示。

图 6-51 "打印选项"对话框   图 6-52 "报表和标签打印选项"对话框

③ 在"报表和标签打印选项"对话框中包括以下部分：

• "作用范围"下拉列表框：用于指定打印范围。其中包括以下选项：

All：打印全部记录。

Next：打印当前记录往下的 n 个记录。n 需在右侧的微调框中设置。

Record：打印第 n 条记录。n 需在右侧的微调框中设置。

Rest：当前记录开始打印到文件尾。

• For 文本框：设置打印条件，符合该条件的任一条记录都将被打印。

• While 文本框：设置打印条件，当记录符合该条件时将被打印，直到遇到不合条件的记录，便停止打印。

小　　结

通过学习本章，读者应掌握以下内容：

• 利用报表向导创建单表报表和一对多报表。

• 利用报表设计器创建快速报表和多样化的报表。

• 用报表进行设置。

• 标签的创建。

• 报表和标签的布局。

思考与练习

一、思考题

1. 报表由哪几部分组成？

2. 标签与报表有何不同之处和相同之处？

3. 简述使用报表向导、报表设计器创建报表格式文件的操作过程。

4. 什么是数据环境？

5. 怎样在报表中插入图片？

二、选择题

1. 为了在报表中加入文字说明，应该插入一个（　　　）。

A. 表达式控件　　　　B. 域控件　　　　　　　C. 标签控件　　　　　　D. 文本控件

2. 报表文件的扩展名是（　　　）。

A. rpt　　　　　　　　B. frx　　　　　　　　C. rep　　　　　　　　D. rpx

3. 在项目管理器的哪个选项卡下管理报表（　　　）。

A. 报表选项卡　　　　　　　　　　　　　　B. 程序选项卡

C. 文档选项卡　　　　　　　　　　　　　　D. 其他选项卡

4. 为了在报表中加入一个表达式，应该插入一个（　　　）。

A. 表达式控件　　　　B. 域控件　　　　　　C. 标签控件　　　　　　D. 文本控件

5. 报表设计器中不包含在基本带区的有（　　　）。

A. 标题　　　　　　　B. 页标头　　　　　　C. 页脚注　　　　　　　D. 细节

6. 对于报表中不需要的控件，选择后按快捷键（　　　）可删除控件。

A. Shift　　　　　　　B. Delete　　　　　　C. Ctrl+W　　　　　　　D. Ctrl+X

7. 预览报表的命令是（　　　）。

A. PREVIEW REPORT　　　　　　　　　　B. REPORT FORM…PREVIEW

C. PRINT REPORT…PREVIEW　　　　　　D. REPORT…PREVIEW

8. 使用"快速报表"时需要确定字段和字段布局，默认将包含（　　　）。

A. 第一个字段　　　　B. 前三个字段　　　　C. 空（即不包含字段）　D. 全部字段

9. （　　　）用于打印表或视图中的字段、变量和表达式的计算结果。

A. 报表控件　　　　　　　　　　　　　　　B. 域控件

C. 标签控件　　　　　　　　　　　　　　　D. 图片/OLE 绑定控件

10. 如果报表中的数据需要排序或分组，应在（　　　）中进行相应的设置。

A. 报表的数据源　　　B. 库表　　　　　　　C. 视图或查询　　　　　D. 自由表

三、填空题

1. 定义报表的因素有＿＿＿＿＿、报表的布局。

2. 在数据分组时，数据源应根据 ＿＿＿＿＿创建索引，并且在报表的数据环境中进行设置（设置 Order 属性）。

3. 报表向导分为报表向导、＿＿＿＿＿。

4. 定制报表控件时，可使用"格式"/"＿＿＿＿＿"命令对控件进行字体属性的设置。

5. 要在报表中加入图片，应该选用"报表控件"工具栏中的＿＿＿＿＿控件。

6. 要在报表中输入标题文字，应该选用"报表控件"工具栏中的＿＿＿＿＿控件。

7. 对报表进行数据分组后，报表会自动包含的带区是＿＿＿＿＿。

8. 第一次启动报表设计器时，报表布局中只有三个带区，即＿＿＿＿＿、＿＿＿＿＿和＿＿＿＿＿。

9. 在＿＿＿＿＿中，不但可以设计报表布局，规划数据在页面上的打印位置，而且可以添加各种控件。

10. 在开发应用程序时，常用到的 OLE 技术是指＿＿＿＿＿技术。

第7章 菜单设计

在 Windows 环境中，几乎所有的应用软件都通过菜单实现各种操作。在应用程序中，一般也都为用户提供一个菜单式的界面，使用户能够有一个操作简单方便且友好的工作环境。而对于 Visual FoxPro 来说，当操作比较简单时，一般通过控件来实现；而当完成较复杂的操作时，使用菜单具有十分明显的优势。因此，菜单的设计就显得至关重要。

本章主要介绍菜单的基本组成，重点介绍菜单设计的基本方法，怎样利用设计器设计系统菜单、快速菜单和快捷菜单。讲述菜单的基本使用方法以及向菜单中添加自定义工具栏等。

主要内容
- 创建菜单。
- 设计菜单栏，设置菜单项或子菜单的功能。
- 定义访问键和快捷键。
- 创建快捷菜单。
- 创建工具栏。

7.1 Visual FoxPro 系统菜单概述

利用系统菜单是用户调用 Visual FoxPro 系统功能的一种方式或途径。而了解 Visual FoxPro 系统菜单的结构、特点和行为，则是设计用户自己的菜单系统的基础。

7.1.1 菜单系统结构

1. 菜单的基本组成

Visual FoxPro 支持两种类型的菜单：条形菜单和弹出式菜单。条形菜单有一个内部名字和一组菜单选项，每个菜单选项都有一个名称（标题）和内部名字。弹出式菜单也有一个内部名字和一组菜单选项，每个菜单选项则有一个名称（标题）和选项序号。一个菜单系统通常含有一个菜单栏，菜单栏中含有主菜单，主菜单中包含菜单项及子菜单，如图 7-1 所示。在 Visual FoxPro 的系统菜单中无论大小都由以下几部分组成，这些部分是构成菜单的基本组成部分。

- 菜单标题：即菜单的名称，放置在菜单栏中。每个菜单标题表示一个菜单。
- 菜单栏：位于窗口标题栏下，包含多个菜单标题的一个水平条形区域。
- 菜单：由一系列的选项组成，包括命令、过程或子菜单等。
- 菜单项：包含于菜单之中，可以是命令、过程或子菜单等。
- 子菜单：选择菜单项时出现的下拉菜单，由一系列菜单项组成。

一个菜单系统一般包含一个菜单栏，多个菜单标题、菜单以及菜单项。

图 7-1　菜单系统

　　无论是哪种类型的菜单，当选择其中某个选项时都会有一定的动作。这个动作可以是下面三种情况中的一种：执行一条命令、执行一个过程和激活另一个菜单。典型的菜单系统一般是一个下拉式菜单，由一个条形菜单和一组弹出式菜单组成。其中条形菜单作为主菜单，弹出式菜单作为子菜单。当选择一个条形菜单选项时，激活相应的弹出式菜单。而快捷菜单一般由一个或一组上下级的弹出式菜单组成。

　　2．菜单中的其他概念

　　一个菜单系统除了以上介绍的基本组成部分外还应包括以下几部分：

　　① 菜单项的状态：菜单项有两种状态，当菜单项为黑色时是可用状态，当菜单项为灰色时是不可用状态。

　　② 访问键：每一个菜单项后面都有一个用括号括起来的英文字母，该字母代表可访问菜单项的访问键，它可以是 A～Z 的任意一个英文字母。使用访问键访问某一菜单项时，按【Alt】键，再输入括号中的英文字母即可执行相应的操作。

　　③ 快捷键：在某些菜单项的右侧有 "Ctrl+字母" 的组合，这是该菜单项的快捷键标志。使用快捷键访问某一菜单项时，按【Ctrl】键，再单击相应的英文字母。

　　④ 子菜单标志：在有些菜单项的右侧有一个黑色三角形，它表示该菜单项还有一个展开的子菜单，当鼠标指向该菜单时，它将自动弹出一个子菜单。

　　⑤ 菜单项分隔线：在菜单中为了将某些功能相关的菜单项放在一起，在中间用一条直线和其他菜单项分隔开来，便于用户阅读使用。

7.1.2　菜单系统的规划原则

　　创建菜单系统应根据菜单规划原则设置菜单，下面列出了菜单的规划原则：

　　① 按照用户所要执行的任务规划菜单系统，而不是根据应用程序的层次结构来设计菜单。

　　② 给每个菜单一个有意义的菜单标题。

　　③ 在组织菜单中的菜单项时，可根据使用频率、逻辑顺序或字母顺序来考虑，以便于使用。

　　④ 依据功能相近原则和顺序原则将菜单的菜单项进行逻辑分组，在逻辑组之间用分隔线分隔。

　　⑤ 将菜单中的菜单项数限制在一个屏幕中。如果菜单项的数目超过一屏，则应为其中的一些菜单项创建子菜单。

⑥ 菜单和菜单项建议设置访问键和快捷键，以便快速选择。

⑦ 使用易于理解的词汇来描述菜单和菜单项。

⑧ 可在菜单项中混合使用大小写字母。

7.1.3 系统菜单

典型的系统菜单一般是一个下拉式菜单，由一个条形菜单和一组弹出式菜单组成。其中条形菜单作为主菜单，弹出式菜单作为子菜单。当选择一个条形菜单选项时，可以激活相应的弹出式菜单。

各菜单中常见的名称及内部名字如表 7-1 至表 7-3 所示。

表 7-1　主菜单（_MSYSMENU）常见选项

选 项 名 称	内 部 名 字	选 项 名 称	内 部 名 字
文件	_MSM_FILE	程序	_MSM_PROG
编辑	_MSM_EDIT	窗口	_MSM_WINDO
显示	_MSM_VIEW	帮助	_MSM_SYSTM
工具	_MSM_TOOLS		

表 7-2　弹出式菜单的内部名字

弹出式菜单	内 部 名 字	弹出式菜单	内 部 名 字
"文件"菜单	_MFILE	"程序"菜单	_MPROG
"编辑"菜单	_MEDIT	"窗口"菜单	_MWINDO
"显示"菜单	_MVIEW	"帮助"菜单	_MSYSTM
"工具"菜单	_MTOOLS		

表 7-3　"编辑"菜单（_MEDIT）常见选项

选 项 名 称	内 部 名 字	选 项 名 称	内 部 名 字
撤销	_MED_UNDO	清除	_MED_CLEAR
重做	_MED_REDO	全部选定	_MED_SLCTA
剪切	_MED_CUT	查找	_MED_FIND
复制	_MED_COPY	替换	_MED_REPL
粘贴	_MED_PASTE		

通过 SET SYSMENU 命令可以允许或禁止在程序执行时访问系统菜单，也可以重新配置系统菜单。

【格式】SET SYSMENU ON/OFF/AUTOMATIC/TO [<弹出式菜单名表>]/TO [<条形菜单项名表>]/TO [DEFAULT]/SAVE/NOSAVE

【功能】产生系统菜单。

【说明】

① ON：允许程序执行时访问系统菜单。

② OFF：禁止程序执行时访问系统菜单。

③ AUTOMATIC：可使系统菜单显示出来，可以访问系统菜单。

④ TO　[<弹出式菜单名表>]:重新配置系统菜单,以内部名字列出可用的弹出式菜单。

⑤ TO　[<条形菜单项名表>]:重新配置系统菜单,以条形菜单内部名表列出可用的子菜单。

⑥ TO DEFAULT:系统菜单恢复为默认设置。

⑦ TO SAVE:系统菜单恢复为默认设置。

⑧ TO NOSAVE:将默认配置恢复成 Visual FoxPro 系统菜单的标准配置。

⑨ 不带参数的 TO SYSMENU 命令将屏蔽系统菜单,使系统菜单不可用。

7.2　创　建　菜　单

设计菜单的基本步骤一般需要先打开菜单设计器,填写菜单栏上的菜单项,设置菜单项动作,设置菜单项特性,如热键、快捷键、备注信息等,然后根据需要设计每一个下拉菜单,填写下拉菜单中的菜单选项,设置菜单选项的动作,设置菜单选项特性（如热键、快捷键、备注信息等）。设置好菜单后保存菜单,生成菜单文件（*.mnx、*.mnt）。之后还必须生成菜单源程序文件（*.mpr）,才能运行菜单程序。下面介绍如何创建菜单。

7.2.1　菜单设计器简介

下面介绍菜单设计器窗口的组成及其各选项的功能,菜单设计器窗口如图 7-2 所示。

1. 菜单名称

用于指定菜单系统中菜单项的名称。

2. 结果

指定菜单项所具有的功能,其下拉列表中包括如下四个选项:

① 子菜单:用户所定义的当前菜单有子菜单时可以选择此项。其右侧会出现一个"创建"按钮,单击该按钮,系统会弹出子菜单设计窗口,如图 7-3 所示。

② 命令:当在"结果"下拉列表框中选择"命令"选项,会在其右侧出现一个"文本框",可在此输入要执行的命令。即为菜单项或子菜单指定一条 Visual FoxPro 命令,用于完成指定的操作。

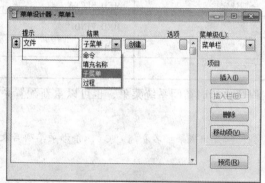

图 7-2　菜单设计器窗口

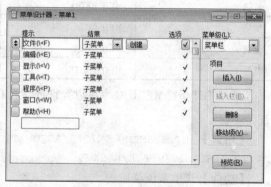

图 7-3　菜单设计器窗口

③ 过程:如果所要执行的动作需要多条命令完成,而又没有相应的程序可用,此时选择"过程"选项最合适,它是一组命令的集合。当在"结果"下拉列表框中选择"过程"选项,会在其右侧出现一个"创建"按钮,单击该按钮会弹出编辑窗口,可在此窗口中输入过程代码。

3．选项

单击"选项"按钮，弹出"提示选项"对话框，该对话框用于设置键盘快捷键或用户定义的菜单系统中各菜单项的属性。

4．菜单级

用于显示当前所处的菜单级别，从其下拉列表中可以选择要处理的任一级菜单。

5．插入

单击"插入"按钮，会在当前菜单项之前插入一条空白的菜单项。

6．插入栏

单击"插入栏"按钮，会弹出"插入系统菜单条"对话框，该对话框用于插入标准的 Visual FoxPro 9.0 菜单项。

7．删除

单击"删除"按钮可删除当前菜单项。

8．预览

单击"预览"按钮会显示正在创建的菜单结果。

7.2.2 创建快速菜单

Visual FoxPro 9.0 为用户提供了快速创建菜单的功能，可将系统菜单自动添加到菜单设计器窗口中，为便于用户生成菜单，Visual FoxPro 提供了系统菜单的常用功能和标题，其中许多功能可以作为应用程序的菜单功能来使用。下面介绍如何创建快速菜单。

1．打开菜单设计器

选择项目管理器窗口中的"其他"选项卡，并选择其中的"菜单"选项。单击项目管理器窗口中的"新建"按钮，屏幕出现"新建菜单"对话框。单击"新建菜单"对话框中的"菜单"按钮，这时系统启动菜单设计器。

2．创建快速菜单

在系统菜单栏中选择"菜单"/"快速菜单"命令，则会在菜单设计器窗口中加载系统菜单，供用户编辑使用（见图 7-3）。

"菜单名称"栏列出了 Visual FoxPro 系统菜单标题，其后面括号中的"\ <字母"为该菜单标题的访问键，如\< F、\< E 等；"结果"栏显示的是子菜单，表明它是一个下拉式的菜单；"编辑"按钮表示可以对"结果"栏的内容进行编辑；"选项"按钮表示对应的菜单标题是否已在"提出选项"对话框做了设置。

快速生成的菜单和系统菜单相同，但其中的功能项可以增加，也可以修改或删除。经过适当地编辑后，一个实用的快速菜单便生成了。所创建的菜单以.mnx 为扩展名保存到磁盘上。

7.2.3 使用菜单设计器创建菜单

用户可以根据应用程序的要求利用菜单设计器创建菜单。在创建菜单前，必须确定菜单栏中应包含哪些主菜单，每个主菜单中包含哪些菜单项，以及菜单项中是否含有子菜单。

【例 7.1】以表 7-4 所示的菜单结构为例，使用菜单设计器来创建一个菜单。

表 7-4　菜单结构表

主 菜 单	菜 单 项	功　　能
文件(\<F)	新建 打开 保存 关闭	分别打开或保存指定的文件
查询(\<C)		
浏览(\<E)	教师基本情况 教师代课情况 教师课酬情况	浏览教师情况表、教师代课情况表、教师课酬情况表中的记录
编辑(\<B)	教师档案表 教师情况表 教师代课表 教师薪金表	编辑修改教师情况表、教师代课情况表中的记录
退出(\<Q)	退出	退出 Visual FoxPro 9.0 系统

操作步骤如下：

1．创建主菜单

① 打开项目管理器中的"其他"选项卡，选择"菜单"选项，单击"新建"按钮，弹出"新建菜单"对话框。

② 单击"新建菜单"对话框中的"菜单"按钮，打开菜单设计器窗口，在"菜单名称"栏中分别输入主菜单中的各个菜单标题：文件、查询、浏览、编辑和退出，如图 7-4 所示。

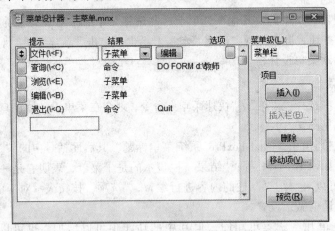

图 7-4　设计主菜单的菜单标题

2．创建菜单项

设计好主菜单后，给主菜单的各项添加菜单项，定义其所要执行的命令、过程或子菜单。下面给菜单标题"浏览"添加菜单项。

① 在菜单设计器窗口中选择要添加菜单项的菜单标题，如选择菜单名称"浏览"，在"结果"下拉列表框中选择"子菜单"选项，并单击其右侧的"创建"按钮，这时屏幕显示一个新的菜单设计器窗口。

② 新出现的菜单设计器窗口是用来创建二级菜单的，即菜单项。它所对应的上级菜单可从"菜单级"下拉式列表框中选项反映出来。这里给主菜单"浏览"设置三个菜单项：教师基本情况、教师代课情况和教师课酬情况，如图 7-5 所示。

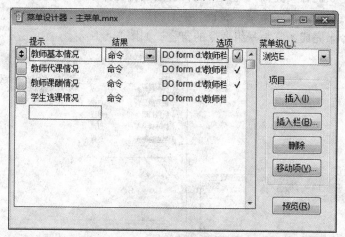

图 7-5　"浏览"菜单中的菜单项

通过"菜单级"下拉列表框中的"菜单栏"选项，可返回到主菜单中的菜单设计器窗口。按照上述操作方法，可以给其他菜单标题添加菜单项。

3．定义菜单项功能

前面已经创建了菜单项及其子菜单，而在菜单设计器窗口中的"结果"下拉列表框中共列出了四个选项：命令、菜单项、子菜单和过程。前面已经分别介绍了这四个选项的功能。下面为该菜单设置相应的选项：

① 主菜单"文件"。将主菜单"文件"中的菜单项"新建""打开""保存""关闭"设置为"菜单项#"，然后在其右侧相应的文本框中输入_mfi_new、_mfi_open、_mfi_save 及_mfi_close，如图 7-6 所示。

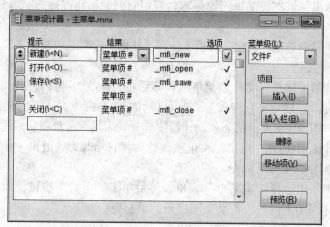

图 7-6　给菜单项指定任务

② 主菜单"浏览"。主菜单"浏览"中的三个菜单项可分别定义为命令，分别执行三个表单，设置如图 7-5 所示。

单击"结果"栏右侧的"编辑"按钮，这时屏幕出现一个过程编辑窗口。在编辑过程窗口中输入该菜单项所完成功能的命令代码。如"教师基本情况"菜单项表示打开教师情况表，并浏览记录，过程编辑器窗口如图 7-7 所示。

其他两个菜单项的含义类似，用户可以自己定义相应操作。

③ 主菜单"编辑"。将主菜单"编辑"中的四个菜单项分别定义为过程，而过程所执行的动作需要多条命令来完成，它是一组命令的集合，如图 7-8 所示。

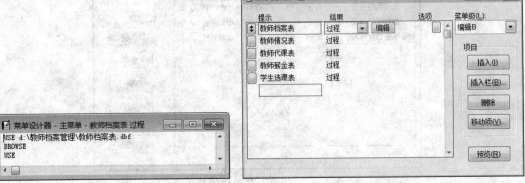

图 7-7　过程编辑器窗口　　　　　　　　图 7-8　给菜单项指定操作命令

④ 主菜单"退出"。将主菜单"退出"的菜单项设置为命令，所对应的命令为 Quit。

⑤ 保存新创建的快捷菜单，取文件名为"主菜单.mnx"。

⑥ 保存新创建的快捷菜单后，在项目管理器窗口中选择"主菜单"选项并运行，Visual FoxPro 生成一个菜单，同时产生主菜单.mpr 文件。

至此表 7-4 所示的菜单就设置完成了。

4．设置菜单的访问键

系统提供了设置快速访问键的功能，可以对菜单进行快速访问键的设置。建立菜单的快速访问键很简单，在快速访问键的前面加上"\<字母"即可。例如，要为各个主菜单标题"文件""编辑""浏览""退出"依次加上访问键标志，假定它们的访问键标志字母分别为 F、B、E 和 Q。操作步骤如下：

① 在项目管理器中选择"其他"选项卡。在"其他"选项卡中选择"菜单"中的"菜单 1"选项，单击"修改"按钮。

② 在菜单设计器中选择"文件"菜单项，然后将它修改为"文件（\<F）"；在菜单设计器中选择"查询"菜单项，然后将它修改为"查询（\<C）"；在菜单设计器中选择"浏览"菜单项，然后将它修改为"浏览（\<E）"；在菜单设计器中选择"编辑"菜单项，然后将它修改为"编辑（\<B）"；在菜单设计器中选择"退出"菜单项，然后将它修改为"退出（\<Q）"。

③ 选择"菜单"/"生成"命令。

④ 在项目管理器中选择"主菜单"表单，然后单击"运行"按钮。此时出现了带有快速访问键的菜单。当按【Q】键时，就会关闭出现的消息窗口。

5．设置快捷键

系统还提供了设置快捷键的功能，可以给菜单或菜单项定义快捷键。使用快捷键与使用访问键的方法类似，利用【Ctrl+字母】组合键，可以完成快捷键的操作。快捷键与访问键的区别在于，使用快捷键可以在不显示菜单的情况下选择菜单上的某一个菜单项。例如，在 Visual

FoxPro 系统中按【Ctrl+N】组合键，可建立一个新文件。下面介绍如何给菜单或菜单项定义一个快捷键。假设给菜单标题"浏览"中的"教师基本情况""教师代课情况"和"教师课酬情况"菜单项分别定义快捷键为【Ctrl+A】、【Ctrl+B】和【Ctrl+C】。操作步骤如下：

① 在菜单设计器窗口中单击要定义快捷键的菜单或菜单项，如选择"教师基本情况"菜单项。

② 单击"教师基本情况"菜单项右侧的"选项"按钮，弹出"提示选项"对话框，如图 7-9 所示。

③ 在"提示选项"对话框的"键标签"文本框中，键入一组组合键，在键盘上按下的组合键就是定义的快捷键，并显示在"键标签"文本框中。如按【Ctrl+A】组合键，"键说明"文本框中默认为"Ctrl+A"，用户可更改键说明，如"＾+N"。

④ 单击"提示选项"对话框中的"确定"按钮，返回菜单设计器，选项中出现对号标记，表明已做了设置。

利用同样的方法，可给"教师代课情况"和"教师课酬情况"的菜单项定义快捷键【Ctrl+B】和【Ctrl+C】。当用户在不显示"浏览"菜单的情况下直接按【Ctrl+A】组合键时，系统就立即执行浏览"教师基本情况"的表单操作。

注意：不能使用【Ctrl+J】定义快捷键，它常用于关闭某些对话框的快捷键。

6. 设置菜单项状态

利用定义快捷键的"提示选项"对话框（见图 7-9），还可设置菜单项的状态。在"跳过"文本框中设置一个条件表达式，执行菜单时，根据表达式的逻辑值来确定菜单项是否可用。当表达式值为真时，该菜单显示为灰色，表示该菜单项不可用；否则，该菜单项为黑色显示，表示该菜单项可用。另外还可以在"信息"文本框中输入状态信息，当用户选择该菜单项时，此信息就显示在状态栏中，如图 7-10 所示。

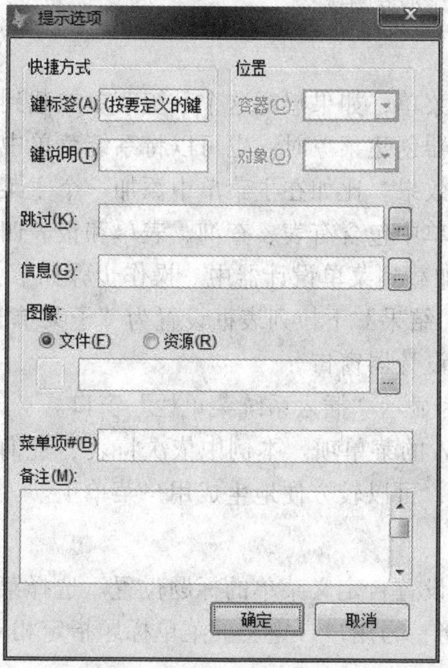

图 7-9 "提示选项"对话框 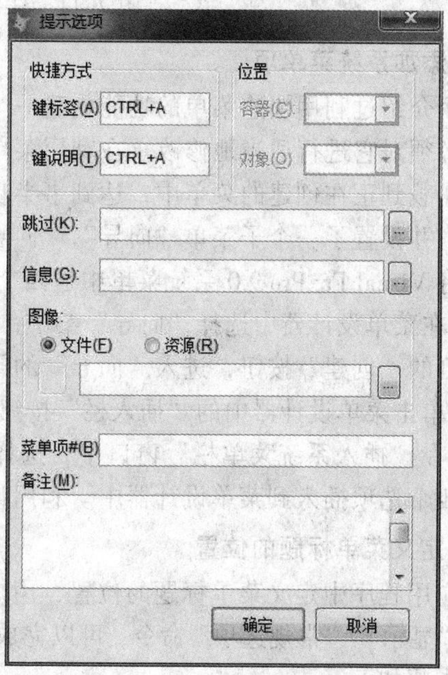　　　图 7-10 设置"提示选项"对话框

7．对菜单项进行分组

当菜单项较多时，根据功能的需要，可以使用分隔线将功能相近的菜单划分成逻辑组。如在"退出"菜单栏上方加入一条分隔线。操作步骤如下：

① 在项目管理器中选择"其他"选项卡，在"其他"选项卡中选择"菜单"选项，选择创建的菜单，单击"修改"按钮。

② 在菜单设计器中选择"文件"菜单项，在其子菜单中选择"关闭"菜单项，然后单击"插入"按钮。

③ 在菜单设计器中的"菜单名称"栏中输入"\-"。

④ 选择"菜单"/"生成"命令。

⑤ 在项目管理器选择"快捷菜单"表单，然后单击"运行"按钮。

如果对菜单进行分组，可在需要分组的地方插入一个菜单项，将这个菜单项的菜单名称设置为"\-"即可，如图 7-11 所示。

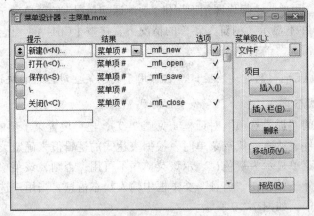

图 7-11　在菜单中显示分隔线

8．添加系统菜单项

前面介绍过利用快速菜单的功能创建一个系统菜单，如果想把这个系统菜单加载到应用程序中，必须对它进行适当地修改。在利用菜单设计器创建菜单时，也可以将系统菜单中的部分菜单项加载到正在创建的菜单中，达到事半功倍的效果。比如在主菜单中添加一个主菜单标题"工具"，并设置了一个子菜单"向导"，"向导"菜单中包含有表、查询、表单和报表四个菜单项。现将 Visual FoxPro 9.0 系统菜单中这四个向导加载到菜单设计器中。操作步骤如下：

① 在菜单设计器中选择"向导"菜单，将其"结果"下拉列表框设置为"子菜单"，并单击其右侧的"创建"按钮，进入"向导"的子菜单设计器窗口。

② 单击菜单设计器中的"插入栏"按钮，屏幕显示"插入系统菜单栏"窗口。

③ 在"插入系统菜单栏"窗口中，选择要插入的菜单项。本例中依次将表、查询、表单和报表四个选项插入到菜单设计器中。利用该方法，可以较方便地生成用户菜单项。

9．定义菜单标题的位置

在应用程序中定义菜单标题的位置，用户可以设置自定义菜单的标题位置。选择菜单设计器中的"显示"/"常规选项"命令，可以完成此任务。为用户自定义的菜单标题指定相对位置，其操作步骤如下：

① 在菜单设计器窗口中，选择菜单中"常规选项"命令，显示"常规选项"对话框。

② 在"位置"选项区域中，选择适当的选项："替换""追加""在…之前"或"在…之后"。

此时，Visual FoxPro 9.0 系统会重新排列所有菜单标题的位置。如果只想设置其中的几个，而不想全部重新设置，只要在菜单设计器窗口中，将要移动菜单标题旁的移动按钮拖动到正确的位置即可。

10. 显示状态栏信息

当用户在选择菜单或菜单项时，如果在窗口下方的状态栏中显示一定的提示信息，并且该信息中包含要选定对象的有关内容，这将给用户带来很大的方便。设置状态栏信息的操作步骤如下：

① 在菜单设计器的"菜单标题"列单击相应的菜单标题。

② 单击该菜单右侧的"选项"按钮，则出现"提示选项"对话框。有两种方法在"信息"框中输入要显示的提示信息：

- 在该文本框中直接输入提示信息。
- 单击"信息"文本框右侧的"浏览"按钮，打开表达式生成器，在生成器的"信息"文本框中输入提示信息。

注意： 在文本框中输入的内容一定要放在引号（" "）内，否则会被 Visual FoxPro 9.0 视为变量而产生错误。此外，该选项仅在菜单设计器窗口的"结果"框中显示"命令""子菜单"或"过程"时可用。

7.2.4 创建快捷菜单

Visual FoxPro 9.0 还提供了创建快捷菜单的功能。下面介绍如何创建快捷菜单，并把它附加到指定的控件或对象中。

【例 7.2】 创建一个包含"剪切""复制""粘贴"和"清除"功能的快捷菜单。并将其附加到前面已创建的"教师代课情况"表单中。

操作步骤如下：

1. 创建快捷菜单的步骤

① 在项目管理器的"其他"选项卡中，选择"菜单"选项，并单击"新建"按钮，打开"新建菜单"对话框。单击"快捷菜单"按钮，屏幕显示"快捷菜单设计器"窗口，如图 7-12 所示。

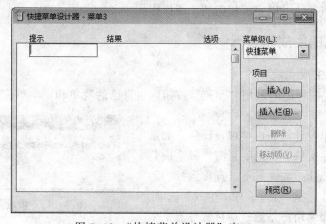

图 7-12 "快捷菜单设计器"窗口

② 在快捷菜单设计器窗口中，添加剪切、复制、粘贴和清除菜单项，并分别指定它们所完成的功能，也可以利用添加系统菜单项的方法添加以上四个菜单项，如图 7-13 所示。

③ 保存新创建的快捷菜单，取文件名为快捷菜单1.mnx。

④ 保存新创建的快捷菜单后，在项目管理器窗口中选择"快捷菜单1"并运行，Visual FoxPro 9.0 生成快捷菜单，同时产生快捷菜单1.mpr 文件。

图 7-13　在快捷菜单中添加的菜单项

2．添加快捷菜单到表单中

前面通过学习和例题讲解，已经知道当创建一个菜单文件（文件扩展名为.mnx）后，运行该菜单，系统便会产生一个与菜单文件同名的其扩展名为.mpr 的菜单源程序文件。利用所生成的菜单源程序文件，可以将生成的快捷菜单附加到控件或对象中。例如，要将快捷菜单文件"快捷菜单1.mnx"，附加到前面已创建的"教师代课情况"表单中。其操作步骤如下：

① 在表单设计器窗口中打开"教师代课情况.scx"表单文件，在"属性"窗口中，选择"方法程序"选项卡，双击 RightClick Event 属性，这时屏幕出现过程编辑窗口。

② 在过程编辑窗口中输入 "DO D:\VFP\A\快捷菜单1.mpr"，然后保存该表单。

经过上述操作后，就将快捷菜单"快捷菜单1"文件附加到表单"教师代课情况"中，运行表单"教师代课情况"，右击表单"教师代课情况"中的空白区域，即可弹出此快捷菜单。执行快捷菜单中的菜单项，可以完成相应的功能操作。

7.2.5　菜单系统的生成和运行

1．菜单系统的生成

用户在设计菜单时可随时利用"预览"按钮观察自己的菜单和子菜单，只是此时不能执行菜单代码。

当用户通过菜单设计器完成菜单设计后，如果用户不生成菜单程序文件（.mpr），系统将只生成菜单文件（.mnx），而.mnx 文件是不能直接运行的。要生成菜单程序，可选择"菜单"中"生成"选项，如图 7-14 所示。如果用户是通过项目管理器来生

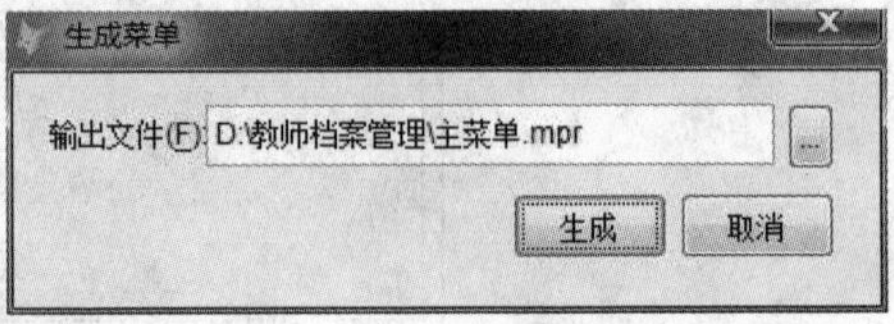

图 7-14　"生成菜单"对话框

成菜单的话，则当用户在项目管理器中选择"连编"或"运行"选项时，系统将自动生成菜单程序。

2．菜单系统的运行

可使用命令"DO　<文件名>"运行菜单程序，菜单文件名的扩展名.mpr 不能省略。

7.2.6　为顶层表单添加菜单

在菜单操作中有一项工作就是将所建立的菜单添加到已经建立好的表单中，使其成为顶层表单。

【例 7.3】为"登录"表单添加下拉菜单。

操作步骤如下：

① 在菜单设计器中设计下拉式菜单。

② 菜单设计时，在"常规选项"对话框中选择"顶层菜单"复选框。

③ 将表单的 Show window 属性设置为 2，使其成为顶层表单。

④ 在表单的 INIT 事件代码中添加调用菜单程序的命令，格式为

DO <文件名> WITH This [,"<菜单名>"]

本例中输入：

DO D:\教师档案管理\主菜单.mpr WITH this, .t.

⑤ 在表单的 Destory 事件代码中添加清除菜单的命令，使得在关闭表单时能同时清除菜单，释放其所占用的内存空间，命令格式如下：

RELEASE MENU <菜单名>[EXTENDED]

【例 7.4】创建一个系统菜单"查询"，在该"查询"菜单下有："教师情况""教师任课""返回"和"退出"子菜单。

1．创建主菜单

① 选择项目管理器中的"其他"选项卡，选择"菜单"选项，并单击"新建"按钮，弹出的"新建菜单"对话框。

② 单击"新建菜单"对话框中的"菜单"按钮，屏幕出现菜单设计器窗口，在"菜单名称"栏中分别输入主菜单中的菜单标题"查询"，如图 7–15 所示。

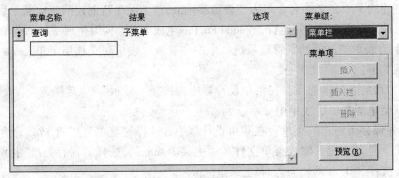

图 7–15　设计主菜单

2．创建菜单项

给菜单标题"查询"添加子菜单：

① 在菜单设计器窗口中选择要添加菜单项的菜单标题，如选择菜单名称"查询"，在"结

果"下拉列表框中选择"子菜单"选项，并单击其右侧的"创建"按钮，这时屏幕显示一个新的菜单设计器窗口。

② 新出现的菜单设计器窗口是要创建的二级菜单，即菜单项，它所对应的上级菜单可从"菜单级"下拉列表框中反映出来。主菜单"查询"所包含的四个菜单项："教师情况""教师任课""返回"和"关闭"，如图 7–16 所示。

图 7–16　设计子菜单

③ 这样就给菜单标题中的文件添加一个菜单项，选择"菜单级"下拉列表框中的"菜单栏"选项，返回到主菜单中的菜单设计器窗口。按照上述操作方法，可以给其他菜单标题添加菜单项。同样利用前面学过的方法，可以给每个菜单项定义一个访问键。

3．定义菜单项功能

给菜单标题"查询"中的四个菜单项分别定义为命令，在"结果"栏右侧的"选项"栏中输入该菜单项所完成功能的命令代码。如"教师情况""教师任课"菜单项分别表示打开 JS_FORM 和 JS_RK_FORM 表单。命令代码为

```
DO FORM JS_FORM
Do FORM JS_RK_FORM
```

菜单项"返回"和"退出"的命令代码分别为

```
SET SYSMENU DEFAULT
CLEAR EVENTS
```

保存新创建的菜单，文件名命名为"教师菜单.mnx"。保存新创建的快捷菜单后，在项目管理器窗口中选择"教师菜单"并运行，Visual FoxPro 生成菜单，同时生成"教师菜单.mpr"文件。

【例 7.5】为表单"教师档案管理系统"中的"登录"表单建立顶层菜单。

操作步骤如下：

① 设置"顶层表单"选项。在菜单设计器中，选择"显示"/"常规选项"/"顶层表单"命令，使得该菜单能在顶层表单中显示。

② 生成并保存所创建的菜单。在菜单设计器中，选择"菜单"/"生成"命令，在弹出的对话框中单击"是"按钮，输入菜单文件名"主菜单.mnx"，选择"保存"/"生成"命令，即生成菜单程序文件"D:\教师档案管理\主菜单.mpr"。

③ 创建"登录界面"顶层表单。选择"文件"/"新建"/"表单"/"新建文件"命令，弹出表单设计器对话框。右击并选择"属性"命令，弹出"属性"窗口，修改其中的几项属性：自动居中即 Autocenter=.T.，表单标题 Caption="登录"，表单高度 Height=480，表单宽度 Width=600，显示窗口即 ShowWindow="2–作为顶层表单"。双击表单中任意处，出现过程输入屏

幕，选择初始化过程 Init，输入执行菜单程序的命令"DO D:\教师档案管理\主菜单.mpr WITH THIS, .T."。在表单的 Destroy 事件代码中添加清除菜单的命令"RELEASE MEMU D:\教师档案管理\主菜单.mpr EXTENDED"。关闭过程和表单设计窗口，单击"是"按钮，输入该表单的文件名"D:\教师档案管理\登录.scx"，单击"保存"按钮。

④ 依次打开前面创建的"教师档案系统"中的表单，核对和修改布局属性"Autocenter=.T.，ShowWindow="1-在顶层表单中""，使得每个表单都能自动居中，保持大小相同，并且能够在顶层表单中显示。

⑤ 打开表单"密码验证.scx"，进入表单设计器，双击"密码验证"按钮，将其 Click 过程中的命令设置为"DO FORM 主界面.scx"。

⑥ 运行表单及菜单。选择"程序"/"运行"命令，设置"文件类型"为"表单"，选择第一个表单的文件名"D:\教师档案管理\封面.scx"；单击"运行"按钮。进入"密码验证"界面，分别输入用户名为 STU 和密码为 12345，单击"密码验证"按钮以后，显示图 7-17 所示的"登录"界面。

图 7-17　"教师档案管理系统"登录界面

由此可见，所有"功能"选择表单（即第一、二级功能选择表单）已被菜单取代，所有"数据"输入输出表单（即第三、四级数据表单）依然有作用。

而且，尽管要对表单之间的连接和一些具体的处理过程编程还须经过反复测试和修改，但是只要正确地应用表单、菜单和顶层表单的设计与操作技术，就能够按照用户的需求快捷地创建具有界面友好的数据库应用系统。

7.3　工具栏的使用

为应用程序添加工具栏，不像添加其他控件那样简单，而是需要首先建立一个基于 Toolbar 的工具栏类，然后建立一个基于该类的工具栏对象。Visual FoxPro 9.0 系统提供了大量而丰富的工具栏，一些常用的命令都可以以图形的形式出现在工具栏上。这样可以简化操作，从而提高用户的工作效率。

7.3.1 建立一个工具栏类

Visual FoxPro 提供了一个工具栏（Toolbar）基类，可以在这个基类的基础上自定义工具栏类。类建立后，就可以向里面加入对象以及定义属性、方法、事件等，最后，将这个类加入到一个表单集中就可以了。

如果要创建一个工具栏，让其包含已有工具栏中没有的按钮，就需要定制自定义工具栏来完成此任务。

1．创建工具栏类

创建自定义工具栏，首先必须为其定义一个类。Visual FoxPro 提供了一个工具栏基类，在此基础上，可以创建工具栏类。

（1）创建工具栏类有以下几种方法：

- 选择"文件"/"新建"命令，选择"类"选项卡。
- 单击 Visual FoxPro 常用工具栏中的"新建"图标，在项目管理器中单击"新建"按钮选择类。
- 利用 Create Class 或 Modify Class 命令。

（2）建立一个工具栏类的步骤如下：

① 打开项目管理器，选择"类"选项，单击"新建文件"按钮，出现"新建类"对话框，如图 7-18 所示。

② 在"类名"文本框中输入要建立的类的名称；在"派生于"列表框中选择 Toolbar 基类；在"存储于"文本框中输入要存储的类库的名称。

图 7-18 "新建类"对话框

③ 单击"确定"按钮，则会打开类设计器窗口，可以使用表单控件工具栏来选择要加入的对象。

2．在新建的工具栏中添加对象

① 在类设计器中利用"表单控制"工具栏添加对象。单击"表单控制"工具栏中的 CommandGroup 按钮，移动鼠标指针至自定义工具栏内，这时鼠标指针变为十字形状并单击。工具栏内出现一个带两个命令按钮的命令按钮组，用同样的方法也可以在工具栏内加入其他对象。

② 修改对象的属性，对象的属性有很多，下面列出比较重要的、常用的几个属性。

- Width：可以设置对象的大小。
- Picture：指定对象上的图标。
- DisabledPicture：指定按钮处于非激活状态时的图标。
- DownPicture：指定在按钮被按下时显示的图标。
- ToolTipText：指定当鼠标指针指向按钮上方时所显示的提示信息。

3．设置工具栏的属性及方法

在工具栏中添加完对象以后，可以设置工具栏的属性和方法。工具栏有 28 个属性、30 个方法，比较常用的几个属性和方法如表 7-5 和表 7-6 所示。

表 7-5 常用的工具栏属性说明

属　性	说　明	属　性	说　明
Caption	指定工具栏的标题	Name	指定工具栏的名称
ControlBox	指定工具栏在运行时是否包含控制菜单栏	ShowTips	确定是否显示工具栏中控制的提示
Moveable	指定在运行时用户是否可以移动工具栏	Sizeable	指定在运行时用户是否可以调整工具栏的大小

表 7-6 常用的工具栏方法说明

方　法	说　明
Dock	方法可以停放或移出工具栏
AfterDockEvent	方法指定在控制工具栏停放后发生的动作
BeforeDockEvent	方法指定在控制工具栏停放前发生的动作

如果要在对象间加入一个空格，可以单击"表单控件"工具栏中 JC 按钮。为使工具栏在显示时更加美观，在加入按钮时，可以将按钮的 SpecialEffect 属性设置为 0，并在 ToolTipText 属性中输入说明文字，这样当鼠标光标移动到按钮上方时，按钮就会变为立体并在下面显示说明文字。如果不想让用户关闭工具栏，可以将其属性 Closable 设置为.F.，显示的工具栏将不具有关闭按钮。

7.3.2　为表单添加工具栏

工具栏设计好以后，可将设计好的工具栏放到表单集中。向表单集中添加工具栏有两种方法：一是利用表单设计器，二是利用程序代码。

1．利用表单设计器添加工具栏

使用表单设计器建立一个新表单，然后选择"表单"菜单中的"创建表单集"命令，建立一个表单集。单击"表单控件"工具栏中的查看类按钮，在出现的菜单中选择"添加"选项，在"打开"对话框中选中所建立的类库，然后在"表单控件"工具栏中就会出现所建立的工具栏类，选定它，在表单上单击就可以将工具栏加入到表单集中。编写表单集的 Init 事件，加入如下代码：

```
This.工具栏对象名.Dock(0)
```

上面语句中 Dock 方法是用来确定工具栏在 Visual FoxPro 主窗口中的位置。Dock 的使用如表 7-7 所示。

表 7-7　Dock 方法的使用

值	说　明
-1	不停放工具栏
0	在 Visual FoxPro 主窗口的顶部停放工具栏
1	在 Visual FoxPro 主窗口的左边停放工具栏
2	在 Visual FoxPro 主窗口的右边停放工具栏
3	在 Visual FoxPro 主窗口的底部停放工具栏
X，Y	指定工具栏停放位置的水平坐标和垂直坐标

2．利用程序代码添加工具栏

除了使用表单设计器以外，还可以利用程序代码在表单集中添加工具栏。若要使用程序代码在表单集中添加工具栏，可以在表单集的 Init 事件中使用如下命令：

```
SET CLASSLIB TO 工具栏类
THIS ADDOBJECT("工具栏类库名","工具栏类名")
工具栏类库名.SHOW
```

3．给新工具栏命名

上述操作建立的新工具栏是由系统自动命名的，如果要为新工具栏指定一个名称，操作步骤如下：

① 从"显示"下拉菜单中选择"工具栏"命令，弹出"工具栏"对话框后单击"新建"按钮。

② 在"新工具栏"对话框的"工具栏名称"文本框中输入新工具栏的名称，如"表单工具栏"，单击"确定"按钮。

4．定义对象操作

在向工具栏类添加对象后，必须定义该对象所执行的操作，才有意义。在定义操作时一般都利用属性窗口中 Click Event 或 DblClick Event 来设置属性。例如，为"打开"按钮定义一个操作，用于打开一个数据表，其操作如下：

① 在类设计器窗口的工具栏中，选择一个定义操作的对象。这里选择"打开"按钮。在属性窗口中的"全部"选项卡中，双击定义操作属性，如双击 Click Event 属性，弹出"过程编辑"窗口。

② 在"过程编辑"窗口中，输入对象所完成的代码。本例中"新建"按钮所对应的代码为 CREATE，如图 7-19 所示。

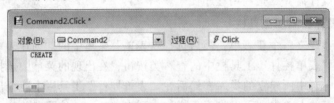

图 7-19　为"新建"按钮编写命令代码

【例 7.6】设计一个具有剪切、复制和粘贴按钮的用户定义工具栏，并使这些按钮可用于对某编辑框中的文本施行剪贴板操作。

操作步骤如下：

① 打开"新建"对话框，选择"类"选项，单击"新建文件"按钮后，弹出"新建类"对话框，输入相应的内容。单击"确定"按钮，打开类设计器。

② 在 Tooledit 对象中建立"剪切""复制""粘贴"三个按钮：利用"表单控件"工具栏的命令按钮控件分别在类设计器的 Toolbar1 窗口中创建三个命令按钮，各命令按钮的 Caption 属性分别为"剪切""复制""粘贴"。调整三个命令按钮的大小，如图 7-20 所示。

③ 新建一个表单 Form1，打开表单设计器，在表单上建立一个编辑框，选择"表单"菜单中的"创建表单集"命令创建一个表单集，如图 7-21 所示。

④ 单击"表单控件"工具栏中的"查看类"按钮，在出现的菜单中选择"添加"命令，在"打开"对话框中选中 Tool 类库，然后在"表单控件"工具栏中就会出现 Tooledit 工具栏类，选定它，在表单上单击就可以将工具栏加入到表单集中，如图 7-22 所示。

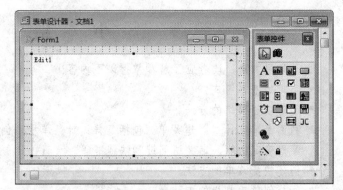

图 7-20　类设计器　　　　　　　　　　　图 7-21　创建表单集

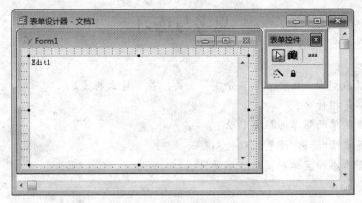

图 7-22　为表单添加工具栏类

⑤ 分别双击工具栏中的三个按钮，进入到它们的 Click 过程中，进行代码输入。

- 剪切：_cliptext=thisform.parent.form1.edit1.seltext
- thisform.parent.form1.edit1.seltext=''
- 复制：_cliptext=thisform.parent.form1.edit1.seltext
- 粘贴：thisform.parent.form1.edit1.seltext=_cliptext

⑥ 编写表单集的 Init 事件。在表单设计器属性窗口中选中表单集对象，找到其 Init Event 过程，打开并输入代码，如图 7-23 所示。

⑦ 执行表单，如图 7-24 所示。

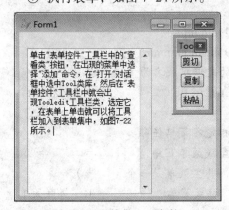

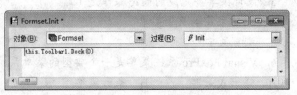

图 7-23　表单集 Init 事件　　　　　　　图 7-24　表单执行结果

小 结

通过学习本章，读者应了解和掌握以下内容：
- 菜单的基本组成。
- 创建快速菜单的方法。
- 利用菜单设计器创建菜单。包括怎样设计菜单栏，创建主菜单和子菜单，为菜单项或子菜单确定功能，定义访问键和快捷键等。
- 创建快捷菜单的方法。
- 怎样创建工具栏的方法。

思考与练习

一、思考题

1. 在 Visual FoxPro 9.0 中，菜单分成哪几类，各有什么特点？
2. 快速菜单是指什么？
3. 创建快捷菜单的简单步骤是什么？
4. 怎样为菜单项"退出"设置过程代码？
5. 为顶层表单添加菜单的简单步骤是什么？

二、选择题

1. 在项目管理器的（　　）中管理菜单。

A. 菜单选项卡　　　　B. 文档选项卡　　　　C. 其他选项卡　　　　D. 代码选项卡

2. 如果要将一个 SDI 菜单附加到一个表单中，则（　　）。

A. 表单必须是 SDI 表单，并在表单的 Load 事件中调用菜单程序

B. 表单必须是 SDI 表单，并在表单的 Init 事件中调用菜单程序

C. 只要在表单的 Load 事件中调用菜单程序

D. 只要在表单的 Init 事件中调用菜单程序

3. 有一个菜单文件 mm.mnx，要运行该菜单的方法是（　　）。

A. 执行命令 DO mm.mnx

B. 执行命令 DO menu mm.mnx

C. 先生成菜单程序文件 mm.mpr，再执行命令 DO mm.mpr

D. 先生成菜单程序文件 mm.mpr，再执行命令 DO menu mm.mnx

4. 用菜单设计器将设计好的菜单保存后，其生成的文件扩展名为（　　）。

A. .scx 和.sct　　　　B. .mnx 和.mnt　　　　C. .frx 和.frt　　　　D. .pjx 和.pjt

5. 设计菜单要完成的最终操作是（　　）。

A. 创建主菜单及子菜单　　　　　　　　　B. 指定各菜单任务

C. 浏览菜单　　　　　　　　　　　　　　D. 生成菜单程序

6. Visual FoxPro 系统菜单是一个典型的菜单系统，其主菜单是一个（　　）。

A. 弹出式菜单　　　　B. 条形菜单　　　　C. 下拉式菜单　　　　D. 级联菜单

7. 典型的菜单系统一般是一个（　　　）。

A. 条形菜单　　　　　　B. 弹出式菜单　　　　　C. 主菜单　　　　　　　　D. 下拉式菜单

8. 主菜单"程序"的内部名字为（　　　）。

A. _MSM_WINDO　　　　　　　　　　　B. _MSM_PROG

C. _MSM_TOOLS　　　　　　　　　　　D. _MSM_VIEW

9. "编辑"菜单中的"清除"命令中的内部名称为（　　　）。

A. _MED_CLEAR　　B. _MED_CUT　　C. _MED_SLCTA　　　D. _MED_FIND

10. 假设系统中存在 menu 菜单程序，运行该菜单程序应输入（　　　）命令。

A. DO menu　　　　　　　　　　　　B. DO menu.mpr

C. OPEN menu　　　　　　　　　　　D. OPEN menu.mpr

三、填空题

1. 允许或禁止在应用程序执行时访问系统菜单的命令是＿＿＿＿＿＿。

2. 控件上的"快捷菜单"一般采取右击激活，相应的事件名称是＿＿＿＿＿＿。

3. 有连续的两个菜单项，名称分别为"保存"和"删除"，要用分隔线将这两个菜单项分组。实现这一功能的方法是＿＿＿＿＿＿。

4. 设有一个菜单文件 mymenu.mpr，运行菜单程序的命令是＿＿＿＿＿＿。

5. 用菜单设计器将设计好的菜单保存后，其生成的文件扩展名为＿＿＿＿＿＿。

6. 设计自定义工具栏时，可通过设置＿＿＿＿＿＿属性来给按钮添加位图或图标。

7. Visual FoxPro 支持两种类型的菜单，分别为＿＿＿＿＿＿和＿＿＿＿＿＿。

8. 典型的菜单系统一般是一个下拉式菜单，下拉式菜单通常由一个＿＿＿＿＿＿和一组＿＿＿＿＿＿组成。

9. 快捷菜单实际上是一个弹出式菜单。要将某个弹出式菜单作为一个对象的快捷菜单，通常是在对象的＿＿＿＿＿＿事件代码中添加调用该弹出式菜单程序的命令。

10. 要为顶层表单设计下拉式菜单，首先需要在打开菜单设计器的状态下，在＿＿＿＿＿＿对话框中选择"顶层表单"复选框；其次要将表单的＿＿＿＿＿＿属性值设置为 2，使其成为顶层表单；最后需要在表单的＿＿＿＿＿＿事件代码中设置调用菜单程序的命令。

第8章 开发应用程序

应用系统开发是使用数据库管理系统软件的最终目的。在进行应用程序开发过程中，需要综合地运用前面所学过的知识和操作设计技巧。要学会将已经设计好的数据库、表单、报表以及菜单等组件在项目管理器中连编成一个完整的应用程序。本章将介绍如何应用所学知识进行数据库系统开发的过程，通过本章的学习可以设计自己的数据库应用系统。

主要内容
- 应用程序的开发过程。
- 连编应用程序的方法。
- 应用程序生成器的使用。

8.1 应用程序的开发过程

开发一个比较完整的实用数据库应用系统，需要掌握基本的开发方法和步骤。下面就来介绍系统开发的操作方法和步骤。

8.1.1 应用系统开发步骤

开发一个复杂的数据库系统，采用合理的设计步骤会大大提高系统设计的效率。不同的系统其开发步骤会有所不同；不同的设计者开发同一个系统，其开发步骤也会有所不同。但一个实用的数据库应用系统包括分析阶段、设计阶段、实施阶段和维护阶段。

（1）分析阶段：收集信息，分析可行性，确定系统应包含的功能。

（2）设计阶段：规划整个系统，设计各部分程序的功能，确定数据结构和限制要求，描述算法。

（3）实施阶段：采用"自顶向下"方式开发程序，原则是程序应易读、易维护、易修改，函数和过程尽可能小，模块间接口尽可能少。

（4）维护阶段：修正系统错误和缺陷，增加新功能。

使用 Visual FoxPro 9.0 开发应用程序的过程如图 8-1 所示。下面介绍如何在 Visual FoxPro 9.0 软件平台下生成一个应用程序。

使用 Visual FoxPro 9.0 开发应用程序的过程如图 8-1 所示。下面介绍如何将上面这些组件集成起来生成一个应用程序。

1. 建立应用程序目录结构

一个完整的应用程序，可能包含多种类型的文件，如数据库文件、表文件以及菜单、表单、报表、位图等文件。不能把所有文件都存放在一个文件夹下，而应该根据文件类型建立一个层次清晰的目录结构，以方便日后的修改和维护工作。例如，可将数据库文件（.dbc）、表文件（.dbf）和索引文件（.cdx）都存储在 DATA 目录下，如图 8-2 所示。

2. 用项目管理器组织应用系统

一般情况下，完整的应用程序需要为用户提供一个菜单、一个或多个用于数据输入和输出的表单。为了保证数据的完整性和安全性，还需要为某些事件编写代码，提供特定功能。同时允许用户从数据库读取数据，可能还需要提供查询和报表输出功能。在完成所有的功能组件的设计、制作和检验以后，就可以使用项目管理器对应用程序进行集成和连编了。

使用项目管理器组织应用系统的步骤如下：

① 创建或打开一个项目。

② 将已经开发好的各个模块或部件通过项目管理器添加到该项目中。

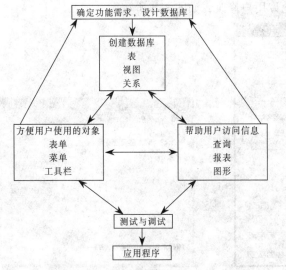

图 8-1 应用程序的开发过程

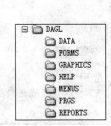

图 8-2 应用程序目录结构

③ 在项目管理器中自上而下地调试各个模块。

所谓"自上而下"是指先调试可以独立运行的模块单元，如一个输入表单、一个输出报表。然后再调试运行调用它们的模块单元，如主菜单。

3．加入项目信息

项目信息是程序员对项目的描述。有如下两种方法可打开"项目信息"对话框。

① 在系统菜单中选择"项目"/"项目信息"命令。

② 在项目管理器上右击，然后从弹出的快捷菜单中选择"项目信息"命令。

"项目信息"对话框中有三个选项卡："项目""文件""服务程序"，如图 8-3 所示。

在"项目"选项卡中可以输入的信息包括开发者的姓名、地址和项目的主目录。"项目"选项卡中还有三个复选框："调试信息""加密"和"附加图标"。如果选择"调试信息"复选框，在调试过程中会显示一些提示信息，这对程序的调试有很大帮助，但是会增加程序的容量。如果选择"加密"复选框，应用程序将被加密，从而求解应用程序的源代码会很困难。通过"附加图标"复选框指定是否为生成的文件选择自己的图标。设置完成后单击"确定"按钮，则关闭"项目信息"对话框。

8.1.2 连编应用程序

当应用程序中的各个模块调试成功以后，就可以对整个项目进行联合调试并编译了，这项工作在 Visual FoxPro 9.0 中称为连编项目。

1．设置文件的"排除"与"包含"

在 Visual FoxPro 9.0 的项目管理器中，可以将添加的文件设置为"排除"或"包含"。而"排除"与"包含"是互斥的。刚添加的数据库左边都有一个符号 ⊘，表示此项从项目中排除。就是说文件名左侧有符号的是"排除"，若文件名左侧没有符号，表示该文件是"包含"的。连编项目时，Visual FoxPro 9.0 是将所有的项目"包含"的文件组合成一个单一的应用程序文件。项目连编之后，设置为"包含"的文件是只读文件，设置为"排除"的文件可以由用户修改。新添加到项目中的数据库文件的默认设置是"排除"，表示允许用户修改，如果修改设置为"包含"，则相应数据库文件在程序执行期间不允许用户修改，如图 8-4 所示。

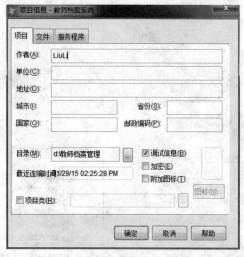

图 8-3 "项目信息"对话框   图 8-4 数据库名前的"排除"符号

将标记为"排除"的文件设置成"包含"的操作方法：在项目管理器中选择文件并右击，在快捷菜单中选择"包含"命令。对没有"排除"标记的文件，可以用类似的方法在快捷菜单中选择"排除"命令来设置。

一般情况下，可执行程序，如表单、报表、查询、菜单和程序文件应该在应用程序文件中设置为"包含"，而数据文件则设置为"排除"。当然，根据需要也可以将某些数据文件设置为"包含"。所有不允许用户更新的文件应设置为"包含"。

2．设置主程序

主程序是一段特殊的程序，它的任务是初始化环境、显示初始的用户界面、控制事件循环，并在退出应用程序时恢复原始的开发环境。

用户运行应用程序时，首先执行的是主程序文件，然后由主程序文件依次调用其他组件。因此任何一个完整的应用程序都必须有一个主程序文件，而且是唯一的。

可以定义为主程序文件的有程序文件、菜单、表单以及查询。

设置主程序有如下两种方法。

① 在项目管理器中选择要设置的主程序文件，然后从"项目"菜单或右键快捷菜单中选择"设置主文件"命令。设置完毕，主文件将被自动设置为"包含"。

② 在"项目信息"对话框的"文件"选项卡中选择要设置的主程序文件，然后右击，在弹出的快捷菜单中选择"设置主文件"命令。设置为"包含"的文件才能激活右键快捷菜单的"设置主文件"命令。

由于主程序文件是只读的，所以不能将主程序文件设置为"排除"。设置为主程序文件的文件名用黑体显示。

3．连编项目

连编项目的目的是让 Visual FoxPro 9.0 系统对项目的整体性进行测试。项目连编以后，除了被设置为"排除"的文件外，项目包括的其他文件将合成为一个应用程序文件。

连编项目的步骤如下：

① 打开项目管理器。

② 选择事先设置好的主程序文件，单击"连编"按钮，弹出"连编选项"对话框，如图 8-5 所示。

③ 在"连编选项"对话框中，选择"重新连编项目"单选按钮。

④ 选择"重新编译全部文件"复选框和"显示错误"复选框。

⑤ 单击"确定"按钮。

上述操作也可以通过在命令窗口中执行 BUILD PROJECT ＜项目名＞命令完成。

例如，可在命令窗口中执行 BUILD PROJECT sub_t 命令连编项目 sub_t。

如果在项目"连编选项"对话框中选择"Win32 可执行程序/COM 服务程序（exe）"单选按钮，单击"版本"按钮，可打开"版本"对话框，如图 8-6 所示，可根据想要的填写版本号和版本信息等。

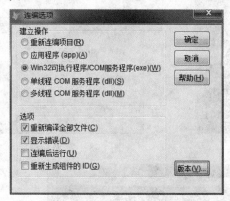
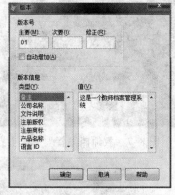

图 8-5 "连编选项"对话框　　　　　　　图 8-6 "版本"对话框

4．连编应用程序

连编应用程序可以选择两种文件形式：应用程序文件（.app）和可执行文件（.exe），前者必须在 Visual FoxPro 9.0 环境下运行，而后者既可以在 Visual FoxPro 9.0 环境下运行，也可以在 Windows 环境下运行。

连编应用程序的操作步骤如下：

① 打开项目管理器。

② 单击"连编"按钮，弹出"连编选项"对话框。

③ 在"连编选项"对话框中选择"应用程序（app）"单选按钮或"win 32 可执行程序/COM 服务程序（exe）"单选按钮。

④ 单击"确定"按钮，并在"另存为"对话框中输入生成文件的文件名。若在步骤③中选择的是"应用程序（app）"单选按钮，则文件名以.app 为扩展名，而若在步骤③中选择的是"win 32 可执行程序/COM 服务程序（exe）"单选按钮，则文件名应以.exe 为扩展名。

上述操作也可以在命令窗口通过执行命令完成。

连编应用程序的命令格式：BUILD APP ＜应用程序名＞ FROM ＜项目名＞。

连编可执行文件的命令格式：BUILD EXE ＜可执行文件＞ FROM ＜项目名＞。

5．运行应用程序

（1）运行应用程序文件（.app）

运行.app 文件前要先启动 Visual FoxPro 9.0，然后从菜单中选择"程序"/"运行"命令，选择要执行的应用程序。也可以在命令窗口执行"DO ＜应用程序文件名＞"命令运行应用程序。

（2）运行可执行文件（.exe）

生产的.exe 文件既可以像运行应用程序文件一样，也可以在 Windows 中执行可执行文件，而不需要启动 Visual FoxPro 9.0。

运行"教师档案管理系统.app"应用程序后，进入系统主界面，如图 8-7 所示。单击"进入"按钮，进入密码验证界面，如图 8-8 所示。密码验证正确后，进入登录界面，如图 8-9 所示。

图 8-7　教师档案管理系统主界面

图 8-8　密码验证界面

图 8-9　教师档案管理系统登录界面

8.1.3　主程序设计

主程序是整个应用程序的入口点，主程序负责初始化环境、显示初始的用户界面、控制事件循环、组织主程序文件，当退出应用程序时，恢复原始的开发环境。

1. 初始化环境

主程序文件要做的第一件事情就是对应用程序环境进行初始化。在 Visual FoxPro 9.0 中，环境的设置一般使用 SET 命令。SET 命令可以在系统环境下截取，而无须一句一句地输入。从系统环境中截取命令的方法如下：

① 从系统菜单中选择"工具"/"选项"命令。按住【Shift】键的同时，单击"选项"对话框中的"确定"按钮。此时在 Visual FoxPro 9.0 的命令窗口中显示了若干条 SET 命令。

② 从命令窗口中将需要的 SET 命令复制并粘贴到主程序中。

除了设置环境以外，一般还需要初始化变量，建立默认的路径，打开需要的数据库、表及索引等操作。

2. 显示初始的用户界面

程序运行时显示的第一个人机交互界面就是初始的用户界面。初始的用户界面可以是一个菜单，也可以是一个表单或其他用户组件。

在主程序中使用 DO 命令运行一个菜单，或者使用 DO FORM 命令运行一个表单，就可以初始化用户界面了。例如：

```
DO maim.mpr
DO FORM start.scx
```

3. 控制事件循环

应用程序的环境建立之后，将显示初始的用户界面，这时需要建立一个事件循环等待用户的操作。

控制事件循环的方法是执行 READ EVENTS 命令，该命令使系统开始处理如单击鼠标、键入数据等用户事件，直到 CLEAR EVENTS 命令出现，循环停止。

可以将 READ EVENTS 命令作为初始过程的最后一个命令。如果在初始过程中没有 READ EVENTS 命令，应用程序运行后将返回到操作系统中。

在启动了事件循环之后，应用程序将处在最后显示的用户界面元素控制之下。如果在主程序文件中没有包含 READ EVENTS 或等价的命令，在开发环境中可以正确地运行应用程序。但是，如果要在菜单或者主屏幕中运行应用程序，程序可能显示片刻，然后退出。

4. 组织主程序文件

如果在应用程序中使用一个程序文件（.prg）作为主程序文件，必须保证该程序能够控制应用程序的执行过程。

注意： 在启动事件循环之前建立一个方法来退出事件循环。应在界面上存在一个执行结束事件循环的 CLEAR EVENTS 命令机制，如一个"退出"按钮或菜单命令。该命令将挂起 Visual FoxPro 9.0 的事件处理过程，同时将控制权返回给执行该命令并开始事件循环的程序。

8.2　应用程序生成器

使用应用程序向导能够生成一个项目和一个 Visual FoxPro 9.0 应用程序框架，然后使用应用程序生成器可以添加已经生成的数据库、表、表单和报表等组件。

8.2.1　使用应用程序向导

创建一个新项目有两种途径：一种是仅创建一个项目文件；另一种是使用应用程序向导生

成一个项目和一个 Visual FoxPro 9.0 应用程序框架。

1．使用应用程序向导创建项目和应用程序框架

启动应用程序向导的操作步骤如下：

① 在菜单中选择"文件"/"新建"命令。

② 在"新建"对话框中选择"项目"单选按钮，单击"向导"按钮。

③ 在"应用程序向导"对话框中选择"创建项目目录结构"复选框，如图 8-10 所示。

④ 在"应用程序向导"对话框的"项目名称"文本框中直接输入新项目的名称或单击"浏览"按钮以后在"选择目录"对话框中指定一个已经存在的项目文件。

⑤ 单击"应用程序向导"对话框中的"确定"按钮。

2．应用程序框架

应用程序框架中包含了所有必需的和可选的元素，目的是使所开发的应用程序更有效，使用起来得心应手。

如图 8-11 所示，项目管理器的"类"选项卡中包含了许多类，只有通过应用程序向导建立的项目才会有这些类。当然，除了已经列出的文件外，还有许多其他的文件，这些文件组成了应用程序框架。

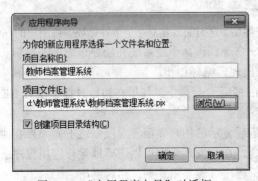

图 8-10 "应用程序向导"对话框

图 8-11 "类"选项卡

3．应用程序生成器的功能

经过上述步骤建立项目文件时，可以同时打开项目管理器和应用程序生成器。此时的项目管理器包含了许多程序元素（应用程序框架）。

应用程序生成器与项目管理器一起提供以下功能：

① 添加、编辑或删除与应用程序相关的组件，如数据库表、表单、报表等。

② 设置表单和报表的外观样式。

③ 加入常用的应用程序元素，包括启动画面、"关于"对话框、"收藏夹"菜单、"用户登录"对话框和"标准"工具栏。

④ 提供应用程序的作者和版本等信息。

8.2.2 "应用程序生成器"窗口介绍

"应用程序生成器"窗口中包括"常规""信息""数据""表单""报表"和"高级"六个选项卡。

1．"常规"选项卡

如图 8-12 所示，在"常规"选项卡中可以设置的内容包括：

① 名称：应用程序的名称。

② 图像：图像文件名，该图像文件将显示在启动界面和"关于"对话框中。

③ 应用程序类型：应用程序的运行方式。可选择的运行方式有三种：

● 正常：应用程序（.app）。

● 模块：添加到已有的项目中，或将被其他程序调用的程序。

● 顶层：在 Windows 桌面上运行的可执行程序（.exe）。

④ 常用对话框：常用对话框区域有四个复选框，负责选择在应用程序中是否包括下列内容：启动屏幕，快速启动，"关于"对话框和用户登录。

⑤ 图标：指定应用程序的图标。

2．"信息"选项卡

如图 8-13 所示，"信息"选项卡用于指定应用程序的生产信息，包括作者、公司、版本、版权和商标等信息。

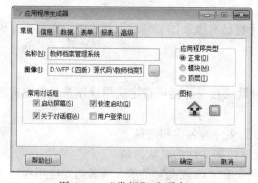
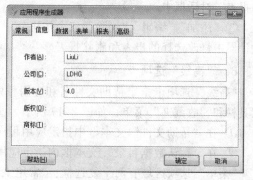

图 8-12 "常规"选项卡 · 图 8-13 "信息"选项卡

3．"数据"选项卡

"数据"选项卡用于指定应用程序的数据源，可以选择表单和报表的样式，如图 8-14 所示。

数据库向导和表向导用于创建应用程序所需的数据库和表。关闭数据库向导后，表格中将列出新数据库中的表。

"选择""清除"和"生成"三个命令按钮分别用于选择要在应用程序中使用的已有数据库或表、删除表格中列出的表及按照指定样式生成表单或报表。

"表单样式"和"报表样式"下拉列表中列出了可选择的表单样式和报表样式供用户选择。

4．"表单"选项卡

"表单"选项卡用于指定菜单类型，启动表单的菜单、工具栏，以及表单是否可有多个实例。需要为每个列出的表单分别设置所需的选项，如图 8-15 所示。

① "名称"文本框用于输入表单的名称。

② "添加""编辑""删除"三个按钮分别用于将已有的表单添加到应用程序中，编辑在表单设计器中修改选择的表单，删除表单。

复选框有五个："单个实例""使用定位工具栏""使用定位菜单""在文件新建对话框中显示"和"在文件打开对话框中显示"。

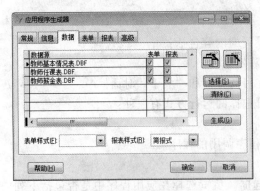

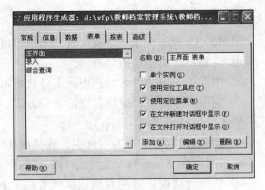

图 8-14 "数据"选项卡　　　　　　　　　图 8-15 "表单"选项卡

5．"报表"选项卡

"报表"选项卡用于指定在应用程序中使用的报表名称，如图 8-16 所示。

① "名称"文本框用于输入表单的名称。

② "在打印报表对话框中显示"复选框用于设置选定的报表名称是否出现在应用程序的"打印报表"对话框中。

③ "添加""编辑""删除"三个按钮分别用于将已有报表添加到应用程序中，编辑在报表设计器中修改选择的报表和删除报表。

6．"高级"选项卡

"高级"选项卡指定帮助文件名和应用程序的默认目录，还可指定应用程序是否包含常用工具栏和"收藏夹"菜单，如图 8-17 所示。

① 在"帮助文件"文本框中指定应用程序帮助文件的名称和路径。

② 在"默认数据目录"文本框内指定应用程序数据文件的默认目录。

"菜单"选项区域有两个复选框："常用工具栏"和"收藏夹"菜单，前者指定应用程序是否具有常用工具栏，后者指定应用程序是否具有"收藏夹"菜单。

③ "清理"按钮：使"应用程序生成器"中所做的修改与当前活动项目保持一致。

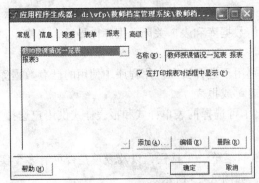

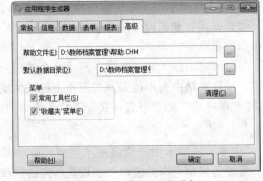

图 8-16 "报表"选项卡　　　　　　　　　图 8-17 "高级"选项卡

7．重新启动应用程序生成器

应用程序生成器是可重新启动的。打开项目管理器之后，使用下面三种方法的任意一种就可以再次启动应用程序生成器。

① 在项目上右击，选择快捷菜单中的"生成器"命令。

② 在系统菜单中选择"工具"/"向导"/"全部"命令，然后在"向导选取"对话框中（见图 8-18）选择"应用程序生成器"选项。

③ 按【Alt+F2】组合键。

只有用"应用程序向导"创建的项目，启动应用程序生成器后，应用程序生成器才包含"常规""信息""数据""表单""报表""高级"六个选项卡。不是用"应用程序向导"创建的项目，在启动应用程序生成器后，应用程序生成器只包含"数据""表单""报表"三个选项卡。

图 8-18　重新启动应用程序生成器

8.2.3　建立 Visual FoxPro 9.0 应用程序

下面将通过项目管理器来建立一个简单的实例，说明使用应用程序向导和程序生成器创建并修改应用程序，最后生成一个完整的 Visual FoxPro 9.0 应用程序的过程。

1．建立应用程序的目录结构

即使一个很小的应用程序，也会涉及多种类型的文件，如数据库、表以及菜单、表单、报表、位图等。如果把这些文件都放在一个目录下，将会给以后的修改、维护工作带来很大的不便。因此，需要建立一个层次清晰的目录结构，让不同类型的文件各归其所。将前几章中创建的数据库文件、表文件和索引文件等移入 DATAS 目录中。

2．使用应用程序向导创建项目

在 Visual FoxPro 9.0 的常用工具栏中，单击"新建"按钮弹出"新建"对话框，在该对话框的"文件类型"选项区域中选择"项目"单选按钮，单击"向导"按钮，在弹出的"应用程序生成器"对话框中，为新建的项目文件选择 Visual FoxPro 9.0 目录，输入项目名为"教师档案管理系统"，选择"创建项目目录结构"复选框，并单击"确定"按钮，系统会自动生成一个"教师档案管理系统"管理项目和项目结构，如图 8-19 所示。

3．增加项目元素

Visual FoxPro 9.0 应用程序至少需要一个菜单、一个表单和一个主程序。当然数据库也是应用程序的一部分。下面将把这些元素依次添加到"教师档案管理系统"项目中去。（注：以下的操作均在项目管理器中进行。）

图 8-19　用程序向导创建项目

（1）数据库加入到项目中

选择"数据"选项卡并选择列表框中的"数据库"选项，再单击右侧的"添加"按钮，在弹出的"打开"对话框中选择先前创建的"教师档案管理系统"数据库；确认后，列表框中"数据库"选项的左边出现一个加号，单击加号展开"数据库"选项，可以看到"教师档案管理系统"数据库已经被加入到项目中；依次展开"教师档案管理系统""表"等项，便可利用右侧的命令按钮来进行打开、关闭或修改数据库，修改表结构，浏览表等操作了，如图8-20所示。

图 8-20　添加数据库和表

（2）创建表单

选择"文档"选项卡并选择"表单"选项，单击"新建"按钮，在弹出的"新建表单"对话框中单击"表单向导"按钮，在弹出的"向导选取"对话框中选择"表单向导"选项单击"确定"按钮，在打开的"表单向导"对话框中选中"教师档案管理系统"数据库中的表"教师基本情况表"，单击单箭头按钮移动"教师基本情况表"中的几个字段到"选定字段"列表框中。用鼠标拖动选定字段左侧的拖动块可以改变字段在表单中的显示次序。单击"下一步"按钮，进行表单样式的选择。在这里选择"浮雕式"选项和"图片按钮"单选按钮。接着选择"编号"作为排序字段。最后，单击"预览"按钮来预览该表单，如果不满意，可以单击"上一步"按钮返回前面的步骤重新选择；否则选择"保存并运行表单"，单击"完成"按钮，在弹出的"另存为"对话框中，选择 FORMS 目录，并将此表单命名为"教师基本情况表"，单击"保存"按钮后可以看到完成后的表单，如图8-21所示。

图 8-21　"教师基本情况表"表单

移动鼠标到表单底部的图形按钮上，很快就会看到此按钮的提示信息，而屏幕底部的状态栏上有更详细的按钮用途说明。

（3）添加一个菜单

在应用程序尤其是 Windows 的应用程序中，菜单一般来说是必不可少的。单击"教师基本情况表"表单的退出按钮以关闭表单并返回到项目管理器。选择最后一个选项卡"其他",选择"菜单"选项并单击右侧的"添加"按钮,在弹出的对话框中选择路径,选择该路径下的 manu 菜单后,单击"确定"按钮。

（4）加入主程序

现在只需要一个控制整个项目的主程序。在项目管理器中选择"代码"选项卡,选择"程序"选项,然后单击"新建"按钮,在弹出的"程序 1"窗口中输入下面的代码:

```
CLEAR SCREEN
oldpath=SET("path")
=SETPATH()
OPEN DATABASE 教师档案管理系统
DO MENU.mpr
READ EVENTS
CLOSE DATABASE
SET SYSMENU TO DEFAULT
SET PATH TO &oldpath
RELEASE oldpath
FUNCTION SETPATH()
LOCAL lcSys16,lcProgram
lcSys16=SYS(16)
lcProgram=SUBSTR(lcSys16,AT(":",lcSys16)-1)
CD LEFT(lcProgram,RAT("\",lcProgram))
SET PATH TO PROGS,FORMS,MENUS,DATAS,BITMAPS,REPORTS,LIBS
ENDFUNC
```

关闭"程序 1"窗口,输入程序名 main 并选择 progs 目录存放,扩展名.prg 被自动加入并返回到项目管理器。右击选项并在弹出的快捷菜单中选择"设置主文件"命令。设置完成后,main 被加粗显示。此后 Visual FoxPro 9.0 便以 main.prg 来启动应用程序。现在的应用程序能完成下列任务:

① 保存 Visual FoxPro 9.0 原先的搜索路径,并设置应用程序的搜索路径。

② 打开数据库"教师档案管理系统",使"教师基本情况表"和其他表的关系可用。

③ 用创建的菜单取代 Visual FoxPro 9.0 的标准菜单。注意:菜单是用它所生成的带有扩展名的代码,例如 MENU.mpr 来表示的。从这时起,设计的菜单将是屏幕上的唯一菜单,直到使用 SET SYSMENU TO DEFAULT 命令。

④ 执行 READ EVENTS 命令。这样使表单和其他对象处于激活状态。命令在用户选择退出之前一直有效,EXIT 命令同时执行 CLEAR EVENTS 命令。此时,控制立即传递给 READ EVENTS 命令后的语句。

⑤ 从屏幕上移去所有遗留下来的表单。

⑥ 关闭所有用户文件。

⑦ 恢复原来的 Visual FoxPro 9.0 菜单和搜索路径。

（5）建立应用程序

在允许应用程序运行之前的最后一件事是生成应用程序。单击项目管理器中的"连编"按钮,将弹出如图 8-22 所示的对话框。

① "重新连编项目"单选按钮。读出应用程序的各种

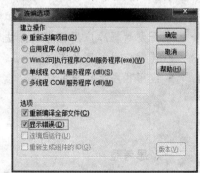

图 8-22　"连编选项"对话框

组成部分，建立项目文件，加入屏幕、程序和菜单中所引用的各种元素。用户可以在项目中只加入 main.prg 并让 Visual FoxPro 9.0 重建该项目，它将会发现其他的组成部分。此处我们选择该单选按钮。

② "应用程序（app）"单选按钮建立一个带有扩展名.app 的 Visual FoxPro 9.0 的输出文件。

③ "win 32 可执行程序/COM 服务程序（exe）"单选按钮。建立一个.exe 文件。它与应用程序（app）的区别在于，运行一个.app 文件，只有在 Visual FoxPro 9.0 的基础上才能运行。没有 Visual FoxPro 9.0 可以使用.exe 的程序文件。如果生成了.exe 文件，要运行这个程序只须使用程序名即可。

④ "重新编译全部文件"复选框用于保证项目中所有的元素都被重新构造。当文件被编辑时，操作系统改变文件的日期/时间标记。项目管理器比较所有元素在项目文件中的日期和在目录中的日期。如果在目录中的日期更新，该文件将被重新编译。因此，如果另一个开发人员修改了文件，但是系统的时钟不同步，有可能虽然修改了文件，但是项目管理器认为不需要编译。

⑤ 正常情况下，Visual FoxPro 9.0 把在编译过程所遇到的错误放在一个与应用程序同名但扩展名为.err 的文件中。如果选择了"显示错误"复选框，在构造应用程序的最后一步将打开一个编辑窗口显示错误信息。也可以不设置，这样在有错误出现时的唯一指示将是"项目"菜单上的"错误"选项变得可选。选择"错误"选项，将会打开错误窗口并显示编译错误。单击"确定"按钮，给项目文件命名为"教师档案管理系统"，并选择 Visual FoxPro 9.0 目录存放。

（6）运行程序

要运行这个程序，可以从菜单中选择"程序"/"运行"命令并选择"教师档案管理系统.app"，或者在命令窗口中输入：

DO 教师档案管理系统

可以看到，Visual FoxPro 9.0 的菜单变为一个新菜单，菜单中除了已建立的两个菜单名外，可能还有一个菜单名"项目"，关闭项目管理器，此菜单名消失。选择"教师基本情况表"效果如图 8-21 所示。有兴趣的读者可以根据屏幕底部的图形命令按钮的提示，试着操作一下。退出"教师基本情况表"屏幕，单击"退出"按钮，应用程序运行结束返回 Visual FoxPro 9.0 的系统菜单。

小　　结

通过学习本章，读者应了解和掌握以下内容：
- 开发数据库应用程序的方法和步骤。
- 连编应用程序的方法。
- 应用程序生成器的使用。

思考与练习

一、思考题

1. 在 Visual FoxPro 9.0 中，系统开发应用程序的基本步骤有哪些？

2. 连编应用程序的过程是什么？

3. 应用程序生成器的功能是什么？

二、选择题

1. 在 Visual FoxPro 9.0 中，不可以通过（　　）方法来创建应用程序。

A. 项目管理器　　　　　　B. 菜单　　　　　　　　　C. 数据工作期　　　　　D. "命令"窗口

2. 常用的编译后的程序文件扩展名有.exe、.app 和（　　）三种。

A. .prg　　　　　　　　　B. .dll　　　　　　　　　C. .com　　　　　　　　D. .pjx

3. 下面有关应用系统运行的描述正确的是（　　）。

A. .app 文件可以在 Visual FoxPro 9.0 和 Windows 环境下运行

B. .app 文件只能在 Windows 环境下运行

C. .exe 文件可以在 Visual FoxPro 9.0 和 Windows 环境下运行

D. .exe 文件只能在 Windows 环境下运行

4. 通过连编可以生成多种类型的文件，但是却不能生成（　　）。

A. PRG 文件　　　　B. APP 文件　　　　　　C. DLL 文件　　　　　　D. EXE 文件

5. 如果将一个表单文件设置为"排除"，那么它（　　）。

A. 不参加连编　　　　　　　　　　　　　B. 排除在应用程序外

C. 本次不编译　　　　　　　　　　　　　D. 不显示编译错误

6. Visual FoxPro 9.0 开发人员的工作平台是（　　）。

A. 项目管理器　　　　B. 表单设计器　　　　　C. 菜单设计器　　　　D. 报表设计器

7. 下列各项命令中，属于连编应用程序命令的是（　　）。

A. BUILD PROJECT　　　　　　　　　　　B. BUILD EXE

C. DO FORM　　　　　　　　　　　　　　D. BUILD FORM

8. 关于文件的"排除"与"包含"，下列说法正确的是（　　）。

A. 在项目连编之后，那些在项目中标记为"包含"的文件允许用户对其做出修改

B. 若一个文件为只读文件，则必须将此文件标记为"排除"

C. 可根据应用程序的需要包含或排除文件

D. 一些可执行程序，如表单、报表、查询应该在应用程序文件中为"排除"；而数据文件则为"包含"

9. 在主程序设计过程中，需要建立一个事件循环，用于控制事件循环的方法是（　　）。

A. 执行 READ EVENTS 命令　　　　　　　B. 执行 CLEAR EVENTS 命令

C. 执行 LOOP 命令　　　　　　　　　　　D. 以上选项都不对

10. 应用程序生成器的"常规"选项卡不能设置的内容是（　　）。

A. 图像　　　　　　　B. 名称　　　　　　　　C. 应用程序类型　　　　D. 标签

三、填空题

1. 所谓程序，简单地讲就是＿＿＿＿＿的集合。

2. 利用 Visual FoxPro 9.0 的"应用程序生成器"进行连编项目时，如果出现某个程序正在使用，不能编译的错误，可以先执行＿＿＿＿＿命令，然后重新连编。

3. 若要创建一个程序文件 PR1，应在命令窗口中输入＿＿＿＿＿命令。程序文件的扩展名为＿＿＿＿＿。

4. 在 Visual FoxPro 9.0 中利用应用程序生成器设计应用程序时，为了使所做的修改与当前

活动项目保持一致，可以单击"高级"选项卡中的_____按钮。

5. 在 Visual FoxPro 9.0 中，可以利用_____指令来对应用系统的环境进行初始化。

6. 在 Visual FoxPro 9.0 中，为了对程序中的引用进行校验，需要进行_____操作。

7. 在开发应用程序时，可以利用_____将应用程序的各个部分组织起来。

8. 通过_____，Visual FoxPro 9.0 能够分析文件的引用，然后重新编译过期的文件。

9. 应用程序生成器的_____选项卡中指定了应用程序的生产信息。

10. 在 Visual FoxPro 9.0 中，如果一个文件是只读文件，那么此文件应标记为_____。

附录A 授课及实验课时安排参考

一、课程的教学目标及教学要求

通过本课程的学习，使学生掌握数据库管理和程序设计的基本概念、基本理论、基本方法，使读者能比较熟练地运用面向过程程序设计方法和面向对象程序设计方法设计基本程序，并能在此基础上编制一些解决实际问题的应用程序。为学生在后续的课程中理解计算机在各自专业领域中的应用打下较好的基础。

在完成本课程的学习后，还可以参加全国计算机等级考试二级 Visual FoxPro 的考试。

二、课程教学的时间安排

周次	章节题目	内　　容	课堂讨论实验等教学环节题目	课时
1	1.1 ~ 1.2	数据库基础理论		4
2	1.3 ~ 1.4	用户界面及项目管理器的使用等	上机实习实验1： 上机练习熟悉 Visual FoxPro 基本操作环境、项目管理器的建立与修改	4
3	2.1 ~ 2.3	建立表、向表中加入记录、创建数据库、数据库中表的使用	上机实习实验2： 数据表的建立与修改	4
4	2.4 ~ 2.6	控制字段和记录的访问、记录的定位及删除等	上机实习实验3： 数据表的基本操作	4
5	3.1 ~ 3.2	查询准则和查询的创建及使用	上机实习实验4： 查询和视图的建立与修改	4
6	3.2 ~ 3.3	视图和查询的创建及使用	上机实习实验5： 查询和视图的建立与修改	4
7	3.4	SQL 关系数据库查询语言的创建和查询功能的使用等	上机实习实验6： 按教材内容创建查询 SQL 语句，表定义、表记录操作 SQL 语句	4
8	期中考试	考试形式自定	按教材内容操作练习	4
9	4.1~4.2	理解对象、属性、事件、方法的概念,创建表单	上机实习实验7： 按照要求创建对象，设置对象属性，编写事件代码，并调试、运行	4
10	4.3 ~ 4.4	创建及修饰表单、表单控件的使用	上机实习实验8： 表单控件的使用	4
11	5.1 ~ 5.3	报表及标签的设计及使用	上机实习实验9： 按照要求建立报表及标签并调试、运行	4
12	6.1 ~ 6.3	菜单及工具栏的设计与使用	上机实习实验10： 按照要求建立菜单及工具栏并调试、运行	4

续表

周次	章节题目	内　　容	课堂讨论实验等教学环节题目	课时
13	7.1～7.2	程序设计基础概念的理解和运用	上机实习实验 11： 变量、函数、表达式及程序建立与维护练习	4
14	7.3	程序的的流程控制	上机实习实验 12： 按教材内容创建顺序、选择及循环结构程序的实例程序	4
15	7.4～7.5	自定义函数和过程文件	上机实习实验 13： 按教材内容建立主程序及过程文件并运行，按要求建立自定义函数	4
16	8.1～8.2	应用程序的开发及连编	上机实习实验 14： 按照要求建立应用程序并调试、运行	4
课时合计				64

三、实验教学要求

作为一门实践性强的课程，"Visual FoxPro 程序设计"安排了 30 课时的实验，通过实验加深对课上内容的理解。掌握程序设计和调试的一般方法和要求，提高动手能力和自学能力，是本课程实验教学的主要目标。

① 认真做好实验前的准备工作：复习和理解与本次实验有关的教学内容，根据实验要求预先设计程序；预习本次实验内容；准备好相关资料，如教材、实验教参等，以便及时查阅有关错误信息与可参考的处理方法。

② 根据实验项目的具体要求，完成程序设计、调试、运行与测试，及时记录出现的问题及相应的解决方法。

③ 按照实验报告的要求，整理程序设计成果，对程序设计、调试、运行与测试过程中出现的问题及解决方法进行分析，并提交实验报告。

实验内容及参考步骤详见本书配套的实验指导书。本书的实验内容需要 32 课时，此为教学计划安排的实验课时，学生还需在课外增加上机实践，以完成实验作业，巩固所学知识。

附录 B 2013 年全国计算机等级考试二级考试大纲索引

附录 C 全国计算机等级考试二级考试样题、答案及解析

第一部分 二级等级考试样题

一、选择题（每小题 1 分，共 40 小题，共 40 分）

1. 下列叙述中正确的是（　　）。
   A. 栈是"先进先出"的线性表
   B. 队列是"先进后出"的线性表
   C. 循环队列是非线性结构
   D. 有序线性表既可以采用顺序存储结构，也可以采用链式存储结构

2. 支持子程序调用的数据结构是（　　）。
   A. 栈　　　　　　　　B. 树　　　　　　　　C. 队列　　　　　　　　D. 二叉树

3. 某二叉树有 5 个度为 2 的结点，则该二叉树中的叶子结点数是（　　）。
   A. 10　　　　　　　　B. 8　　　　　　　　C. 6　　　　　　　　D. 4

4. 下列排序方法中，最坏情况下比较次数最少的是（　　）。
   A. 冒泡排序　　　　　　　　　　　B. 简单选择排序
   C. 直接插入排序　　　　　　　　　D. 堆排序

5. 软件按功能可以分为：应用软件、系统软件和支撑软件（或工具软件）。下面属于应用软件的是（　　）。
   A. 编译程序　　　　B. 操作系统　　　　C. 教务管理系统　　　　D. 汇编程序

6. 下面叙述中错误的是（　　）。
   A. 软件测试的目的是发现错误并改正错误
   B. 对被调试的程序进行"错误定位"是程序调试的必要步骤
   C. 程序调试通常也称为 Debug
   D. 软件测试应严格执行测试计划，排除测试的随意性

7. 耦合性和内聚性是对模块独立性度量的两个标准。下列叙述中正确的是（　　）。
   A. 提高耦合性降低内聚性有利于提高模块的独立性
   B. 降低耦合性提高内聚性有利于提高模块的独立性
   C. 耦合性是指一个模块内部各个元素间彼此结合的紧密程度
   D. 内聚性是指模块间互相连接的紧密程度

8. 数据库应用系统中的核心问题是（　　）。
   A. 数据库设计　　　　　　　　　　　　　　B. 数据库系统设计

C. 数据库维护　　　　　　　　　　　D. 数据库管理员培训

9. 有两个关系 *R*，*S* 如下：

R				S	
A	B	C		A	B
a	3	2		a	3
b	0	1		b	0
c	2	1		c	2

由关系 *R* 通过运算得到关系 *S*，则所使用的运算为（　　　　）。

A. 选择　　　　　　B. 投影　　　　　　C. 插入　　　　　　D. 连接

10. 将 E-R 图转换为关系模式时，实体和联系都可以表示为（　　　　）。

A. 属性　　　　　　B. 键　　　　　　　C. 关系　　　　　　D. 域

11. 数据库（DB）、数据库系统（DBS）和数据库管理系统（DBMS）三者之间的关系是（　　　　）。

A. DBS 包括 DB 和 DBMS　　　　　　B. DBMS 包括 DB 和 DBS

C. DB 包括 DBS 和 DBMS　　　　　　D. DBS 就是 DB，也就是 DBMS

12. SQL 语言的查询语句是（　　　　）。

A. INSERT　　　　　B. UPDATE　　　　C. DELETE　　　　　D. SELECT

13. 下列与修改表结构相关的命令是（　　　　）。

A. INSERT　　　　　B. ALTER　　　　　C. UPDATE　　　　　D. CREATE

14. 对表 SC(学号 C(8),课程号 C(2),成绩 N(3),备注 C(20))，可以插入的记录是（　　　　）。

A. ('20080101', 'c1', '90',NULL)　　　　　B. ('20080101', 'c1', 90, '成绩优秀')

C. ('20080101', 'c1', '90', '成绩优秀')　　　D. ('20080101', 'c1', '79', '成绩优秀')

15. 在表单中为表格控件指定数据源的属性是（　　　　）。

A. DataSource　　　　　　　　　　　B. DataFrom

C. RecordSource　　　　　　　　　　D. RecordFrom

16. 在 Visual FoxPro 中，下列关于 SQL 表定义语句(CREATE TABLE)的说法中错误的是(　　　　)。

A. 可以定义一个新的基本表结构

B. 可以定义表中的主关键字

C. 可以定义表的域完整性、字段有效性规则等

D. 对自由表，同样可以实现其完整性、有效性规则等信息的设置

17. 在 Visual FoxPro 中，若所建立索引的字段值不允许重复，并且一个表中只能创建一个，这种索引应该是（　　　　）。

A. 主索引　　　　　　B. 唯一索引　　　　C. 候选索引　　　　D. 普通索引

18. 在 Visual FoxPro 中，用于建立或修改程序文件的命令是（　　　　）。

A. MODIFY<文件名>　　　　　　　　B. MODIFY COMMAND <文件名>

C. MODIFY PROCEDURE <文件名>　　D. 上面 B 和 C 都对

19. 在 Visual FoxPro 中，程序中不需要用 PUBLIC 等命令明确声明和建立，可直接使用的内存变量是（　　　　）。

A. 局部变量　　　　　B. 私有变量　　　　C. 公共变量　　　　D. 全局变量

20. 以下关于空值（NULL 值）叙述正确的是（　　　）。
   A. 空值等于空字符串　　　　　　　　　　　B. 空值等同于数值 0
   C. 空值表示字段或变量还没有确定的值　　　D. Visual FoxPro 不支持空值

21. 执行 USE sc IN 0 命令的结果是（　　　）。
   A. 选择 0 号工作区打开 sc 表
   B. 选择空闲的最小号工作区打开 sc 表
   C. 选择第 1 号工作区打开 sc 表
   D. 显示出错信息

22. 在 Visual FoxPro 中，关系数据库管理系统所管理的关系是（　　　）。
   A. 一个 DBF 文件　　　　　　　　　　　　B. 若干个二维表
   C. 一个 DBC 文件　　　　　　　　　　　　D. 若干个 DBC 文件

23. 在 Visual FoxPro 中，下面描述正确的是（　　　）。
   A. 数据库表允许对字段设置默认值
   B. 自由表允许对字段设置默认值
   C. 自由表或数据库表都允许对字段设置默认值
   D. 自由表或数据库表都不允许对字段设置默认值

24. SQL 的 SELECT 语句中，"HAVING<条件表达式>"用来筛选满足条件的（　　　）。
   A. 列　　　　　　　B. 行　　　　　　　C. 关系　　　　　　　D. 分组

25. 在 Visual FoxPro 中，假设表单上有一个选项组，初始时该选项组的 Value 属性值为 1。若选项按钮"女"被选中，该选项组的 Value 属性值是（　　　）。
   A. 1　　　　　　　B. 2　　　　　　　C. "女"　　　　　　　D. "男"

26. 在 Visual FoxPro 中，假设教师表 T(教师号，姓名，性别，职称，研究生导师)中，性别是 C 型字段，研究生导师是 L 型字段。若要查询"是研究生导师的女老师"信息，那么 SQL 语句"SELECT * FROM T WHERE <逻辑表达式>"中的<逻辑表达式>应是（　　　）。
   A. 研究生导师 AND 性别="女"　　　　　　B. 研究生导师 OR 性别="女"
   C. 性别="女" AND 研究生导师=.F.　　　　　D. 研究生导师=.T. OR 性别=女

27. 在 Visual FoxPro 中，有如下程序，函数 IIF()返回值是（　　　）。
```
*程序
PRIVATE X,Y
STORE "男" TO X
Y=LEN(X)+2
?IIF(Y<4, "男", "女")
RETURN
```
   A. "女"　　　　　　　　　　　　　　　　B. "男"
   C. .T.　　　　　　　　　　　　　　　　　D. .F.

28. 在 Visual FoxPro 中，每一个工作区中最多能打开数据库表的数量是（　　　）。
   A. 1 个　　　　　　　　　　　　　　　　B. 2 个
   C. 任意个，根据内存资源而确定　　　　　D. 35 535 个

29. 在 Visual FoxPro 中，有关参照完整性的删除规则正确的描述是（　　　）。
   A. 如果删除规则选择的是"限制"，则当用户删除父表中的记录时，系统将自动删除子表中的所有相关记录

B. 如果删除规则选择的是"级联"，则当用户删除父表中的记录时，系统将禁止删除与子表相关的父表中的记录

C. 如果删除规则选择的是"忽略"，则当用户删除父表中的记录时，系统不负责检查子表中是否有相关记录

D. 上面三种说法都不对

30. 在 Visual FoxPro 中，报表的数据源不包括（　　　）。

    A. 视图　　　　　　　　B. 自由表　　　　　　　C. 查询　　　　　　　D. 文本文件

第 31 题到第 35 题基于学生表 S 和学生选课表 SC 两个数据库表，它们的结构如下：

S(学号，姓名，性别，年龄)，其中学号、姓名和性别为 C 型字段，年龄为 N 型字段。

SC(学号，课程号，成绩)，其中学号和课程号为 C 型字段，成绩为 N 型字段（初始为空值）。

31. 查询学生选修课程成绩小于 60 分的学号，正确的 SQL 语句是（　　　）。

    A. SELECT DISTINCT　学号　FROM SC WHERE "成绩" <60

    B. SELECT DISTINCT　学号　FROM SC WHERE　成绩　< "60"

    C. SELECT DISTINCT　学号　FROM SC WHERE　成绩　<60

    D. SELECT DISTINCT "学号" FROM SC WHERE "成绩" <60

32. 查询学生表 S 的全部记录并存储于临时表文件 one 中的 SQL 命令是（　　　）。

    A. SELECT * FROM　学生表　INTO CURSOR one

    B. SELECT * FROM　学生表 TO CURSOR one

    C. SELECT * FROM　学生表　INTO CURSOR　DBF one

    D. SELECT * FROM　学生表 TO CURSOR DBF one

33. 查询成绩为 70～85 分的学生的学号、课程号和成绩，正确的 SQL 语句是（　　　）。

    A. SELECT　学号,课程号,成绩　FROM sc WHERE　成绩　BETWEEN 70 AND 85

    B. SELECT　学号,课程号,成绩　FROM sc　WHERE　成绩　>=70 OR　成绩　<=85

    C. SELECT　学号,课程号,成绩　FROM sc　WHERE　成绩　>=70 OR <=85

    D. SELECT　学号,课程号,成绩　FROM sc　WHERE　成绩　>=70 AND <=85

34. 查询有选课记录，但没有考试成绩的学生的学号和课程号，正确的 SQL 语句是（　　　）。

    A. SELECT　学号,课程号　FROM sc WHERE　成绩　= ""

    B. SELECT　学号,课程号　FROM sc WHERE　成绩　= NULL

    C. SELECT　学号,课程号　FROM sc WHERE　成绩　IS NULL

    D. SELECT　学号,课程号　FROM sc WHERE　成绩

35. 查询选修 C2 课程号的学生姓名，下列 SQL 语句中错误的是（　　　）。

    A. SELECT　姓名　FROM S WHERE EXISTS;(SELECT * FROM SC WHERE　学号=S.学号　AND 课程号= 'C2')

    B. SELECT　姓名　FROM S WHERE　学号　IN (SELECT　学号　FROM SC WHERE　课程号= 'C2')

    C. SELECT　姓名　FROM S JOIN SC ON S.学号=SC.学号　WHERE　课程号= 'C2'

    D. SELECT　姓名　FROM S WHERE　学号= (SELECT　学号　FROM SC WHERE　课程号= 'C2')

36. 在 SQL SELECT 语句中与 INTO TABLE 等价的短语是（　　　）。

    A. INTO DBF　　　　　　B. TO TABLE　　　　　　C. INTO FORM　　　　　D. INTO FILE

37. CREATE DATABASE 命令用来建立（　　　）。

    A. 数据库　　　　　　　B. 关系　　　　　　　　C. 表　　　　　　　　D. 数据文件

38. 欲执行程序 temp.prg，应该执行的命令是（　　）。

  A. DO PRG temp.prg   B. DO temp.prg

  C. DO CMD temp.prg   D. DO FORM temp.prg

39. 执行命令 MyForm=CreateObject("Form")可以建立一个表单，为了让该表单在屏幕上显示，应该执行命令（　　）。

  A. MyForm.List   B. MyForm.Display

  C. MyForm.Show   D. MyForm.ShowForm

40. 假设有 student 表，可以正确添加字段"平均分数"的命令是（　　）。

  A. ALTER TABLE student ADD 平均分数 F(6, 2)

  B. ALTER DBF student ADD 平均分数 F 6, 2

  C. CHANGE TABLE student ADD 平均分数 F(6, 2)

  D. CHANGE TABLE student INSERT 平均分数 6, 2

二、基本操作题（共 18 分）

（1）将数据库"student"添加到项目 test 中。

（2）在数据库"student"中建立数据库表"match"，表结构为

场次	字符型（10）
时间	日期型
裁判	字符型（15）

（3）为数据库"student"中的表"地址"建立"候选"索引，索引名称和索引表达式均为"电话"。

（4）设置表"match"的字段"裁判"的默认值为"冯巩"。

三、简单应用题（共 24 分）

（1）根据"school"数据库中的表用 SQL SELECT 命令查询学生的"学号""姓名""成绩"，按结果"课程名称"升序排序，"课程名称"相同时按"成绩"降序排序，并将查询结果存储到"score2"表中，将 SQL 语句保存在"result.txt"文件中。

（2）使用表单向导生成一个名为"score"的表单。要求选择成绩表中的所有字段，表单样式为"凹陷式";按钮类型为"文本按钮";排序字段选择"学号"（升序）; 表单标题为"成绩数据维护"。

四、综合应用题（共 18 分）

在数据库"company"中为"dept"表增加一个新字段"人数"，编写满足如下要求的程序：根据"员工信息"表中的"部门编号"字段的值确定"部门信息"表的"人数"字段的值，即对"员工信息"表中的记录按"部门编号"归类。将"部门信息"表中的记录存储到"result,,表中(表结构与"部门信息"表完全相同)。最后将程序保存为"result.prg"，并执行该程序。

第二部分　样题答案及解析

一、选择题

1. 【答案】D

【解析】栈是"先进后出"的线性表；队列是"先进先出"的线性表；循环队列是队列的

一种顺序存储结构，因此是线性结构；有序线性表既可以采用顺序存储结构，也可以采用链式存储结构。可见 A、B、C 答案都不对，正确答案是 D。

2.【答案】A

【解析】栈支持子程序调用。栈是一种只能在一段进行插入或删除的线性表，在主程序调用子函数时要首先保存主程序当前的状态，然后专区执行子程序，最终把子程序的执行结果返回到主程序中调用子程序的位置，继续向下执行，这种调用符合栈的特点，因此本题的答案为 A。

3.【答案】C

【解析】对于任何一棵二叉树 T，如果其终端节点（叶子）数位 n_1，度为 2 的结点数为 n_2，则 $n_1=n_2+1$。所以该二叉树的叶子结点数等于 5+1=6.

4.【答案】D

【解析】冒泡排序、简单选择排序和直接插入排序在最坏情况下比较次数都是"$n(n-1)/2$"，堆排序在最坏情况下比较次数最少，是"$O(n\log_2 n)$"。

5.【答案】C

【解析】软件按功能可以分为：应用软件、系统软件、支撑软件（或工具软件）。应用软件是为解决某一特定领域的应用而开发的软件；系统软件是计算机管理自身资源，提高计算机使用效率并为计算机用户提供各种服务的软件；支撑软件是介于系统软件和应用软件之间，协助用户开发软件的工具性软件。编译程序、操作系统和汇编程序都属于系统软件；教务管理系统属于应用软件。

6.【答案】A

【解析】软件测试的目的是暴露错误，评价程序的可靠性。软件调式的目的是发现错误的位置，并改正错误。软件测试和调式不是同一个概念。

7.【答案】B

【解析】耦合性是模块间互相连接的紧密程度的度量，内聚性是一个模块内部各个元素间彼此结合的紧密程度的度量。一般较优秀的软件设计，应尽量做到高内聚、低耦合，即减弱模块之间的耦合性和提高模块内的内聚性，这样有利于提高模块的独立性。

8.【答案】A

【解析】数据库应用系统中的一个核心问题就是设计一个能满足用户需求、性能良好的数据库，这就是数据库设计。

9.【答案】B

【解析】专门的关系运算有三种：投影、选择和连接。选择运算是从关系中找到满足给定条件的那些元组，其中的条件是以逻辑表达式给出的，值为真的元组被选取，这种运算是从水平方向抽取元组。投影运算是从关系模式中挑选若干属性组成新的关系，这是从列的角度进行的运算，相当于对关系进行垂直分解。连接运算是二目运算，需要两个关系作为操作对象。

10.【答案】C

【解析】数据库的逻辑设计的主要工作是将 E-R 图转化成制定 RDBMS 中的关系模式。从 E-R 图到关系模式的转换是比较直接的，实体与联系都可以表示关系，E-R 图中的属性也可以转换成关系的属性。实体集也可以转换成关系。

11. 【答案】A

【解析】数据库、数据库系统和数据库管理系统三者之间的关系：数据库系统包括数据库和数据库管理系统。其中，数据库管理系统可以对数据库的建立、使用和维护进行管理，是数据库系统的核心。

12. 【答案】D

【解析】INSERT 是 SQL 的插入语句，UPDATE 是 SQL 的更新语句，DELETE 是 SQL 的删除语句，SELECT 是 SQL 的查询语句。

13. 【答案】B

【解析】INSERT 是用于插入数据的命令，ALTER 是用于修改表结构的命令，UPDATE 是御用更新数据的命令，CREATE 是用于建立表的命令。

14. 【答案】B

【解析】在表 SC 中，成绩是 N(3) 型，即数据型的，因此对应的成绩字段值不能加引号，如果加引号这表明是字符型 C，故本题答案为 B。

15. 【答案】C

【解析】RecordSourceType 属性指明表格数据源的类型，RecordSource 属性指定表格的数据来源，选项 A 和 B 都不是表单控件的属性。

16. 【答案】D

【解析】用 CREATE TABLE 命令建立表可以完成表设计器能完成的所有功能，除了建立表的基本功能外，它还包括满足实体完整性的主关键字（主索引）PRIMAEY KEY、定义域完整性的 CHECK 约束及出错信息 ERROR、定义默认值的 DEFAULT 等，只有表不支持表之间的参照完整性及有效性规则的设置。

17. 【答案】A

【解析】主索引是在指定字段或表达式中不允许出现重复值的索引，并且在一个表中只能创建一个；唯一索引是指索引项的唯一，而不是指字段值的唯一，而且可以在一个表中出现多个；候选索引和主索引有着相同的性质，即在指定字段或表达式中不允许出现重复值，但是在一个表中可以出现多个候选索引；普通索引不仅允许字段中出现重复值，而且索引项中也允许出现重复值。

18. 【答案】B

【解析】要建立或者修改一个程序文件，可以使用 MODIFY 命令。其格式是 "MODIFY COMMAND <文件名>"。

19. 【答案】B

【解析】变量的作用域有三种类型，即全局变量、局部变量和私有变量。其中，在程序中直接使用（没有通过 PUBLIC 和 LOCAL 命令事先声明）而由系统自动隐含建立它的模块及其下属的各层模块。一旦建立它的模块程序运行结束，这些私有变量都将自动清除。

20. 【答案】C

【解析】空值（NULL）是关系数据库中的一个重要概念，表示没有任何值或者还没有确定值。不等于空字符串（""）和数值 0。Visual FoxPro 支持空值 NULL。

21．【答案】B

【解析】Visual FoxPro 中可以使用多个工作区，每个工作区可以打开一个表。工作区 0 表示工作区号最小的工作区，因此 USE sc IN 0 表示选择空闲的最小号工作区打开 sc 表。

22．【答案】B

【解析】一个"表"就是一个关系，一个关系就是一个二维表，关系数据库管理系统可以管理若干个二维表。

23．【答案】A

【解析】和自由表相比，数据库表具有许多扩展功能和管理特性，如默认值、字段与记录级有效性规则等。在数据库表中允许对字段设置默认值，而在自由表中不可以。

24．【答案】D

【解析】在 Visual FoxPro 中，利用 HAVING 子句，可以设置当分组满足某个条件时才检索。注意 HAVING 子句中是跟在 GROUP BY 子句之后，不可以单独使用。

25．【答案】B

【解析】Value 属性用于指定选项组中哪个选项按钮被选中。该属性值的类型可以是数值型，也可以是字符型的。若为数值型 N，表示选项组中第 N 个选项按钮被选中。

26．【答案】A

【解析】要查询的是"是研究生导师的女老师"，因此研究生导师和女老师是 AND 的关系，排除 B 和 D,选项 C 把研究生导师设置成.F.，即不是研究生导师的女老师，因此排除 C。

27．【答案】A

【解析】"STORE"男"TO X"是把字符"男"存入 X 中；Y=LEN(X)+2，因为 LEN(X)函数是求字符串长度，返回指定字符串表达式值的长度，因此 Y=4;IIF(Y<4, "男","女")，因为 Y<4 为假，所以 IIF 函数返回表达式 2，即"女"。

28．【答案】A

【解析】一个工作区中只能打开一个表,若同一时刻需要打开多个表，则需要选择不同的工作区。

29．【答案】C

【解析】参照完整性规则包括更新规则、删除规则和插入规则三种。其中删除规则中"限制"表示"当父表中记录被删除时，若子表中有相关记录，则禁止删除"；"级联"表示"当父表中记录被删除时，删除子表中所有相关记录"；"忽略"表示"当父表中记录被删除时，允许删除，不管子表中的相关记录"。

30．【答案】D

【解析】数据源是报表的数据来源，报表的数据源通常是数据库中的表或自由表，也可以是视图、查询或临时表。但不包括文本文件。

31．【答案】C

【解析】在 WHERE 条件中成绩不需要用引号括起来，因此 A 和 D 排除，成绩是数值型字段，因此 60 也不需要加双引号，故选项 B 也错误。

32．【答案】A

【解析】命令"INTO CURSOR CursorName"是把查询结果存放到名为 CursorName 的临时表

文件中。产生的临时文件是一个只读的 DBF 文件，关闭文件时会被自动删除。

33．【答案】A

【解析】必须同时满足"成绩大于等于 70 分"和"成绩小于等于 85 分"两个条件，所以用 AND 连接，故 B、C 选项错误。D 选项语法错误，应该写成"成绩>=70 AND 成绩<=85"。A 选项用了 BETWEEN…AND 语句，表示成绩为 70～85，故选 A。

34．【答案】C

【解析】"没有考试成绩"表示成绩字段值为空，而表示控制时应该用"IS"不能用"="，故 C 正确。

35．【答案】D

【解析】子查询的查询结果为学号的集合，所以应该用"学号 IN"或"学号 EXISTS"，而不能用"学号="，故 D 错误。

36．【答案】A

【解析】使用短语 INT()DBFITABLE TABLENAME 可以将查询结果存放到永久表(.dbf 文件)。所以 INTODBF 和 INTOTABLE 是等价的。

37．【答案】A

【解析】建立数据库的命令为 CREATE DATABASE[DatabaseName |?]其中参数 DatabaseName 给出了要建立的数据库名称。

38．【答案】B

【解析】可以通过菜单方式和命令方式执行程序文件，其中命令方式的格式为：D()<文件名>该命令既可以在命令窗口发出，也可以出现在某个程序文件中。

39．【答案】C

【解析】表单的常用事件和方法中，Show 表示显示表单;Hide 表示隐藏表单；Release 表示将表单从内存中释放。所以为了让表单在屏幕上显示，应该执行命令 MyForm.Show。

40．【答案】A

【解析】修改表结构的命令是 ALTER TABLE TableName，所以正确的答案是选项 A。

二、基本操作题

【考点指引】本大题主要考查项目管理器的操作，数据表的建立和修改。

（1）【解题步骤】

① 选择"文件"/"新建"命令，选择"项目"，单击"新建文件"按钮，输入项目名称"test"后单击"保存"按钮。

② 在项目管理器中选择"数据"选项卡，然后选择列表框中的"数据库"，单击"添加"按钮，将考生文件夹下的数据库"student"添加到新建的项目 test 中。

（2）【解题步骤】

① 在项目管理器中选择"数据"选项卡，展开数据库"student"，选择"student"分支下的"表"，然后单击"新建"按钮，单击"新建表"，在"创建"窗口中输入表名"match"。

② 在表设计器中，根据题意分别完成表"student"的结构设计。

（3）【解题步骤】

① 在项目管理器中，选择"student"分支下的"表"，展开"表"，选择"地址"。单击"修改"按钮，打开表设计器。

② 在表设计器中单击"索引"选项卡，索引名称和索引表达式均输入"电话"，在类型下拉列表框中选择"候选索引"。

③ 关闭表设计器，单击"确定"按钮保存表"地址"结构。

（4）【解题步骤】

① 在项目管理器中，选择"student"分支下的"表"，展开"表"，选择"match"。

② 单击"修改"命令按钮，打开表设计。

③ 在表设计器中单击"字段"选项卡，选择字段名为"裁判"所在行，在"字段有效性"栏中的中默认值"文本框中输入""冯巩""。

④ 关闭表设计器，单击"确定"按钮保存表"match"结构。

三、简单应用题

【考点指引】本大题第 1 小题考查了 SQL 多表查询，设计过程中要注意多个表之间进行关联的字段，注意利用 INTO TABLE 将查询结果保存到数据表中。第 2 小题考查的是表单的设计，利用表单向导按提示步骤即可完成表单的设计。

（1）【解题步骤】

① 选择"文件"/"打开"命令，打开考生文件夹下的数据库"school"。

② 在命令窗口中输入 SQL 命令：SELECT student.学号，姓名，课程名称，成绩 INTO TABLE score2 FROM student，course，score WHERE student.学号=score.学号 AND course.课程编号=sco re.课程编号 ORDER BY 课程名称，成绩 DESC（回车执行）。

③ 新建文件夹"result.txt"；将步骤②输入的命令保存到文本文件"result.txt"中。

（2）【解题步骤】

① 选择"文件"/"新建"命令，选择"表单"，单击"向导"按钮，在弹出的"向导选取"窗口中选择"表单向导"，单击"确定"按钮。

② 在"表单向导"窗口的"数据库和表"列表框中选择"score"数据表，将"可用字段"下的全部字段添加到"选定字段"列表框中，单击"下一步"按钮。

③ 在"样式"列表框中选择"凹陷式"，"按钮类型"选择"文本按钮"，单击"下一步"按钮。

④ 在"可用的字段或索引标识"列表框中选择"学号"添加到"选定字段"列表框中，选择"升序"，单击"下一步"按钮。

⑤ 输入表单标题为"成绩数据维护"，单击"完成"按钮，输入表单名称"score"并保存退出。

四、综合应用题

【考点指引】本大题主要考查数据库表的修改及分组统计命令的使用。

【解题步骤】

① 选择"文件"/"打开"命令打开数据库"company"。

② 从数据库设计器中，选择表"dept"，单击右键，在弹出的快捷菜单中选择"修改"命

令，打开表设计器。

③ 在表设计器中，单击"字段"选项卡，在最后一行处单击，输入字段名"人数"，类型为"整型"，单击"确定"按钮保存表"dept"结构。

④ 切换到命令窗口，输入命令：MODIFY COMMAND result(回车执行)创建程序"result.prg".

⑤ 在程序编辑窗口中输入以下程序代码：

```
SELECT dept.部门编号,部门名称,C()UNT(*)AS 人数 FROM 员工信息,dept INTO ARRAY
atrRlt WHERE dept.部门编号=员工信息.部门编号 GROUP BY dept.部门编号,部门名称
C1OSE ALL
DELETE FROM dept
PACK
INSERT INT()dept FR()M ARRAY arrRlt
SEl,ECT*INT()TABLE result FROM dept
```

⑥ 关闭程序编辑器保存"result.prg"，在命令窗口中输入：DO result（回车执行）。

参 考 文 献

[1] 教育部考试中心. 全国计算机等级考试考试大纲（2013 年版）[M]. 北京：高等教育出版社，2013.

[2] 教育部考试中心. 全国计算机等级考试二级教程：Visual FoxPro 程序设计（2013 年版）[M]. 北京：高等教育出版社，2013.

[3] 郭文强. Visual FoxPro 9.0 程序设计教程[M]. 北京：人民邮电出版社，2013.

[4] 李雁翎，等. Visual FoxPro 数据库技术与应用[M]. 3 版. 北京：清华大学出版社，2013.

[5] 高春玲. 数据库原理与 Visual FoxPro 9.0 实用教程[M]. 3 版. 北京：电子工业出版社，2009.

[6] 罗先文，胡继宽. 数据库技术及应用：Visual FoxPro 程序设计实践教程[M]. 北京：清华大学出版社，2010.

[7] 刘瑞新，等. Visual FoxPro 程序设计[M]. 3 版. 北京：机械工业出版社，2015.